改訂版［原著第4版］

ゲームと情報の経済分析

［基礎編］

エリック・ラスムセン 著
細江守紀／村田省三
有定愛展／佐藤茂春 訳

九州大学出版会

GAMES AND INFORMATION
An Introduction to Game Theory
4th edition
by Eric Rasmusen
Copyright © Basil Blackwell Ltd., 2007
Japanese edition copyright © 2010
by Kyushu University Press
Japanese translation rights arranged with
Basil Blackwell Ltd., London
through Tuttle-Mori Agency Inc., Tokyo

第4版の日本語翻訳にあたって

　1990年にラスムセン教授の *Games and Information* 初版の翻訳をして以来，20年の歳月が過ぎました．翻訳当時は"ゲーム理論の経済学への応用"という経済学説史上に稀に見るパラダイム変換の真っ只中にあり，その変換の内容をわかりやすく紹介するテキストとして翻訳されました．その後，ラスムセン教授はほぼ5年ごとに改訂をされ，2006年には第4版が出ています．彼はそのはしがきで A. マーシャルとの対比で改訂版のために多くの時間をかけることの機会費用を論じています．同様の状況が翻訳者にもあります．1994年にかなり大幅な改訂がなされましたが，対応して翻訳も改訂版を出すかどうか思案しているうちに，時間があっという間に過ぎました．また，2001年にはさらなる改訂がなされ，そこでは特にウエブサイトの設定もなされ，より多様な利用の仕方が提供されています．改訂版の翻訳をする機運は，翻訳者の1人が長年勤めた大学から新たな大学へ職場を変えたことによって生まれました．

　この20年の間に"ゲーム理論の経済学への応用"という流れは全く当然のように経済学の本流になりました．実際，ゲーム理論と経済学に関していろんな角度からの入門書，専門書が出版されています．海外での出版状況についてはラスムセン教授のはしがきに詳しく紹介されていますが，わが国でもすでにいくつかの定評のあるものが出版されてきています．従って，改めて改訂版を出す必要性があるかという疑問が出てくるところですが，ゲーム理論の経済学への応用という学問的流れをわかりやすく網羅的に示した翻訳書が見当たらないということ，また，翻訳書として多くのトピックスを取り上げることによって欧米の知的な香りを提供することは意味のあることであろうと考えた次第です．

　ラスムセン教授とは初版の翻訳以来格別の交流を重ねることができました．1992年翻訳を記念して九州大学にご招待し，1週間の滞在をしていただきました．その間，大学院生への講義，また長崎大学や広島修道大学での講演などを

お願いし，様々な研究での交流を行いました．また，1996年インディアナ大学に訪問教授として受け入れていただき，半年間の自由な研究生活を送ることができました．さらに，私にとって特筆すべきことはこの間の研究およびインディアナ大学の先生方との交流を通して，法と経済学の分野における研究への関心が生まれたということです．この交流もラスムセン教授の橋渡しによってなされたものであり，法と経済学への彼の造詣によるところが大と言えます．また，その間，九州大学で開催した国際シンポジウムにも参加していただき，そのときの研究成果はラスムセン教授との共編著 *Public Policy and Economic Analysis*（Kyushu University Press）となって表れました．ラスムセン教授は大変教育熱心であり，私の研究室から育った数名の若手研究者の留学の受け入れ先となっていただきました．その寛大な教育者としての側面にも感謝を申し上げます．

なお，昨年，ラスムセン教授のご家庭にご不幸があり，ご心痛は如何ばかりかと思うところです．衷心よりお悔やみ申し上げる次第です．本書はそのことへの鎮魂の献花でもあります．

今回の翻訳にあたっては全体を基礎編・応用編の2分冊にし，新たに佐藤茂春（長崎ウエスレヤン大学）にも参加してもらい，改訂の部分の確認と翻訳をお願いしました．基本的な部分は従来の翻訳を基礎にし新たな翻訳の手直し，追加を行いました．従って，細江が序章，3章，5章，9章，12章，および全体の調整，村田が2章，4章，11章，13章を，有定が1章，6章，7章，8章，そして佐藤が10章，14章，および数学付録を担当しました．初版の翻訳において手伝っていただいた当時助手の福澤勝彦氏は長崎大学で，大学院生であった三浦功氏と高尾健朗氏は九州大学，九州産業大学でそれぞれ活躍されています．

最後に，出版にあたっては九州大学出版会の尾石理恵氏に大変お世話になりました．各章の詳細なチェックには我々翻訳者側も勉強させられる点が多くあり，本当に感謝申し上げます．

2010年7月

翻訳者を代表して

細江守紀

はしがき

内容と目的

　本書は非協力ゲームの理論と非対称情報について書かれている．これらの主題の重要性については序章において述べるとして，このはしがきでは，これらの主題に関心のある人々にとって，本書が読むにふさわしいものであるかどうか判断する材料を提供しよう．
　私はゲームの理論家としてではなく応用理論経済学者として本書を書いた．人類学，法学，物理学，会計学，経営科学に通じた読者との対話は経済学やゲーム理論の偏狭さに気付かせてくれた点で有益であった．私の目的は，現在のところ雑誌論文や口頭で伝えられてきているゲーム理論や情報の経済学を，標準的な仕方でわかりやすくモデル化し提示することである．振り返ってみると雑誌論文は必要以上に複雑で難解なものである．その考えは独創的であるので，発見者でさえその考えの真の意味をめったに理解していない．多くの後続する論文が出て初めて，その考えが人々に理解され，考えの簡明さに驚嘆するのである．しかし雑誌の編集者は，より明確になっていても，古い論文と同様の考えを含む新しい論文をなかなか採用しない．せいぜい，その説明はある新しい論文の序文のうちに隠されているか，要約の1段落に凝縮されているかどちらかである．アイデアの創造者が若い時分にそうであったように，全てのアイデアを複雑だと思う学生は，混乱しているオリジナル論文からか，あるいはトップクラスの経済学部における研究者の会話の中から学ばねばならない．この点で本書は手助けをしようとするものである．

1994年第2版での改訂について

初版が出て数年経った現在では，ゲーム理論を学ぼうとする人々は本書だけでなくもっと多くの書物を手にするようになった．後で優れた書物のリストを掲載しよう．私は『ゲームと情報の経済分析』を全体的に改訂した．ジョージ・スティグラーは，アルフレッド・マーシャルが1890年から1920年の間に『経済学原理』を8版出すために多くの時間を費やしたことについて，その間他の本を書けたかもしれない機会費用を考えると，大変惜しかったと言っていた．私はマーシャルではないので，この改訂版のために1つ2つの自分の論文の作成を喜んで犠牲にするであろう．しかし，2019年までそうし続けるかは疑問であるが．

私が第2版でしたことはたくさんのトピックスを追加し，練習問題の数を増やし（そして詳細な解答を提供し），参考文献を更新し，多くの箇所で用語を変更し，全体をよりわかりやすく手直ししたことである．詩篇と同様に，書物は決して完成しない．ただ，諦められるだけである（このことはそれ自体，1つの基本的経済原理である）．削除した1節はやや突出した存在定理の議論の箇所である．この点に関してはFudenberg & Tirole (1991a) を推薦したい．新しいトピックスは監査ゲーム，不法妨害訴訟，均衡の調整，契約の再交渉，スーパーモジュラリティ，シグナルジャミング，市場マイクロストラクチャー，政府調達である．また，モラル・ハザードの議論は整理されている．章の全体の数は，繰り返しゲームと参入ゲームが独立した章となったため，2章増えている．

2001年第3版での改訂について

言葉使いの面で些細な訂正を数多く行った他に，いくつか新しい素材を追加し，また，いくつかの節を手直しした．

新しいトピックスは10.3節の「価格差別化」，12.6節の「交渉のルールを構築する：マイヤソン＝サタスウエイトのメカニズム」，13.3節の「価値に関するリスクと不確実性（私的価値オークションに対して）」，そして数学付録

A.7「不動点定理」と A.8「ジェネリシティ」である.

　これらの追加を調整するために，9.5 節「その他の均衡概念：ウィルソン均衡と反応均衡」を削除した（これは本書のウエブサイトでなお利用可能である）．また，数学付録 A「奇数番号の問題への解答」も削除した．これらの解答は非常に重要であるが，ウエブサイトに移した．これらの解答を見たいと思う多くの読者はウエブにアクセスできるであろうし，問題の解答は特別に更新の必要があるからである．理想的には正しい解答だけでなく，ありそうな誤答を全て取り上げて議論したい．しかしながら，間違った解答は，学生が新しくなることで，ゆっくりと発見されるものである．

　10 章の「隠れた情報のある逆選択とモラル・ハザードのメカニズムデザイン」は新しいものである．10 章は 8 章からの 2 節（8.1 節「一括均衡対分離均衡と顕示原理」が 10.1 節に，8.2 節の「隠れた知識を持つモラル・ハザードの例：セールスマンゲーム」は 10.2 節にそれぞれ移した）と 9 章からの 1 節（9.6 節の「グローブ・メカニズム」を 10.5 節に移した）が含まれている．

　15 章「新しい産業組織」は除去し，そこに入っていた節は移動させた．15.1 節の「なぜ定評のある企業は資本コストが低いのか：ダイアモンドのモデル」は 6.6 節に移した．また，15.2 節の「買収とグリーンメール」は 15.2 節に残し，15.3 節の「市場マイクロストラクチャーとカイルのモデル」は 9.5 節に，15.4 節の「収益率規制と政府調達」は 10.4 節に移した．

　再構成したり書き直したりしたトピックスは 14.2 節の「戦略としての価格」，14.3 節の「立地モデル」，数学付録，そして参考文献である．4.5 節の「割引」は数学付録に，4.6 節の「進化的均衡：タカ－ハトゲーム」は 5.6 節に，7.5 節の「状態－空間図：保険ゲームⅠ，Ⅱ」は 8.5 節に移した．8 章の節は整理し直した．14.2 節の「シグナルジャミング：価格制限」は 11.5 節に移した．1.2 節の「定義」は手直しし，ゲーム理論と意思決定論との違いを例示するため，OECD ゲームに代わって参入阻止ゲームを扱っている．他の章も全て些細であるが手直ししている．

　第 2 版で追加したトピックスを難しいと感じ，第 2 版より初版の方を好む読者もいた．この問題を解決するために，第 3 版では抜かしてよいと思われる節には＊印を付けた．参考のため，主題が導入される箇所の近くに続けて置いておく．

本書にはもっとも目新しい特徴が2つあるが，それらは本の中には入っていない．1つはウエブサイト，http://rasmusen.org/GI/index.html にある．

このウエブは奇数番号の問題の解答と，新しい問題とその解答，訂正，OHP作成に適した私の授業用のファイル，そして，本書の読者に有益と思われる事柄をアップしている．

第2の新しい特徴は1冊の読本 Rasmusen (2001) である．これは私がこの素材で授業するとき使用するコース資料を整理したバージョンである．これはブラックウェル出版社から出ており，各章に対応して整理した学術論文，ニュースの切り抜き，漫画などを含んでいる．その際，主要な雑誌に載った古典的論文のコレクションにならないように位置付けがはっきりしない曖昧な素材を含むことを特に心がけた．

もし，第4版があるとすれば，付け加えたい点が3つある．1つは14章の戦略的代替と補完の議論をさらに長くすること，ことによると，別の章として構成するかもしれない．2つ目は，Holmstrom & Milgrom の1987年の線形契約，そして3つ目は，Holmstrom & Milgrom の1991年の複数の仕事のエージェンシーに関する論文である．同意する読者は私に知らせてほしい．おそらくウエブ上でこれらのトピックスについて議論することになるであろう．

2006年第4版での改訂について

『ゲームと情報の経済分析』は，ゲーム理論と産業組織に関する書物の絶え間ない刊行と，契約やオークションのようなトピックスに限定した多くの書物の出現にもかかわらず，引き続き好評である．カナダ，チリ，中国，ドバイ，ドイツ，英国，インド，イラン，イタリア，ジャマイカ，韓国，マレーシア，メキシコ，ノルウェー，ポルトガル，スペイン，台湾，米国の読者によるeメールを受け取った．このことが，新たな版を出すことは意味があると思わせる後押しとなり，本書後半の非対称情報に関する素材についての考えを構想するために新しいモデルや方法を導入することのきっかけとなった．さらに，多くの問題と，クラスルームゲームを14個，各章末に追加した．以下に述べる特定の変更の他に，本書全体に些細な改訂を行った．

かなり変更した章は10章（メカニズム），13章（オークション），14章（価

格付け）であるが，他の章でも新しい資料が入っている．3 章（混合戦略）には，以前は 14 章にあったベルトラン均衡と戦略的代替と補完，15 章にあったパテントレースの素材が入っている．また，均衡の存在と，純粋戦略が混合戦略による強意支配の例に関する新しい節を加えている．

7 章（モラル・ハザード I）は準線形効用と交渉力の変化の効果に関する議論を追加している．

8 章（モラル・ハザード II）は複数の仕事のエージェンシーに関する Holmstrom & Milgrom（1991）の考えに関する新しい節を入れている．これは，エージェントが 1 種類以上の努力を行使し，複数の生産物を生み出し，そのうちの 1 つだけが計測可能である場合を取り扱ったものである．

9 章（逆選択）では逆選択のあるモラル・ハザードの場合を例示するため，生産ゲームの新しいバージョンを追加している．

10 章（メカニズム）もまたメカニズムデザインと相互監視に関する新しいトピックスを例示するために，生産ゲームの新たな内容を含んでいる．また，Crawford & Sobel の送り手 – 受け手ゲームに関する節を追加した．さらに，Myerson の取引ゲームの取り扱いを，3 つのバージョンから 1 つのバージョンへと縮小した．一般に悪いタイプの参加制約とよいタイプのインセンティブ制約が拘束的になるという標準的な成果を特に強調したかったので，この章の概念と分析をより統一的にしようと試みた．"隠れた知識のあるモラル・ハザード" という用語の代わりに，より直接的な "契約後の隠れた知識" を採用した．

11 章（シグナリング）は逆シグナリング（Feltovich, Harbaugh, & To [2002]で導入された）についての新しいトピックスを含んでいる．中位の品質タイプはシグナルを出し，最高位の品質タイプはあえてシグナルを出さないで，代わって品質タイプを知らせるために他の手段に頼る場合である．また，シグナルジャミングとして第 3 版の価格制限モデルに代わって新しい，より簡単なモデルを導入した．

13 章（オークション）はもっとも大きく変えた章である．以前の版ではオークションの取り扱いは比較的テクニカルなものでなかった．これは，本書の他のところで行ってきた簡単化されたスタイルで，複雑だが統一化された文献を伝えようとする困難な問題を避けたいためであった．しかし，古い素材の

新しい取り扱いによっていまではオークション理論の一体性をより簡単に示すことが可能になったためより長く，テクニカルなものにした．その結果，全員支払いオークション，収入同値定理，留保価格の限界収入での解釈，共通価値オークションでの様々なオークションルールを比較できるフォーマルなモデル，Klemperer の財布ゲーム，連携，リンケージなどのトピックスを追加することができた．

14 章（価格付け）では，独占と複占での垂直的品質差別化に関する節を追加し，"製品を劣化させる" ことに関する議論をする．

15 章（参入）は，ウエブ上では利用可能であるが，削除した．そこでのトピックスが技術的な一体性を持たないことと，また，以前の章で使われた技術の応用例としては役に立つものであるが，この新しい版ではそれまでの章でモデルの数を増やし，多くの例を十分含んでいることによる．

本書のウエブサイトは http://rasmusen.org/GI である．

奇数番号の問題の解答とクラスルームゲームのための指導ノートは http://rasmusen.org/GI/funstuff.htm にある．

クラスルームゲームはこの版の新基軸である．MBA や学部の授業において受講者をプレイヤーとしてゲームに参加させることは有意義なことであると思った．最大のメリットは，彼らに可能な戦略について考えさせること，また，クラスルームというコントロールされた状況でさえモデルが現実の世界の不完全な記述になること，しかし現実の世界について考える出発点を提供していることを認識させることである．たいていのゲームは，多くの成果が起こりうるものなので現実の結果を教えるのにはあまり有益ではないが，学生と教師がコメントできる特定の歴史など，ケーススタディのようなものとして役に立つ．ゲームが PhD の学生にとって有意義であるかどうかは定かではないが，モデルと現実との連関——授業で教えるのが難しい——を理解することが彼らには必要である．

クラスルームゲームが特定の状況でどのように行われたかについて，情報を聞きたいものである．実用的な問題について詳細な手引き（例えば，どんな OHP を教室に持ち込むべきであるかとか，プレイヤーはどんな指示に間違うことがあるかなどの）を含んでいる．これによって実行と説明の面で改善され

るという意見が聞かれるものと思っている．各章に1つのゲームを入れている．例えば混合戦略，公共財ジレンマ，後ろ向き帰納法のようなトピックスは，契約過程のようなものより，ゲームで記述するのに適している．

　ブラックウェル出版社から出た *Readings in Games and Information* がハードカバーとソフトカバーで引き続き利用できる．そのウエブサイトは http://rasmusen.org/GI/reader/rcontent.htm である．

本書の使い方

　本書は3つの部分から構成されている．第1部はゲーム理論，第2部は情報の経済学，そして第3部は特殊な課題への応用である．第3部を除いて，第1部と第2部の各章は順序通りに読むべきである．

　第1部自体はゲーム理論の1コースとして適当であろう．また，第3部の節も例示のために追加してもよい．ゲーム理論の基本をすでに習得しているならば，第2部が情報の経済学のコースとして利用できる．本書全体は産業組織のコースの2次的テキストとして有益であろう．私はインディアナ大学MBAケリー校で博士課程1年と2年の学生に対して半期コースで全ての章の素材を教えた（章の中で取り上げた節がクラスの進捗具合によって異なるが）．

　問題とノートが各章の終わりに置かれている．本書の理解のためにオリジナルな論文を読むことで補うことは有益ではあるが，特定の読物を薦めるより，読者が関心のあるトピックスについてさらに追求すべきかどうかは，読者やあるいはその指導者に委ねたい．また，本書で取り扱うトピックスを議論している大学のセミナーに参加することを読者に薦める．たいていのセミナーは難しいものであろうが，完全性の意味をちょうど1週間前に学んだ後で，均衡は確かに完全であるのかという質問で，誰かが発表者を悩ませているのを聞くことはスリリングなことであろう．

　各章末の問題には，本文での概念に関して多少ひねったものもあるが，新しい概念を導入しているものもある．奇数番号の問題に対する解答はウエブ上に書かれている．この本を独力で学ぼうとする読者には問題に取り組むことを特に薦める．

各章のノートはさらなる読物の推薦だけでなく実質的な内容も含んでいる．他の多くの本のノートと違ってこれらは読みとばしてよいものではない．多くは脇道にそれているようだが重要であり，また，本文での説明を明確にするものもあるからである．追加例や参照のための技術的結果のリストはあまり重要でない．巻末の数学付録は技術的参照のためのものであり，数学用語を定義しているが，本文で使われていないとしても参照のための用語もいくつか説明している．

数学の水準

ゲーム理論のこれまでの書物の序文を見てみると，どのくらい数学的素養が必要かということを読者に忠告しているのだが，実際には，現実感覚を遠ざけることを要求していることに等しい．本書での数学レベルは Luce & Raiffa (1957) と同程度のものである．この点で彼らの本の8ページの文章を引用することがよいであろう．

> おそらくもっとも重要なことは，あまりうまく表現することはできないが，一種の数学的技巧といったものであろう．これは全般的に要求されるものではないが，ある程度必要とされることは間違いない．読者はその前提が間違っていると感じても条件付命題を受け入れねばならない．数学的簡単化ということを認めなければならない．また，一連の数学的構成に従っていくに十分忍耐強くなければならない．そのうえ，そうした方法に共感を持たなければならない．共感は，いろいろな実証科学における過去の成功例についての読者の知識や，よく知られているように，科学における厳密な演繹の必要性についての認識に基づいたものである．

"危険回避"，"1階条件"，"効用関数"，"確率密度"，あるいは，"割引率"といった用語を知らなければ，本書を完全に理解することは難しいであろう．しかし，それをとばせば，式の数は大学院の1年生レベルのテキストよりずいぶん少ないものとなっている．ある意味で，ゲーム理論は価格理論より抽象的でない．集計された市場よりも個々の主体を取り扱っているからであり，計量経済学的特定化をする代わりに様式化された事実を説明する方向に目を向けて

いるからである．それにもかかわらず数学は必須のものである．ウェイ教授（Jong-Shin Wei）は彼の未公刊のクラスノートでうまく述べている．

> 私の学習と教育の経験から，証明をする（あまり多くの数学を使わない）ことは，学習し，直感を磨き，技術的な表現能力を高め，そして創造力を養うのにもっとも効果的な方法であると結論付けることができる．しかし，単純な思考や狭い関心しか持たない人々にとって，大変苦痛を伴う経験である．
>
> よい証明とは，我々が『マイアミ・ヘラルド』を読むように，まじめな読者が読み通すことができるという意味でスムーズなものであるべきであるということを思い出してほしい．言葉を追加したり，消去したり，変更したりしないでよいほど"正確"なものであるべきである．ちょうどロバート・フロストの詩を楽しむように！

私はこれを一語も訂正するつもりはない．

他 の 書 物

本書の初版が刊行されたときには，ゲーム理論や情報の経済学に関する多くのトピックスは従来の書物にはほとんど見あたらなかった．ゲーム理論についての，評判の高い書物に，Luce & Raiffa (1957)，Moulin (1986)，Ordeshook (1986)，Owen (1982)，Rapoport (1970)，Shubik (1982) などがあった．経済学における情報関係の書物は主として非対称情報よりも不確実性下の意思決定を取り扱っていた．初版以来，ゲーム理論に関する大量の書物が刊行されてきた．新しい書物の流れは洪水になった感があるが，これらの文献を読む楽しみの1つはその多様性にある．各書物はそれぞれ異なっており，学生も教師も自分達の分類をすることによってメリットを受ける．これは多くの他の学問領域では言えないことである．書物の内容は一定方向に収束していかなかった．おそらく，テキストを使わないコースでの自分自身の授業資料を，教師は現在でも書物の中に加えつつあるからであろう．現在の版の中にライバルのよいアイデアを全て使用することができていたらよかったのにと言うのみである．

公表によって他の書物に代えられる可能性があるのに，なぜ私が自分のライバルの全ての本のリストを便利なようにここで挙げているのか，諸君はゲーム

理論の精神で尋ねるであろう．答えのためには，諸君は本書を購入し，シグナリングに関する11章を読まなければならない．そうすれば，可能な代替的書物と比較しても自信がある著者だけがそんなことをするということが理解されるであろう．そして，本書を購入したというあなたの決定はよいことであったと一層の確信を持つであろう．

ゲーム理論とその応用に関する書物

1988 **Tirole**, Jean, *The Theory of Industrial Organization*. MIT Press. 479 pages. 依然として上級産業組織論のための標準的テキスト．

1989 **Eatwell**, John, Murray Milgate, & Peter Newman, eds., *The New Palgrave: Game Theory*. Norton. 264 pages. 著名な研究者によるゲーム理論の簡潔な論文集．

Rasmusen, Eric, *Games and Information*, 1st edition. Blackwell Publishing. 352 pages.

Schmalensee, Richard & Robert Willig, eds., *The Handbook of Industrial Organization*, in two volumes. North-Holland. 著名な研究者による産業組織のトピックスへの様々な論文集．

Spulber, Daniel, *Regulation and Markets*. MIT Press. 690 pages. 収益率規制へのゲーム理論の応用．

1990 **Banks**, Jeffrey, *Signalling Games in Political Science*. Harwood Publishers. 90 pages. いまでは古くなっているが，依然読む価値がある．

Friedman, James, *Game Theory with Applications to Economics*, 2nd edition. Oxford University Press (1st edition, 1986). 322 pages. 繰り返しゲームの第一人者による著書．

Kreps, David, *A Course in Microeconomic Theory*. Princeton University Press. 850 pages. 優秀な経済学者との会話にかかわらず，学生を驚かせるほどの詳細さ．より口述的スタイルで書かれたVarianのPhDテキストの対抗書．

Kreps, David, *Game Theory and Economic Modeling*. Oxford University Press. 195 pages. ナッシュ均衡とその問題点についての議論．

Krouse, Clement, *Theory of Industrial Economics*. Blackwell Publishing. 602 pages. Tiroleの1988年の本と同じトピックスの好著，それによってほとんど影響を低められているが．

1991 **Dixit**, Avinash, K. & Barry J. Nalebuff, *Thinking Strategically: The Competitive*

Edge in Business, Politics, and Everyday Life. Norton. 393 pages. たくさんの面白い例と，しかし真面目なアイデアのある，教養科学の伝統のもとで書かれた本．もっと新しい本がニッチを求めて出版されているが，私はこの本を MBA の半期コースでテキストとして使用している．

Fudenberg, Drew & Jean Tirole, *Game Theory*. MIT Press. 579 pages. これはゲーム理論の PhD 2 年の標準テキストになった（難しい部分を乗り越えるためには私の『ゲームと情報の経済分析』に読み戻ることを薦める）．

Milgrom, Paul & John Roberts, *Economics of Organization and Management*. Prentice-Hall. 621 pages. 組織と経営をどう考えるべきかをモデルで示す．著者達はこれを MBA コースで教えていた．しかしスタンフォードビジネススクール以外のどこでうまく教えられるか興味があるところである．

Myerson, Roger, *Game Theory : Analysis of Conflict*. Harvard University Press. 568 pages. 上級レベル．第 3 版のための改訂において，私は Myerson の論文が時の試練にうまく耐えていると思った．第 4 版ではもっと Myerson 色が出ている．

1992 **Aumann**, Robert & Sergiu Hart, eds., *Handbook of Game Theory with Economic Applications*, Volume 1. North-Holland. 733 pages. 著名な研究者によるゲーム理論のトピックスに関する論文集．

Binmore, Ken, *Fun and Games : A Test on Game Theory*. D. C. Heath. 642 pages. 苦痛も益もないが，苦痛と楽しみは数学の研究においてさえ混ざっている．

Gibbons, Robert, *Game Theory for Applied Economists*. Princeton University Press. 267 pages. 『ゲームと情報の経済分析』に対する好敵手．より短く，あまりくせがない．

Hirshleifer, Jack & John Riley, *The Economics of Uncertainty and Information*. Cambridge University Press. 465 pages. ゲーム理論よりむしろ情報を強調するが，やや低い評価の書物．

McMillan, John, *Games, Strategies, and Managers : How Managers Can Use Game Theory to Make Better Business Decisions*. Oxford University Press. 252 pages. 非常に口述的で，非常によく書かれており，クリアな思考と明晰な表現がうまく合わさっている例．

Varian, Hal, *Microeconomic Analysis*, 3rd edition. Norton. (1st edition, 1978; 2nd edition, 1984) 547 pages. 私が 1980 年にコースをとったとき本書は PhD のミクロテキストであった．第 3 版はかなり大きくなって，ゲーム理論と情報の

経済学が簡潔に示されている.

1993 **Basu**, Kaushik, *Lectures to Industrial Organization Theory*. Blackwell Publishing. 236 pages. 産業組織論とゲーム理論が多く書かれている.

Laffont, Jean-Jacques & Jean Tirole, *A Theory of Incentives in Procurement and Regulation*. MIT Press. 705 pages. もし『ゲームと情報の経済分析』の10.6節に興味があれば,ここにそのモデルについての完璧な本がある.

Martin, Stephen, *Advanced Industrial Economics*. Blackwell Publishing. 660 pages. 特定のモデルにより詳細でオリジナルな分析がされ,Krouse, Shy, Tiroleに比べて実証分析により関心を置いている.

1994 **Aumann**, Robert & Sergiu Hart, eds., *Handbook of Game Theory with Economic Applications*, Volume 2. North-Holland. 著名な研究者によるゲーム理論のトピックスについての論文集.

Baird, Douglas, Robert, Gertner, & Randal Picker, *Strategic Behavior and the Law : The Role of Game Theory and Information Economics in Legal Analysis*. Harvard University Press. 330 pages. 非常に口述的であるが,契約,訴訟,不法行為などのトピックスを使ったゲーム理論の手ごたえのある説明.

Gardner, Roy, *Games for Business and Economics*. John Wiley and Sons. 480 pages. インディアナ大学から2つのゲーム理論のテキストが出ている.

Morris, Peter, *Introduction to Game Theory*. Springer-Verlag. 230 pages. 私の図書館にはまだ入っていない.

Morrow, James, *Game Theory for Political Scientists*. Princeton University Press. 376 pages. ありふれたトピックスが多いが,政治科学の議論も多い.特に効用理論などが面白く書かれている.

Osborne, Martin & Ariel Rubinstein, *A Course in Game Theory*. MIT Press. 352 pages. Eichbergerの1993年の本とスタイルが似ている.313-319ページの結果のリストは大変参考になる.これは特殊な記号を使わないで数学的命題を要約している.

Rasmusen, Eric, *Games and Information*, 2nd edition. Blackwell Publishing.

1995 **Mas-Colell**, Andreu, Michael D. Whinston, & Jerry R. Green, *Microeconomic Theory*. Oxford University Press. 981 pages. これはVarianのPhDミクロテキストのトピックスと『ゲームと情報の経済分析』のトピックスと,一般理論を結合したものである.大部であるが,よい参考文献がある.

Owen, Guillermo, *Game Theory*. Academic Press, 3rd edition (1st edition, 1968 ; 2nd edition, 1982). この本は,ゲーム理論のやや古いアプローチで明晰に分析し

ており，ゲーム理論の本では一番分厚いものである．

1996 **Besanko**, David, David Dranove, & Mark Shanley, *Economics of Strategy*. John Wiley and Sons. これは実際インディアナ大学 MBA 学生に使われ，戦略的補完などのトリッキーなアイデアをきれいに説明している．

Shy, Oz, *Industrial Organization, Theory and Applications*. MIT Press. 466 pages. Tirole の 1988 年の本よりやや易しいが，新たな対抗書である．

1997 **Gates**, Scott & Brian Humes, *Games, Information, and Politics : Applying Game Theoretic Models to Political Science*. University of Michigan Press. 182 pages.

Ghemawat, Pankaj, *Games Businesses Play : Cases and Models*. MIT Press. 255 pages. MBA レベルのゲーム理論を使ってビジネスに関する 6 つのケースを分析している．理論と実際との対応という難しい問題に取り組む好著．

Macho-Stadler, Ines & J. David Perez-Castillo, *An Introduction to the Economics of Information : Incentives and Contracts*. Oxford University Press. 277 pages. モラル・ハザード，逆選択，シグナリングに集中して議論されている．

Romp, Graham, *Game Theory : Introduction and Applications*. Oxford University Press. 284 pages. マクロ経済学，貿易政策，環境経済学などあまり見られない応用分野があり，解答付きの多くの問題がある．

Salanie, Bernard, *The Economics of Contracts : A Primer*. MIT Press. 232 pages. 重要性が増しつつある課題に集中している．

1998 **Bierman**, H. Scott & Luis Fernandez, *Game Theory with Economic Applications*. Addison Wesley, 2nd edition (1st edition, 1993). 452 pages. 学部生のテキスト向きで，よい例題が豊富にある．

Dugatkin, Lee & Hudson Reeve, eds., *Game Theory & Animal Behavior*. Oxford University Press. 320 pages. 生物学への応用．

1999 **Aliprantis**, Charalambos & Subir Chakrabarti, *Games and Decisionmaking*. Oxford University Press. 224 pages. ゲーム理論，意思決定論，オークション，交渉に関する学部生向きテキストで，インディアナから刊行される 3 冊目のゲーム理論テキスト．

Basar, Tamar & Geert Olsder, *Dynamic Noncooperative Game Theory*, 2nd edition, revised. Society for Industrial and Applied Mathematics (1st edition, 1982 ; 2nd edition, 1995). この本は全体的に数学書であり，私の本の文献と驚くほど文献が重なっていない．微分方程式と線形代数が好きな人々に適してい

る.

Dixit, Avinash & Susan Skeath, *Games of Strategy*. Norton. 600 pages. カラー字とボールド体でわかりやすく書かれており，ゲーム理論と交渉，オークション，投票の章がある．多くのゲームに対して言葉での詳細な説明がされている．

Dutta, Prajit, *Strategies and Games : Theory And Practice*. MIT Press. 450 pages.

Muthoo, Abhinay, *Bargaining Theory with Applications*. Cambridge University Press. 357 pages. タイトルにあるように，バーゲニングモデルを検討するのに適している．

Stahl, Saul, *A Gentle Introduction to Game Theory*. American Mathematical Society. 176 pages. 数学部門の伝統に沿ったもので，多くの練習問題と数値解がある．

Wolfstetter, Elmar, *Topics in Microeconomics : Industrial Organization, Auctions, and Incentives*. Cambridge University Press. 370 pages. 私は特にオークションと確率優位に関する章が好きである．

第4版のために21世紀に入って文献を更新し，より厳選しなければならないと思った．以下では比較的多くの本を掲載したが，あまり包括的にはなっていない．Mike Shor のウエブサイト http://www.gametheory.net/cgi-bin/veiwbooks.pl は多くの書物を探すのに適している．

2000 **Gintis**, Herbert, *Game Theory Evolving*. Princeton University Press. 531 pages. 問題と解答のあるすばらしい本であり，進化生物学に対する多くの説明と特別な関心がある．

Vives, Xavier, *Oligopoly Pricing : Old Ideas and New Tools*. MIT Press. 441 pages. このトピックスに関するスタンダードである.

2001 **Laffont**, Jean-Jacques & David Martimort, *The Theory of Incentives : The Principal - Agent Model*. Princeton University Press. 421 pages. 式の間に歴史的な発展へのコメントと洞察のある直感が挿まれている点で特有のものである．

Rasmusen, Eric, *Games and Information*. Blackwell Publishing, 3rd edition. 445 pages.

Rasmusen, Eric, ed., *Readings in Games and Information*. Blackwell Publishing. 427 pages. ゲーム理論と情報の経済学に関する雑誌や新聞記事．各

トピックスに漫画もある．
- 2002 **Aumann**, Robert & Sergiu Hart, eds., *Handbook of Game Theory with Economic Applications*, Volume 3. North-Holland. 733 pages. ゲーム理論のトピックスに関する著名な研究者による論文集．

    Krishna, Vijay, *Auction Theory*. Academic Press. 297 pages. オークション理論に関する標準テキスト．

    McAfee, R. Preston, *Competitive Solution : The Strategist's Toolkit*. Princeton University Press. 404 pages. ゲーム理論と情報の経済学からの考え方を言葉とビジネス事例を使って説明した経営者のための優れた戦略の本．MBA の学生だけでなく，研究者も全巻読むに値する．

    Watson, Joel, *Strategy : An Introduction to Game Theory*. W. W. Norton & Co. 334 pages. トピックスと水準において『ゲームと情報の経済分析』と似た，著名な契約理論家によって書かれたもの．

- 2003 **Milgrom**, Paul, *Putting Auction Theory to Work*. Cambridge University Press. 368 pages. 数学的基礎には骨が折れるが，複数対象やタイプ相関など，多くの特別の事例を挙げている．

    Osborne, Martin, *An Introduction to Game Theory*. Oxford University Press. 504 pages. 著者の 2 冊目のゲーム理論の書物であり，計算はほとんどないが正確に書かれた学部生向けのテキスト．

- 2004 **Klemperer**, Paul, *Auctions : Theory and Practice*. Princeton University Press. 246 pages. 多くは文章で書かれているが，使われている数学は大変優れたものである．

- 2005 **Bolton**, Patrick & Mathias Dewatripont, *Contract Theory*. MIT Press. 688 pages. プリンシパル－エージェントモデルの詳細な記述がされている．

- 2006 **Rasmusen**, Eric, *Games and Information*. Blackwell Publishing, 4th edition (1st edition, 1989；2nd edition, 1994；3rd edition, 2001)．読み続けよ．

連絡先

本書のウエブサイトは http//www.rasmusen.org/GI である．

このサイトには各章末の奇数番号の問題に対する解答とクラスルームゲームのための指導者ノートを載せている．よい推論のために偶数番号の問題への解答を必要とする指導者などは Erasumuse@Indiana.edu へ e メールするか，

Eric Rasmusen, Department of Business Economics and Public Policy, Kelley School of Business, Indiana University, 1309 East 10th Street, Bloomington, Indiana, USA 47405-1701 に手紙を送るか，あるいは 1-(812) 855-3354 へファックスしてほしい．

もし本書の出版社に連絡したい場合には，Blackwell Publishing，住所は 9600 Garsington Road, Oxford OX4 2DQ, UK または 350 Main Street, Malden, Massachusetts 02148, U. S. A. である．

ウエブ上のテキストファイルは 2 つの形式がある．(1)*.tex, LaTeX, これは ASC Ⅱだけが使われ，図は使用されない．(2)*.pdf, Adobe Acrobat, これは無料のリーダープログラムを使ってフォーマットし読むことができる．読者が新しい宿題を，間違いの指摘や不満とともに送ってくださるのを歓迎する．それらは Erasmuse@Indiana.edu へ e メールしてもらいたい．

謝　辞

わかりやすさに対するコメント，トピックスや参考文献の示唆，間違いの発見などをしていただいた多くの人々に感謝の意を表したい．これらの人々の名前の後に所属を入れているが，時間が経ったことを思い出してほしい（A. B. は，私の研究助手であったときにはファイナンスの教授ではなかった！）．

初版に対して：Dean Amel (Board of Governors, Federal Reaseve), Dan Asquith (S.E.C), Sushil Bikhchandani (UCLA business economics), Patricia Hughes Brennan (UCLA accounting), Paul Cheng, Luis Fernandez (Oberlin economics), David Hirshleifer (Ohio State finance), Jack Hirshleifer (UCLA economics), Steven Lippman (UCLA management science), Ivan Png (Singapore), Benjamin Rasmusen (Roseland Farm), Marilyn Rasmusen (Roseland Farm), Ray Renken (Central Florida physics), Richard Silver, Yoon Suh (UCLA accounting), Brett Trueman (Berkeley accounting), Barry Weingast (Hoover), そして経営 200a で有益なコメントをしてくれた学生諸君．D. Koh, Jeanne Lamotte, In-Ho Lee, Loi Lu, Patricia Martin, Timothy Opler (Ohio State finance), Sang Tran, Jeff Vincent, Tao Yang, Roy Zenner, そして特に，Emmanuel Petrakis (Crete economics) には様々な段階で私の研究の手助けをしてもらった．Robert Boyd (UCLA anthropology), Mark

はしがき　xix

Ramseyer (Harvard law), Ken Taymor, そして John Wiley (UCLA law) からは各章ができるごとに読書グループとして包括的なコメントをいただいた．

　第2版に対して：Jonathan Berk (U. British Columbia commerce), Mark Burkey (Appalachian State economics), Craig Holden (Indiana finance), Peter Huang (Penn Law), Michael Katz (Berkeley business), Thomas Lyon (Indiana business economics), Steve Postrel (Northwestern business), Herman Quirmbach (Iowa State economics), H. Shifrin, George Tsebelis (UCLA poli sci), Thomas Voss (Leipzig sociology), そして Jong-Shin Wei からは有意義なコメントをいただいた．そして Alexander Butler (Louisiana State finance) と An-Sing Chen には研究補助をしてもらった．UCLA での経営学 200 とインディアナ大学の G601 の学生諸君には貴重な手伝い，特にホームワーク問題の最初の草稿への取り組みで手助けをいただいた．

　第3版に対して：Kyung-Hwan Baik (Sung Kyun Kwan), Patrick Chen, Robert Dimand (Brock economics), Mathias Erlei (Muenster), Francisco Galera, Peter-John Gordon (University of the West Indies), Erik Johannessen, Michael Mesterton-Gibbons (Pennsylvania), David Rosenbaum (Nebraska economics), Richard Tucker, Hal Wasserman (Berkeley), そして Chad Zutter (Indiana finance) からは第3版に対して有益なコメントをいただいた．ブラックウェル出版社は極めて質の高い匿名のレビュアを提供した．Scott Fuhr, Pankaj Jain, そして John Spence には研究助手の手助けをしてもらい，また，G601 の新しい世代の学生諸君からは，私の書き方などをわかりやすくするための手助けを受けた．

　第4版に対して：Abdullahi Abdulkadri (U. of the West Indies), Michael Alvarez (Bergen), Michael Baye (Indiana), David Collie (Cardiff), Bouwe Dijkstra (Nottingham), Yanqiong Ding (Shantung), Ralf Elsas (Goethe), Sean Gailmard (Chicago), Diego Garcia (Dartmouth), Richmond Harbaugh (Indiana), Paul Klemperer (Oxford), Bettina Kromen (Cologne), Eva Labro (LSE), Andrew Lilico (Europe Economics), Robert Losee (UNC-CH), Ron Mallon (Utah), Frank P. Maier-Rigaud (Friedrich Wilhelms U.), Ian McCarthy (Indiana), Alexandra Minicozzi (Texas), Luis Pacheco (Portucalense), Tommy Pousset (Louvain), Michael Rothkopf (Rutgers), Pedro Sousa (Portucalense), Charles Tharp, Randal Verbrugge (BLS),

Victor Yip (Hong Kong), Lily Yu (Cornell), そして特に Maria Arbatskaya (Emory), Kyung Baik (Sungkyunkwan), Martin Caley (Isle of Man Treasury) そして Michael Rauh (Indiana) からは有益なコメントをいただいた．Lan Chang, Ariel Kemper, Manu Raghav, Michael Swetz, そして Benjamin Warolin からは研究の手助けをいただいた．また，いつものように，私の学生は本書を書くにあたって大きな役割を演じた．

エリック・ラスムセン
ダン R./キャサリーン M. ダントン教授
インディアナ大学，ビジネススクールケリー校
ビジネスエコノミックス・公共政策学科，
ブルーミントン，インディアナ州

目　次

第4版の日本語翻訳にあたって ……………………………………………… i

はしがき ………………………………………………………………………… iii
  内容と目的 ……………………………………………………………………… iii
  1994年第2版での改訂について ……………………………………………… iv
  2001年第3版での改訂について ……………………………………………… iv
  2006年第4版での改訂について ……………………………………………… vi
  本書の使い方 …………………………………………………………………… ix
  数学の水準 ……………………………………………………………………… x
  他の書物 ………………………………………………………………………… xi
  連絡先 …………………………………………………………………………… xvii
  謝辞 ……………………………………………………………………………… xviii

序　章 …………………………………………………………………………… 1
  歴　史 …………………………………………………………………………… 1
  ゲーム理論の方法 ……………………………………………………………… 2
  例証理論 ………………………………………………………………………… 3
  本書のスタイル ………………………………………………………………… 6
  ノート

第1部　ゲーム理論

第1章　ゲームのルール ……………………………………………………… 13
  1.1　基本的定義 ……………………………………………………………… 13
  1.2　支配戦略と支配される戦略：囚人のジレンマ ……………………… 26
  1.3　反復支配：ビスマルク海の戦い ……………………………………… 31

1.4　ナッシュ均衡：箱の中の豚，両性の闘い，ランクのある協調 … 36
　1.5　焦　　点 …………………………………………………………… 46
　ノート／問題／クラスルームゲーム１：漁業

第２章　情　　報 …………………………………………………………… 59
　2.1　ゲームの戦略形と展開形 ……………………………………… 59
　2.2　情報集合 ………………………………………………………… 66
　2.3　完全，確実，対称および完備情報 …………………………… 73
　2.4　ハーサニ変換とベイズ・ゲーム ……………………………… 79
　2.5　例：プングの和解ゲーム ……………………………………… 92
　ノート／問題／クラスルームゲーム２：酒場でのベイズ・ルール

第３章　混合戦略と連続的戦略 ………………………………………… 105
　3.1　混合戦略：福祉ゲーム ………………………………………… 105
　3.2　利得等値法とタイミングゲーム ……………………………… 112
　*3.3　一般的パラメータと N 人プレイヤーを持つ混合戦略：
　　　　市民義務ゲーム ………………………………………………… 122
　*3.4　ランダム化は混合化とは限らない：監査ゲーム …………… 128
　3.5　連続的戦略：クールノーゲーム ……………………………… 131
　3.6　連続的戦略：ベルトランゲーム，戦略的補完，戦略的代替 … 136
　*3.7　均衡の存在 ……………………………………………………… 143
　ノート／問題／クラスルームゲーム３：消耗戦

第４章　対称情報の動学ゲーム ………………………………………… 161
　4.1　サブゲーム完全性 ……………………………………………… 161
　4.2　完全性の具体例：参入阻止ゲームⅠ ………………………… 165
　4.3　不法妨害訴訟における信用できる脅し，サンクコスト，
　　　　および開集合問題 ……………………………………………… 169
　4.4　ゲームにおけるパレート支配均衡への再協調：
　　　　パレート完全性 ………………………………………………… 180
　ノート／問題／クラスルームゲーム４：US航空の身売り

第5章　対称情報を持つ評判と繰り返しゲーム ……………… 191

- 5.1　有限繰り返しゲームとチェーンストア・パラドックス ……… 191
- 5.2　無限繰り返しゲーム，ミニマックス罰，フォーク定理 ……… 194
- 5.3　評判：一方的な囚人のジレンマ ……………………………… 204
- 5.4　無限繰り返しの製品品質ゲーム ……………………………… 207
- *5.5　マルコフ均衡と重複世代：顧客のスイッチング費用 ……… 213
- *5.6　進化的均衡：タカ-ハトゲーム ……………………………… 216

ノート／問題／クラスルームゲーム5：繰り返し囚人のジレンマ

第6章　非対称情報の動学ゲーム ……………………………… 235

- 6.1　完全ベイズ均衡：参入阻止ゲームⅡとⅢ …………………… 235
- 6.2　参入阻止ゲームと PhD 許可ゲームにおける
  完全ベイズ均衡の精緻化 ……………………………………… 241
- 6.3　共有知識の重要性：参入阻止ゲームⅣ，Ⅴ ………………… 247
- 6.4　繰り返し囚人のジレンマにおける不完備情報：
  4人のギャングモデル …………………………………………… 251
- 6.5　アクセルロッドのトーナメント ……………………………… 255
- *6.6　企業の信用と年齢：ダイアモンドのモデル ………………… 257

ノート／問題／クラスルームゲーム6：非対称情報下の繰り返し囚人のジレンマ

数学付録 …………………………………………………………… 269

- *A.1　記　　号 ……………………………………………………… 269
- *A.2　ギリシャ文字 ………………………………………………… 272
- *A.3　用　　語 ……………………………………………………… 272
- *A.4　公式と関数 …………………………………………………… 278
- *A.5　確率分布 ……………………………………………………… 280
- *A.6　スーパーモジュラリティ …………………………………… 281
- *A.7　不動点定理 …………………………………………………… 284
- *A.8　ジェネリシティ ……………………………………………… 286
- *A.9　割　　引 ……………………………………………………… 288
- *A.10　危　　険 ……………………………………………………… 291

参考文献および人名索引 …………………………………………… 295
事項索引 …………………………………………………………… 315

応用編・目次

第2部　非対称情報

第7章　モラル・ハザード：隠れた行動
第8章　モラル・ハザードのトピックス
第9章　逆選択
第10章　メカニズム・デザインと契約後の隠れた知識
第11章　シグナリング

第3部　応　用

第12章　交　渉
第13章　オークション
第14章　価格付け

図・表・ゲーム一覧

図 1.1 決定ツリーとしてのドライクリーニング店ゲーム ……… 20
図 1.2 ゲームツリーとしてのドライクリーニング店ゲーム ……… 21
図 2.1 展開形での先手・後手ゲーム I ……… 62
図 2.2 展開形でのランクのある協調 ……… 64
図 2.3 ストック価格付け：
(a) よいタイム・ライン　(b) 悪いタイム・ライン ……… 66
図 2.4 情報集合と情報分割 ……… 68
図 2.5 先手・後手ゲーム II ……… 75
図 2.6 先手・後手ゲーム III：もとのゲーム ……… 80
図 2.7 先手・後手ゲーム III：ハーサニ変換後 ……… 81
図 2.8 ベイズ・ルール ……… 88
図 2.9 プングの和解ゲームのゲームツリー ……… 95
図 3.1 新規市場でのパテントレースにおける利得 ……… 120
図 3.2 クールノーゲームの反応関数 ……… 133
図 3.3 シュタッケルベルグ均衡 ……… 134
図 3.4 製品差別化のもとでのベルトラン反応関数 ……… 140
図 3.5 クールノー vs. 差別化されたベルトラン反応関数
（戦略的代替 vs. 戦略的補完） ……… 142
図 3.6 連続的反応関数と不連続的反応関数 ……… 147
図 4.1 先手・後手ゲーム I ……… 164
図 4.2 摂動ゲーム：震える手 vs. サブゲーム完全性 ……… 165
図 4.3 参入阻止ゲーム I ……… 167
図 4.4 不法妨害訴訟の展開形 ……… 171
図 4.5 パレート完全パズル ……… 181
図 5.1 次元条件 ……… 200
図 5.2 タカ – ハト – ブルジョアゲームにおける進化ダイナミックス ……… 222

図 6.1	参入阻止ゲーム II, III, IV	237
図 6.2	PhD 許可ゲーム	245
図 6.3	参入阻止ゲーム V	250
図 6.4	利子率の推移	259
図 6.5	ビール-キッシュゲーム	263
図 A.1	凹性と凸性	273
図 A.2	上半連続性	278
図 A.3	3つの不動点を持つ写像	285
図 A.4	割引	290
図 A.5	平均保存的拡散	292
図 A.6	増加するハザードレートを示す3つの密度関数 $f(v)/(1-F(v))$	294

表 1.1	ドライクリーニング店ゲーム	18
表 1.2	囚人のジレンマ	28
表 1.3	ビスマルク海の戦い	32
表 1.4	反復パスゲーム	35
表 1.5	箱の中の豚	37
表 1.6	モデル設計者のジレンマ	39
表 1.7	両性の闘い	41
表 1.8	ランクのある協調	43
表 1.9	危険な協調	44
表 1.10	一般的囚人のジレンマ	50
表 1.11	抽象的ゲーム	54
表 1.12	風味と食感	55
表 1.13	どんなゲーム？	55
表 1.14	3×3 ゲーム	56
表 2.1	ランクのある協調	60
表 2.2	先手・後手ゲーム I	62
表 2.3	情報分割	70
表 2.4	情報の分類	73
表 2.5	ベイズ用語	85
表 2.6	利得 (A), 囚人のジレンマ	102

表 2.7	利得 (B), 協調ゲーム	102
表 3.1	福祉ゲーム	107
表 3.2	混合戦略により支配される純粋戦略	111
表 3.3	弱虫ゲーム	113
表 3.4	ドルをつかめゲーム	117
表 3.5	一般的 2×2 ゲーム	123
表 3.6	混合戦略均衡を持つ 2×2 ゲーム	125
表 3.7	市民義務ゲーム	126
表 3.8	監査ゲーム I	129
表 3.9	意味のないゲーム	156
表 3.10	買収ゲーム	157
表 3.11	IMF 援助	158
表 4.1	参入阻止ゲーム I	167
表 4.2	異なった政策の利得	188
表 5.1	ミニマックスゲーム例	203
表 5.2	囚人のジレンマ	206
表 5.3	評判が重要な意味を持つ繰り返しゲーム	207
表 5.4	ユートピア交換経済ゲーム	219
表 5.5	タカ−ハトゲーム：経済学的記述	220
表 5.6	タカ−ハトゲーム：生物学的記述	220
表 5.7	ブノワ−クリシュナゲーム	230
表 5.8	進化的安定戦略	231
表 5.9	会話ダイナミックス	231
表 5.10	ドルをつかめ	232
表 5.11	"ドルをつかめ" ダイナミックス	232
表 5.12	混合されたミニマックス化	233
表 5.13	囚人のジレンマ	234
表 6.1	囚人のジレンマ	252
表 6.2	お金のかかるトークゲームでのサブゲーム利得	265
表 6.3	囚人のジレンマ	267
表 A.1	有益な関数形	279
表 A.2	割引	290

ドライクリーニング店ゲーム	16
囚人のジレンマ	26
ビスマルク海の戦い	31
反復パスゲーム	34
箱の中の豚	36
モデル設計者のジレンマ	39
両性の闘い	40
ランクのある協調	43
危険な協調	44
逐次囚人のジレンマ	55
先手・後手ゲームⅠ	60
先手・後手ゲームⅡ	74
先手・後手ゲームⅢ	79
プングの和解ゲーム	92
ジョイントベンチャー	100
福祉ゲーム	106
弱虫ゲーム	112
消耗戦ゲーム	115
ドルをつかめゲーム	117
新規市場でのパテントレース	118
市民義務ゲーム	122
スイスチーズゲーム	125
監査ゲームⅠ	128
監査ゲームⅡ	129
監査ゲームⅢ	129
クールノーゲーム	131
シュタッケルベルグゲーム	135
ベルトランゲーム	136
差別化されたベルトランゲーム	138
銅貨合わせ	154
投票パラドックス	155
アルバとローマ	156

危険なスケート ………………………………………………	157
摂動ゲーム …………………………………………………	165
参入阻止ゲームⅠ …………………………………………	165
不法妨害訴訟Ⅰ ……………………………………………	169
不法妨害訴訟Ⅱ ……………………………………………	172
不法妨害訴訟Ⅲ ……………………………………………	177
パレート完全パズル ………………………………………	181
繰り返し参入阻止 …………………………………………	185
3方向の決闘 ………………………………………………	185
プリニーの提案と解放奴隷裁判 …………………………	186
ゴミ収集事業に参入 ………………………………………	187
投票サイクル ………………………………………………	187
チェーンストア・パラドックス …………………………	192
繰り返し囚人のジレンマ …………………………………	193
製品品質ゲーム ……………………………………………	207
顧客のスイッチング費用 …………………………………	213
タカ-ハトゲーム …………………………………………	216
ユートピア交換経済ゲーム ………………………………	218
タカ-ハト-ブルジョアゲーム …………………………	222
重複世代 ……………………………………………………	229
訴訟と製品品質 ……………………………………………	229
ブノワ-クリシュナゲーム ………………………………	229
繰り返し参入阻止 …………………………………………	230
参入阻止ゲームⅡ …………………………………………	235
参入阻止ゲームⅢ …………………………………………	235
PhD 許可ゲーム …………………………………………	244
参入阻止ゲームⅣ …………………………………………	247
参入阻止ゲームⅤ …………………………………………	247
4人のギャングモデル ……………………………………	251
ダイアモンドのモデル ……………………………………	257

序　章

歴　史

　それほど以前ではないが，計量経済学とゲーム理論は日本とアルゼンチンのようなものだと皮肉られていた．1940年代後半，この2つの学問と2つの経済は急速な成長によって，また，世界へ大きな影響を与えるものとして，希望に満ちたものであった．しかし，日本とアルゼンチンの経済に実際生じたことは周知の通りである．また，計量経済学は経済学の不可欠の部分となったが，ゲーム理論は小さな学問領域と見なされ，専門家の興味を引くものの，全体としては無視されてきた．ゲーム理論の専門家は一般に数学者であり，その方法を経済問題へ適用することよりも，定義や証明に関心があった．ゲーム理論家は自分達の理論が適用される学問領域の多様さを自慢したが，どの領域においてもゲーム理論が不可欠のものとはなることはなかった．

　1970年代，アルゼンチンとのアナロジーは終わった．アルゼンチンの人々がホアン・ペロンの帰国を招請していたちょうどその頃，経済学者はゲーム理論と複雑な経済状況の構造を結合することによって，多くのものが得られることを理解し始めた．理論面と応用面でのゲーム理論の革新は，本書の主要なテーマである非対称情報と行動の逐次的発生を伴う状況において特に役に立つものとなった．1980年代には，ゲーム理論は正統派経済学にとって極めて重要なものとなった．実際，計量経済学が実証経済学を飲み込んでいったように，ゲーム理論はミクロ経済学を飲み込みつつあるように見えた．

　ゲーム理論は一般にフォン・ノイマン＆モルゲンシュテルンによる1944年の『ゲームの理論と経済行動』の刊行で始まったと考えられている．その分厚い書物の中に書かれているゲーム理論は本書にとってほとんど重要ではないが，紛争は数学的に取り扱いうるという考えを導入し，そして，その分析のた

めの用語を提供した．"囚人のジレンマ"（Tucker［未発表］）の展開と，均衡の定義とその存在に関するナッシュの論文（Nash [1950b, 1951]）は今日の非協力ゲーム理論の基礎を築いた．同時に，協力ゲーム理論は，交渉ゲームにおける Nash（1950a）や Shapley（1953b）の論文，コアに関する Gillies（1953）や Shapley（1953a）の論文により重要な成果をもたらした．

1953 年までに発展してきたゲーム理論が，その後の 20 年間で経済学者によって使われてきた全てであった．1970 年代中頃まで，ゲーム理論は正統派の経済学にとってあまり重要でない，独立した分野であった．ただ重要な例外はシェリングの『紛争の戦略』（1963 年）であり，これは焦点という概念を導入した．また，デブリュー＆スカーフに代表される一連の論文はゲームのコアと経済の一般均衡の関係を示した．

1970 年代になって，限られた情報のもとで合理的に行動する個人に経済学者が注目するようになるにつれて，情報の問題が多くのモデルにおいて重要なものとなった．個々の主体に注目したとき，行動が実行される時間の順序が明示的に導入され始めた．そのうえ，ゲームは興味深く，かつ自明でない結果をもたらすに十分な構造を持っていた．重要な"分析ツール"には，以前に発表されていたが長い間応用されなかった Selten（1965）の完全性に関する論文や，不完備情報に関する Harsanyi（1967）の論文が含まれている．さらに，完全性を拡張した Selten（1975）や Kreps & Wilson（1982）の論文，繰り返しゲームでの不完備情報に関する Kreps, Milgrom, Roberts, & Wilson（1982）の論文も含まれる．本書の応用の大部分は 1975 年以降に展開されたもので，研究の流れは衰える兆しがない．

ゲーム理論の方法

ゲーム理論は経済学の新しい方法論に非常にうまく適応したため，近年めざましい展開を見せている．以前においては，マクロ経済学者は消費関数のようなおおまかな行動関係から出発し，ミクロ経済学者は売上高最大化のような精巧だが非合理的な行動仮説から出発した．いまや，全ての経済学者が効用関数，生産関数，モデルの登場人物の賦存量（さらに，利用可能な情報もしばしば追加されなければならないが）についての基本的な仮定から出発している．

理由は，行動についての高次の仮定を評価するより，基本的な仮定が意味あるものかどうかを判断することの方がたいてい容易であるからである．その基本的な仮定が受け入れられたら，モデル設計者は，登場人物が彼らの情報，賦存量，そして，生産関数によって課せられる制約条件のもとで効用を最大にしたとき，何が生じるかを説明する．これはまさにゲーム理論のパラダイムである．モデル設計者はプレイヤーに利得関数と戦略集合を割り振り，彼らが利得を最大にするように戦略を選んだとき，何が起きるかを検討するのである．このアプローチは MIT の "条件付き最大化" とシカゴ大学の "ただ飯ほど高いものはない" の結合である．しかしゲーム理論はこれら 2 つのアプローチの精神にのみ依存していることを我々は理解するであろう．微分法による最大化から離れたものとなり，また，非効率な配分がよく生じる．プレイヤーは合理的だが，結果はしばしば逆になることもある．これは知的な人々が馬鹿げた結果をもたらすという状況をうまく説明している．

例証理論

基本的な仮定や最大化行動への傾向とともに，簡単化への傾向がある．本書の第 1 版ではこれを "無駄のないモデル化" と呼んだが，Fisher (1989) での "例証理論 (exemplifying theory)" という呼び方がよりふさわしい．これはまた "例示によるモデル化" とか "MIT 流の理論" と呼ばれてきた．より流暢な，しかし二重の意味で無遠慮なネーミングは "模範理論" である．このアプローチの核心は，興味深い結論を導くためのもっとも簡単な仮定を発見することである．すなわち，望ましい結果をもたらすもっともしっかりした，もっとも簡素なモデルを発見することである．ここで言う望ましい結果とは，比較的限定的な質問に対する解答である．例えば，教育は能力の単なるシグナルであろうかとか，指し値 - 付け値の乖離はなぜ存在しうるのかとか，略奪的価格設定はいったい合理的であろうかなどである．

モデル設計者は例えば「人々は自分が賢いということを示すために大学へ行く」というような曖昧なアイデアから出発する．そしてそのアイデアについて簡単なやり方できちんとしたモデルを組み立てる．その結果，そのアイデアは生き残るかもしれないし，形式的に意味のないものであったと判明するかもし

れない．あるいは留保条件付きで成り立つかもしれない．また，逆のことが成り立つことがわかるかもしれない．それからモデル設計者は，いくつかの正確な命題を提案するためにそのモデルを使用する．そのとき，命題の証明によって，そのアイデアについてさらに多くのことを示すことができるかもしれない．そうした証明の後，普通の言葉による意味の理解に戻り，証明が数学的に正しいかどうかということ以上のことを理解しようと試みる．

いずれにしろよい理論というものは，表面上の余計な説明を削り取ったオッカムの刃と，ある課題に関心を限定するため"他の条件一定の仮定"を使用する．例証理論は，疑問に対する限定的な解答だけを理論において提供することによってさらなるステップに進む．フィッシャーが言ったように，"例証理論は起こらなければならないことを示すのではない，むしろ，起こりうることを示す"のである．

同じように，シカゴ大学で"本当であるかもしれない物語"と呼ばれるスタイルを聞いたことがある．"本当であるはずがない物語"が数多くあるので，これはもしモデル設計者が謙遜家であるなら破壊的批評ではない．たとえ複数の均衡が残ったとしても，たいていの均衡結果を除去することができれば，モデル設計者はよい1日の仕事をしたと感じるべきであるのと同様に，たとえもっともらしい複数のモデルが残ったとしても，世界がどのように機能しているかについての説明をいくつか排除できたなら有意義であったと感じるべきである．目的は，ある状況に適用できる1つあるいはそれ以上の物語を提案し，どの物語がベストな説明を与えるかを試みることであるべきである．この意味で，経済学は数学の帰納法的推論を法の同類推論と結合させたものである．

バイオロジーにおける数学的アプローチへの批判者は，それを砂時計に例えてきた（Slatkin [1980]）．まず，広汎で重要な問題が導入される．次に，その本質を把握すると期待される非常に特殊だが扱いやすいモデルにもっていく．最後に，そのプロセスでもっとも危険な部分ではあるが，結果をもとの問題に適用するために拡張する．これは例証理論と同じことである．

そのプロセスは言葉であろうと記号であろうと"If - Then"文を構成するものである．そうした文を適用するためには，前提と結論が普通の，あるいは注意深い実証主義によって確証される必要がある．もし要求される仮定が技巧的すぎるように見えたり，仮定とその意味が現実と矛盾したりしている場合，そ

の考えは棄却されるべきである．もし現実がただちに明瞭でない場合でも，資料が利用できるなら，計量経済学的テストがモデルの有効性を示すのに手助けになるかもしれない．予測は将来の事柄についてなされるが，通常はそのことが第1の動機でない．たいていは，予測よりも説明や理解に関心がある．

　Lakatos（1976）によればいま述べた方法は，数学の定理が展開される方法に近い．それは，研究者は仮説から出発しそれを証明したり論駁したりするものであるという，ありふれた見方と鋭く対立する．その代わり，証明のプロセスはその仮説がどのように定式化されるべきかを示すのに役立つ．

　例証理論の重要な役割はKreps & Spence（1985）が"ブラックボックス化"と呼んだものである．すなわちモデルの重要でないところは簡単に取り扱うやり方である．例えば，買収のための"参入ゲーム"（Rasmusen [1988a]）では，新規の参入者が市場の既存の生産者によって買収されるかどうかを問題にしている．これは複占の価格決定や交渉に依存している．価格決定や交渉それ自体は複雑なゲームであるが，これらの問題に関心が逸れることをモデル設計者が望まないなら，これらのゲームに対して簡単なナッシュ＝クールノー解を使ってもよい．また，このモデルの関心が複占の価格決定にあるのなら，クールノー解の使用は疑問視されるかもしれない．しかし，モデル自体を"導き出す"仮定としてよりも，簡単化のための仮定として受け入れられるであろう．

　簡単化へのこうしたスタイルの誘因にもかかわらず，ある種の形式主義と数学が，モデル設計者の思考を明確にするために要求される．例証理論は数学的一般化と非数学的曖昧さとの真ん中の道を行く．この2つの方法の主張者は例証理論があまりにも狭いものであると不満を言うであろう．しかし，より"豊かで""複雑な"，あるいは"きめの細かい"記述への要求には注意した方がよい．そうした要求は，実際の状況に応用されるためには，あまりにも筋の通らない，あるいは不可解な理論に導くことが多い．モデルにおける豊かさはモデルを締まりのないものにしがちである．

　読者によっては例証理論はあまり数学的な技術を使用しないものだと考えるかもしれないし，一方で，特に経済学者でない人々はあまりに多く数学的な技術を使用していると考えるかもしれない．知的な門外漢は，少なくとも1880年代以降経済学に数学が大量に導入されることに異議を唱えてきた．その当時バーナード・ショーは次のように言った．子供の頃まず$a=b$ということを仮

定させられ，次に代数のいくつかのステップを受け入れ，そしてやっと 1＝2 の証明を受け入れたということがわかったと．それ以来，ショーは仮定と代数計算を信じなかった．簡潔さを獲得する努力にもかかわらず（あるいはそのためかもしれないが），数学は例証理論にとって必須のものである．結論は言葉で再び表すことができるが，言葉による推理で発見されることはめったにない．経済学者ウィクステードはショーに対する返事の中でうまく言っている．

> ショー氏は，自分自身の推理能力にではなく，"代数計算" そのものに "どこかネジのゆるみがある" と早合点してしまった．そしてそれ以降，誤った推論に基づく議論によって，賢い人から馬鹿げていると見破られずに，同じく不条理な結論を納得させる文学的方法を持ち上げて数学的推理を放棄したものである．これが政治経済学の純粋理論における数学的取り扱いと文学的取り扱いの端的な違いである（Wicksteed [1885] p. 732）．

例証理論においては，一般的な結果を得るために 1 つのモデルをなおあれこれ操作することができる．しかし，それは奇妙な基礎的仮定によるものに違いない．そのスタイルに慣れている人々は，疑わしい結果の原因を探すべき場所がモデルの出発における記述にあることを知っている．もしその記述が明瞭でなかったなら，そのモデルの反直感的結果は稚劣な書き方のうちに隠された間違った仮定から生じたものと読者は推量するであろう．それゆえ明瞭であることは，重要なことであり，本書で使われる，あまり洗練されていないがプレイヤー－行動－利得形式の表現は，書き手の手助けになるだけでなく，読者を納得させるのにも役立つのである．

本書のスタイル

内容とスタイルは密接に関係している．よいモデルと悪いモデルの差は，問題の本質が捉えられているかどうかということだけでなく，どれだけたくさんの夾雑物がその本質を覆っているかということである．本書で私はゲームをできるだけ簡単につくることを試みた．例えば，各プレイヤーが 2 つしか行動の選択肢を持たないゲームをしばしば考えた．我々の直感はそうしたモデルにおいてもっともよく働くが，連続型の行動の場合は技術的により煩雑になる．ゼ

ロの生産費というような仮定は，より高度の直感に依存する．門外漢にとっては生産が費用ゼロで行われるというのは非常に強い仮定であるが，これらのモデルが示すところはただ，重要なことは限界費用が一定であるということであって，その水準ではない．

モデルが言っていること以上に重要なことは，言っていることがどのように理解されるかということである．サンスクリット語で書かれた論文が私の役に立たないように，過度に数学的に書かれていたり，表現力が劣った論文は，たとえそれが著者にとって厳密に見えようとも，私にとっては役に立たない．そのような論文は主題についてある新しい信念をもたらすであろうが，その信念は鋭いものでも，正確なものでもない．あるメッセージを伝える場合に極端に精密であることは受け取る側にかえって不正確に受け取られる．というのは正確さは必ずしもわかりやすさを意味しないからである．ちょうど訴訟の情報開示プロセスで，ある簡単な疑問に対して解答を要求する一方当事者が，他方当事者から横道にそれた様々な資料を70箱も送られてきて圧倒されるのと同様に，数学的に正確であろうとする試みの結果はしばしば読者を圧倒することになる．著者のインプットの質はある抽象的基準ではなく，読者の処理コストと理解の程度で測ったアウトプットによって判断されるべきである．

この精神において，私は原著者達に敬意を払いつつ，モデルの構造や記号の簡単化を試みた．もしそれがモデルの過度の簡単化や歪小化になっていたり，またもしわかりやすくしようとして，不正確になっていたとすれば，彼らに寛恕を乞わなければならない．より注意深く，よりはっきりしないように書かれて，結局，読者自らが自分の間違いを正さねばならない場合に比べて，読者の得る印象がより正確になっていることを期待している．私の強みは難しいモデルを簡単なゲームに焼き直して，モデルのアイデアの本質をなお捉えたものにするという点にあるが，一方で，また私の弱点は，重要でない点であれ重要な点であれ，技術的ポイントを飛び越してしまう点である．おそらく本書に含まれているであろう間違いに対して，あらかじめお詫びを申し上げる．しかし，その間違いは，他の本とは異なり，読者をあまり迷わせないほどに明らかなものであることを願う．

本書において新聞や雑誌の記事の引用が多いことに読者は驚くかもしれない．これは，この引用によって，モデルは結局特定の事実に適用されるべきで

あること，また，たくさんの面白い状況が我々の分析を待っていることを思い出してもらいたかったからである．プリンシパル－エージェント問題は *Econometrica* のバックナンバーにだけ見られるわけではない．それが何であるかを知れば，今日の『ウォールストリートジャーナル』の表紙にもその問題を見出すことができるだろう．

また，本書のあちこちにジョークを挿んでいる．ゲーム理論は本質的にパラドックスと驚きに満ちた科目である．けれども，私はゲーム理論を真面目に考えていることを強調したい．ちょうど，シカゴ学派が価格理論を真面目に考えているのと同様にである．ゲーム理論はアカデミックな芸術形式ではない．人々は慎重に行動を選択し，ある財と他の財とを交換する．このとき，ゲーム理論は彼らがどのように選択するかを理解するための手助けとなる．もし手助けにならなかったならば，そうした難しい問題を学習するようにとは忠告しないであろう．審美学上の観点から，数学にはもっと多くのエレガントな領域がある．実際，教育を受けた人々にとって，本書の様々なアイデアに触れることが，価格理論の基本原理に触れることと同様に，重要であると思う．

定義については，当初の希望以上に裁量的にやらざるをえなかった．通常，定義の多くは論文ごとに別個になされており，一貫したものでなく，語感や有益さになんの考慮もなしになされている．非対称情報や不完備情報といった概念は定義の必要のないほど基本的と考えられてきたので，かえって矛盾した使われ方をしてきた．本書ではできるだけ現存の定義を使っており，類似語は掲示している．

私はプレイヤーとして，スミス，ジョーンズという名前をよく使っている．どのプレイヤーであったか，どの期間であったかを覚えるのにあまり読者に負担をかけないためである．また，モデルとは正確に書かれた物語であるという点を強調したいためでもある．我々の話はただちに s と j で書かれようが，スミスとジョーンズで始まる話である．このことを明記しておけば，モデル設計は数学的には正確だが，馬鹿げた行動集合を持ったモデルをつくることはあまりしないであろうし，読者の楽しみは増すであろう．同じように，"曲線 $U=83$" というような表現でも必ずしも一般性を犠牲にしているとは言えない．"$U=83, U=66$" という表現は "$U=\alpha, U=\beta$ ただし，$\alpha > \beta$" という表現と結局同じ内容を持っており，あまり記憶力に訴えなくてもすむのである．

しかし，この接近法には，読者に素材の複雑さを正当に汲み取ってもらえない危険性があるかもしれない．雑誌記事は実際より素材が複雑であるように見せる面があるが，この方法は逆に実際より易しく思わせるかもしれない（このことは読者が本書を難しいと判断した場合でさえ，正しい）．著者がよりよい仕事をすればするほどこの問題は厄介になる．ケインズはアルフレッド・マーシャルの『経済学原理』について次のように言っている（Keynes [1933]）．

> きめの粗い，あるいはぎくしゃくした部分を極力削除して，もっとも目新しいところが陳腐なものに見えるまでに強調部分や陰影を文章からなくせば，読者はあまりにも容易に読み飛ばしてしまうであろう．水を切るあひるのように，ほとんど濡れずに，アイデアの注水から逃れることになろう．困難なところは隠されている．もっとも厄介な問題は注で解かれており，意味深く，独創的な判断はありきたりの言葉で書かれている．

本書が同じ批評にさらされているのはもっともなことである．しかし，私は困難な点を克服しようと試みてきた．そして各章末の問題は，読者があまりはやく読み進めてしまうことを避けるために役立つであろう．1冊の本からは理解の一定の程度だけが期待される．探求の方法を学ぶもっとも効率的な方法は実際に探求を行うことであり，それについてあれこれの本を読むことではない．本書を読んだ後には，読む前にそうではなかったとしても，多くの読者は自分自身のモデルを作りたくなるであろう．ここでの目的は全体の状況を示し，モデルの直感的理解の手助けをし，そして，モデルの作成過程についてのフィーリングをつかんでもらうことである．

ノート

- von Neumann & Morgenstern（1944）のもっとも重要な貢献はおそらく期待効用理論（2.3節を見よ）であろう．ゲームの均衡を見つけるために彼らはその理論を展開したのであるが，今日では経済学の全ての分野で多用されている．ゲーム理論自体については，ゲームを記述する枠組みや混合戦略の概念を彼らは発展させた（3.1節を見よ）．それらの歴史に関する好著は次のノートに挙げている Weintraub 編著の Shubik（1992）論文である．
- 最近ゲーム理論の歴史に関する多くの好著が出版されている．Norman Macrae の *John von Neumann* や Sylvia Nasar の *A Beautiful Mind*（John Nash に関して）は創始者達

に関する大変よい伝記である．また，*Eminent Economists : Their Life Philosophies* と *Passion and Craft : Economists at Work*（共に Michael Szenberg 編）と *Toward a History of Game Theory*（Roy Weintraub 編）は Shubik, Riker, Dixit, Varian, Myerson を含むゲーム理論を使う多くの著者による伝記的なエッセイを含んでいる．Dimand & Dimand の *A History of Game Theory* は 1996 年に第 1 巻が刊行されたが，その分野の知的な歴史に関してさらに集中的に検討したものである．また，Myerson（1999）も参考．

- 数理経済学の歴史からの論文に対しては，Baumol & Goldfeld（1968）による論文集と Dimand & Dimand（1997）の *The Foundations of Game Theory*（全 3 巻），それから Kuhn（1997）を見よ．比較的最近の論文集としては Rasmusen（2001），Binmore & Dasgupta（1986），情報の経済学に関しては Dimand & Rothschild（1978），また，オークションに関して Klemperer（2000），そして Rubinstein（1990）の大著がある．

- 方法論については Lakatos（1976）あるいは Davis, Marchisotto, & Hersch（1981）の対話を見よ．後者の 6 章は同じようなスタイルで書かれたより短い対話である．Friedman（1953）には，予測力を検証することによってモデルを評価するという異なった方法論についての古典的エッセイがある．Kreps & Spence（1984）は例証理論についての議論をしている．

- 数学者 Robert J. Kleinherz は定理の証明を"山の頂上を見ながら一番上まで登る"ことに喩え，次のように言ったと巷間されている．"ベースキャンプを確立し，山の急な斜面を計測し，曲がり角ごとに障害と闘い，しばしば引き返してみたり，行程の一歩一歩を格闘していくのである．最後に頂上に着いたとき，その頂上のあれこれを検討し，周囲の風景を見回し，反対側に車の道があるか注意する！"（http://user.characterlink.net/The-Cookie-Jar/math_jokes_10.thml を見よ）．

  Lakatos の精神でいけば，あなたが頂上だと思ったものは蜃気楼や小さな頂きであることがわかり，しばしば方向を変えなければならないことがあるという例外はあるが，上述の考えに賛成したい．

- スタイルと内容は密接に繋がっているから，どのように書くかということは重要である．書き方に関するアドバイスとしては，McCloskey（1985, 1987）（経済学に関して），Bowersock（1985）（脚注に関して），Fowler（1931），Fowler & Fowler（1949），Halmos（1970）（数学的表現について），それから，Rasmusen（2000），Strunk & White（1959），Weiner（1984），Wydick（1978）を参照．

- 1＝2 の間違った証明．$a = b$ としよう．そのとき，$ab = b^2$ と $ab - b^2 = a^2 - b^2$ が成り立つ．最後の式を因数分解すれば $b(a - b) = (a + b)(a - b)$ となり，$b = a + b$ と書ける．しかし，最初の仮定を使えば，$b = 2b$ が得られ，1＝2 となる．間違いはゼロで割っていること．

第1部　ゲーム理論

第1章　ゲームのルール

1.1　基本的定義

　ゲーム理論は，自分達の行動が互いに影響し合うことを意識した何人かの主体の行動に関係している．ある都市の2つの新聞社が，販売高が競合していることを意識しながら新聞の販売価格を定めるとき，これらの新聞社はゲームにおけるプレイヤーである．これらの新聞社は新聞の購読者達とゲームをするのではない．なぜならば購読者達は，新聞社に対する自分達の影響を考えていないからである．他の者の反応を考えずに，あるいは他の者の反応を非人格的な市場要因と見なして意思決定が行われるときは，ゲーム理論は役に立つとは言えない．

　どのような状況がゲームとしてモデル化されるか，あるいはされないかを理解するもっともよい方法は次のような例を考えることである．

1　OPECのメンバー諸国が石油の年間産出量を決定する場合．
2　ゼネラル・モーターズ社がU.S.スティール社からの購入を行う場合．
3　ナット製造業者とボルト製造業者の2つの製造業者が，メートル法を使うか，ヤード・ポンド法を使うかを決定する場合．
4　会社の役員会が経営最高責任者にストックオプションのプランを提案する場合．
5　米国空軍がジェット戦闘機のパイロットを雇う場合．
6　ある電力会社が，10年間の電力需要の推定をもとに，新規の発電所を発注すべきであるかどうかを決定する場合．

最初の4つの例はゲームである．1ではOPECのメンバー諸国は1つのゲームを行っている．なぜならばサウジアラビアは，クウェートがサウジアラビア

の産油高を予測して自国の産油高を決定しているということを知っており，そして両国の産油高が国際価格に重要な影響を与えることを知っているからである．2ではアメリカの鉄鋼取引の大部分は，ゼネラル・モーターズとU. S. スティールの間で行われており，両社はその取引高が鉄鋼価格に影響を及ぼすことを認識している．ゼネラル・モーターズは低い価格を望み，U. S. スティールは高い価格を望んでおり，これは両者の間のゲームである．3ではナット製造業者とボルト製造業者とは対立しているわけではないが，しかし，一方の行動は他方の行動に影響を及ぼしているので，この状況はゲームである．4では役員会は経営最高責任者の行動に対する影響を予測して，ストックオプション計画を選択している．

ゲーム理論は最後の2つの例をモデル化するには適していない．5では各パイロットは米国空軍になんの影響も与えないし，空軍のポリシーへの影響を考えずに自分達の就業計画を立てる．6では電力会社は複雑な意思決定に直面しているが，他の合理的な主体と直面しているのではない．これらの状況はゲーム理論よりむしろ意思決定論の使用の方がふさわしい．**意思決定論**は不確実性に直面した1人の意思決定や，複数の人が相互に行動するが，戦略的に相手に反応する必要のない状況での一連の意思決定についての緻密な分析である．しかしながら，主要な経済変数を変化させれば5と6の例をゲームに転換することは可能である．もし空軍がパイロット組合と対立している場合や公益事業委員会が発電量を変えるように電力会社に圧力をかける場合は，適切なモデルは変わる．

本書で示されるゲーム理論は1つのモデル化のための手段であって，公理的な体系を採用していない．また，本章で示すことは従来の型にはまるものではない．我々は，数学的な定義から始めるのではなく，また後に用いられる単純なごくわずかの例から始めるのでもなく，モデル化される状況から出発して，そしてこの状況から徐々にゲームを構築していく．

ゲームの叙述

ゲームの基本要素は，**プレイヤー**，**行動**，**利得**，**情報**である．これらは一括して**ゲームのルール**として知られている．モデル設計者の目的はある状況で起こるであろう事柄を説明するために，ゲームのルールを使ってその状況を記述

することである．自分達の利得を最大化しようとして各プレイヤーは，各時点に得た情報をもとに自分の行動を選択する——戦略として知られるプランを考案するであろう．各プレイヤーによって選ばれた戦略の組が均衡として知られている．1つの**均衡**が与えられると，モデル設計者は全てのプレイヤーのプランの組からどんな行動が実現するかを理解することができ，その行動の組がゲームの**成果**と言われる．

こうしたスタンダードな記述はモデル設計者と読者の両方に役に立つ．モデル設計者にとってはこうした用語の命名はゲームの重要で詳細なところが完全に特定化されたかどうかを確かめるのに手助けになる．また，読者にとっては，そうした用語はゲームを理解することを容易にする．特に，たいていのテクニカルな論文と同じようにその論文が読むに値するかどうかを判断する場合，まず急いで概観することを容易にする．書き手のスタイルがあまり明瞭でないほど，スタンダードな用語により忠実であるべきである．従って，大方の書き手は実際スタンダードなものに極めて忠実であるべきであることを意味する．

ある論文を書くことを著者による1人の生産プロセスと考えないで，著者と読者の間のゲームと考えてみよう．著者が，非常に貴重な情報を持っているが，不完全なコミュニケーション手段しか持たないことを知ったうえで，読者に情報を伝えようとする．読者はその情報が貴重なものであるかどうか知らないが，貴重なものとわかるように十分綿密に読むかどうかを決めなければならない[1]．

上述の用語を定義し，ゲーム理論と意思決定論との違いを示すために，すでに1つのドライクリーニング店が営業しているある町に，新たにドライクリーニング店を開くかどうかを考えている事業家がいる例を考えてみよう．この2つの企業を"新規のクリーニング店"と"既存のクリーニング店"と呼ぶ．新規のクリーニング店は，その町の経済が不況になるかどうかを知らないが，そのことはどれだけ多くのお客がドライクリーニングを必要とするかに影響するであろう．また，既存のクリーニング店は価格戦争で参入に応じるか，価格維

---

[1] この章の最後まで読んでしまったら，このゲームの可能な均衡はどのようなものか考えよ．

持で応じるかについて悩むに違いない．既存のクリーニング店は十分な基盤を持った企業であって，価格戦争の場合利潤は低下するであろうが，耐えうるであろう．新規のクリーニング店は価格戦争を引き起こすべきか，高価格を設定するか，また，どのような設備を購入すべきか，さらに，何人の従業員を雇うべきかなど決定しなければならない．

プレイヤーとは意思決定する個々の主体である．各プレイヤーの目的は行動の選択によって自分の効用を最大化することである．

ドライクリーニング店ゲームではプレイヤーは新規のクリーニング店と既存のクリーニング店である．お客のような受け身の主体は他の人々の行動を変化させようという考えなしに価格変化に対して予測できる形で反応するので，彼らはプレイヤーではなく，環境パラメータである．簡単化はモデル化の目標であり，状況の本質を把握するためにできるだけプレイヤーの数を少なくすることが理想である．

時々，純粋にメカニカルな仕方で行動が取られる**擬プレイヤー**と呼ばれる主体をゲームに明示的に導入することが有益である．

自然はある特定の確率でゲームのある店でランダムな行動をする擬プレイヤーである．

ドライクリーニング店ゲームでは不況の確率を自然による手番としてモデル化する．確率 0.3 で自然は不況になることを決定し，確率 0.7 でそうならないことを決定する．たとえプレイヤー達が同じ行動を取ったとしても，このランダムな手番はモデルが 1 つ以上の予測をもたらすであろうことを意味することになる．このことを，ランダムな手番の結果に依存してゲームの異なった**実現**があると言う．

プレイヤー i の**行動**または**手番**とは，彼が行うことができる選択である．

プレイヤー i の**行動集合** $A_i = \{a_i\}$ とは，彼に利用可能な全ての行動の集合である．

行動プロファイルとは，ゲームにおける n 人のプレイヤーの各行動を，

順番に並べたリスト，$a = \{a_i\}(i = 1, \ldots, n)$ である．

再び，簡単化が我々の目標である．新規のクリーニング店は参入するかどうかを決定する．ドライクリーニング技術や就業内容に立ち入ることは重要ではない．また，価格戦争を始めても，おそらく既存のクリーニング店を追い出すことはできないので，そのことは新規のクリーニング店の関心ではない．従って，我々のモデルからその意思決定を排除できる．こうして，新規のクリーニング店の行動集合は非常に簡単に { 参入，非参入 } とモデル化できる．また，既存のクリーニング店の行動は簡単に { 低価格，高価格 } の中から価格を選ぶことになる．

プレイヤー i の利得 $\pi_i(s_1, \ldots, s_n)$ とは，

(1) 全てのプレイヤーと自然がそれぞれ戦略を選択し，ゲームが終わった後にプレイヤー i が受け取る効用．

または，

(2) 自分とその他のプレイヤーによって選択された戦略の関数として受け取る期待効用．

を意味する．

しばらくの間，"行動" と同義なものとして "戦略" を使用しよう．定義 (1) と (2) は別個のものであるが，これまでの文献や本書では "利得" という用語は実際の利得にも期待利得にも使われる．どちらを意味しているかは文脈によって明らかであろう．ある特定の現実世界の状況をモデル化しようとするならば，利得の数値化がしばしばモデル構成のもっとも困難な部分になる．ドライクリーニング店の例では，全てのデータをあたって，利得は表 1.1 にある通りであるとしよう．すなわち，経済が正常であれば利得は表 1.1a に示されたものとし，不況であれば，市場で活動している各プレイヤーの利得は表 1.1b のように 6 万ドルだけ低下するとしよう．

情報は**情報集合**の概念を使ってモデル化される．それは 2.2 節により正確に定義される．さしあたり，プレイヤーの情報集合とは，様々な変数の値につい

表 1.1　ドライクリーニング店ゲーム
(a)　経済が平年並のとき

		既存のクリーニング店	
		低価格	高価格
新規のクリーニング店	参入	−100, −50	100, 100
	非参入	0, 50	0, 300

(b)　経済が不況のとき

		既存のクリーニング店	
		低価格	高価格
新規のクリーニング店	参入	−160, −110	40, 40
	非参入	0, −10	0, 240

利得：(新規のクリーニング店，既存のクリーニング店)．単位1,000ドル．

てのある特定の時点での知識としよう．情報集合の要素は，プレイヤーが考える可能な値の組である．もし情報集合に多くの要素があるなら，プレイヤーが排除できない多くの値があるということであり，もし1つしかない場合には彼はその値を知っているということである．プレイヤーの情報集合は石油需要の強さのような，変数の値間の区別だけでなく，過去にどのような行動が取られたかの知識も含んでいる．それで，情報集合はゲームの進行とともに変化する．

　さて，既存のクリーニング店がその価格の選択をするとき，その店は新規のクリーニング店の参入に関する決定を知っているであろう．しかし，不況についてはそれぞれの店は知っているであろうか？　もし両店とも不況を知っていれば，新規のクリーニング店が動く前に自然が動くものとし，もし既存のクリーニング店のみが知っているとすると，自然が新規のクリーニング店の後に動くものとし，また，もし意思決定する時点では両者とも不況について知らないなら，ゲームの終わりに自然の手番を置くことになる．

　プレイの順序においては情報集合と行動を一緒に設定することが便利である．ここに，ドライクリーニング店ゲームでの特定のプレイの順序の例を示す．

1 新規のクリーニング店は{参入，非参入}から参入についての決定をする．
2 既存のクリーニング店は{低価格，高価格}から価格の選択をする．
3 自然は需要Dに関して確率0.3で不況を選択し，確率0.7で平年並を選択する．

モデル化の目的は与えられた環境の集合がどのようにして特定の結果を導くかを説明することである．関心のある結果が成果として知られる．

　　ゲームの**成果**とはゲームが終わった後，行動や利得やその他の変数の値から，モデル設計者が選んだ興味ある要素の組である．

特定のモデルに対する成果の定義は，モデル設計者がどの変数を興味深いものとするかに依存する．ドライクリーニング店ゲームの成果を定義する1つの方法は参入または非参入として成果を定義することである．あるいは，モデルが新規のクリーニング店のファイナンスプランを手助けするために構築される場合には，新規のクリーニング店の利得として成果を定義することになる．表1.1aと表1.1bから，これは集合{0，100，-100，40，-160}の中の1要素である．

モデルの仮定を説明したので，ゲーム理論が状況をモデル化するやり方について何が特定のものであるかという点に戻ろう．意思決定論はゲーム理論と同じやり方でゲームのルールを設定するが，その概観は重要な点で基本的に異なっている．すなわち，プレイヤーが1人ということである．新規のクリーニング店の参入決定に戻ろう．意思決定論では，標準的な方法はゲームのルールから**決定ツリー**を構成することである．それはただプレイの順序を表すためのグラフィックな方法である．

図1.1はドライクリーニング店ゲームの決定ツリーを示している．それは新規のクリーニング店が利用できる全ての手番，自然の状態の確率（これは新規のクリーニング店がコントロールできない），そして自分の選択と環境に依存する新規のクリーニング店の利得を示している．なお，自然が平年並を選ぶ確率を0.7と特定化したが，さらに既存のクリーニング店の手番の確率も特定化する必要がある．ここでは低価格の確率を0.5，高価格の確率を0.5としている．

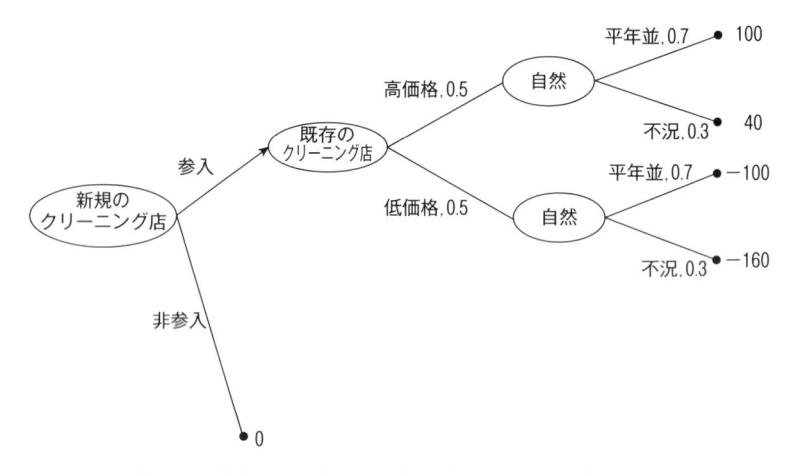

図1.1 決定ツリーとしてのドライクリーニング店ゲーム

　いったん決定ツリーが設定されたら，その期待利得を最大にする最適意思決定を解くことができる．新規のクリーニング店が参入したとする．既存のクリーニング店が低価格を選べば新規のクリーニング店の期待利得は $82(=0.7(100)+0.3(40))$ となる．また，既存のクリーニング店が高価格を選べば新規のクリーニング店の期待利得は $-118(=0.7(-100)+0.3(-160))$ となる．既存のクリーニング店のそれぞれの手番の確率は 50–50 であるから，新規のクリーニング店の参入による全体の期待利得は -18 となる．これは新規のクリーニング店が非参入を選んだときの利得 0 に比べて悪い．それで新規のクリーニング店は参入しないであろうと予測される．

　しかし，これは間違っている．これはゲームであり，意思決定問題ではない．私がいま行った推論で間違っているところは，既存のクリーニング店が確率 0.5 で高価格を選ぶと仮定したことである．もし既存のクリーニング店の利得についての情報を使い，既存のクリーニング店が自分の利潤最大化問題を解くためにどんな手番が取られるかを説明すれば，異なった結論が出るであろう．

　まず，決定ツリーに変わって**ゲームツリー**としてプレイの順序を表してみよう．図1.2は我々のモデルをゲームツリーとして示している．これは既存のク

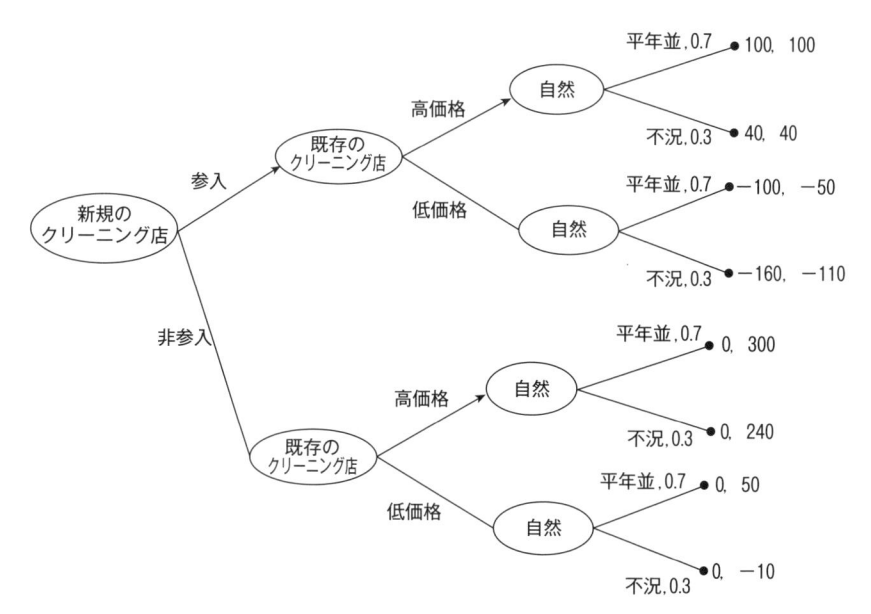

図1.2 ゲームツリーとしてのドライクリーニング店ゲーム

リーニング店の手番と利得が加えられている．

　その状況をゲームと見なせば，2人のプレイヤーの意思決定について考えなければならない．新規のクリーニング店が参入したとする．既存のクリーニング店が高価格を選べば，既存のクリーニング店の期待利得は82（=0.7(100)+0.3(40)）となる．もし既存のクリーニング店が低価格を選べば，既存のクリーニング店の期待利得は-68（=0.7(-50)+0.3(-110)）となる．こうして，既存のクリーニング店は確率0.5ではなく確率1.0で高価格を選ぶであろう．ゲームツリーの矢印は我々の推論による結論を示している．これは，今度は，新規のクリーニング店が参入によって期待利得82（=0.7(100)+0.3(40)）を得るであろうと予測できることを意味する．

　新規のクリーニング店が参入しなかったとしよう．このとき，既存のクリーニング店が高価格を選べばその期待利得は282（=0.7(300)+0.3(240)）となり，低価格を選べば，期待利得は32（=0.7(50)+0.3(-10)）となる．こうして既存のクリーニング店は高価格を選ぶであろう（高価格に矢印を示してい

る). もし, 新規のクリーニング店が非参入を選べば, 新規のクリーニング店は0の利得を持つが, これは参入した場合に得られる予想される期待利得82より悪い. 従って, 新規のクリーニング店は, 実際, 市場に参入するであろう.

このように1人のプレイヤーの観点から他のプレイヤーの観点に切り替えることがゲーム理論の特徴である. ゲーム理論家は他の全ての人の靴を履いてみなければならない (これは我々がより親切な, 優しい人間になることを意味するであろうか, それともよりずるい人間になることを意味するであろうか?).

多くのことがプレイヤーのプランと予測の間の相互作用に依存するので, ゲームにおいて行動を単に設定するだけでなく, さらに一歩進めることが有益である. こうして, モデル設計者は行動プランである**戦略**について考察する.

> プレイヤー i の**戦略** s_i とは, プレイヤーの情報集合が与えられたとき, ゲームの各時点において, どのような行動を選ぶべきかをプレイヤーに述べる1つのルールである.

> プレイヤー i の**戦略集合**または**戦略空間** $S_i = \{s_i\}$ とは, 彼に利用可能な戦略の集合である.

> **戦略プロファイル** $s = (s_1, \ldots, s_n)$ とは, ゲームにおける n 人のプレイヤーそれぞれの1つずつの戦略からなる組である[2].

情報集合は, 他のプレイヤーの以前の行動についてプレイヤーが知っていることを全て含んでいる. そのため戦略は, 他のプレイヤーの以前の行動にどのように反応すべきかを, プレイヤーに述べている. ドライクリーニング店ゲームでは, 新規のクリーニング店の戦略集合はただ{参入, 非参入}である. これは新規のクリーニング店が最初に行動し, 新しい情報に対してなんの反応もしないからである. しかし, 既存のクリーニング店の戦略集合は次の4要素からなる.

---

[2] 第3版では"戦略プロファイル"の代わりに"戦略の組"という用語を用いたが, "プロファイル"は十分普及しているのでそれに代えた.

$$\left\{\begin{array}{l}\text{・新規のクリーニング店が参入すれば高価格,新規のクリーニング}\\\text{　店が参入しなければ低価格}\\\text{・新規のクリーニング店が参入すれば低価格,新規のクリーニング}\\\text{　店が参入しなければ高価格}\\\text{・いつでも高価格}\\\text{・いつでも低価格}\end{array}\right\}$$

　戦略の概念は，プレイヤーが選択しようとする行動が，自然や他のプレイヤーの過去の行動に依存しているという点において重要である．我々が無条件にプレイヤーの行動を予測することができるのは，極めて稀である．むしろ，しばしば予測できることは，プレイヤーが外界に対してどのように反応するかということである．

　プレイヤーの戦略は，1組の完全な指示をプレイヤーに与えるものであることに注意をしよう．すなわち，プレイヤーの戦略は，全てのありうる状況において，たとえプレイヤーが予期していない状況においても，どのような行動を取るべきかをプレイヤーに指示しているのである．厳密に言えば，仮にプレイヤーの戦略が，彼に 1989 年に自殺することを指示していても，1990 年に彼がまだ生きていた場合に取るべき行動を定めていなければならない．このような注意は，単に戦略の定義に適合させるために必要であるだけではなく，4 章で"サブゲーム完全均衡"を考察するときに重要となる．このように戦略記述が完全になされるということは，行動とは違って，戦略が観測できないものであることを意味している．行動は身体的な概念であるが，戦略は精神的な概念である．

均　　衡

　ゲームの成果を予測するためには，モデル設計者は可能な戦略プロファイルに注目する．なぜならば，何が起きるかを決定するのは，様々なプレイヤーの戦略の相互作用だからである．戦略の集まりである戦略プロファイルと，関心を持たれる変数の値の集合である成果とを区別しておかなければ，しばしば混乱が生じる．異なった戦略プロファイルが同一の成果をもたらすことがしばしばある．ドライクリーニング店ゲームでは新規のクリーニング店の同一の成果

は次の2つの戦略プロファイルのどちらからでも生じうる．

$$\left\{\begin{array}{l}\text{・新規のクリーニング店が参入すれば高価格，新規のクリーニング店}\\\quad\text{が参入しなければ低価格}\\\text{・参入}\end{array}\right\}$$

$$\left\{\begin{array}{l}\text{・新規のクリーニング店が参入すれば低価格，新規のクリーニング店}\\\quad\text{が参入しなければ高価格}\\\text{・参入}\end{array}\right\}$$

何が生じるかを予測することは，利得を最大にするように行動するプレイヤーによる，もっとも合理的な行動として1つあるいはそれ以上の戦略プロファイルを選ぶことからなる．

均衡 $s^* = (s_1^*, \ldots, s_n^*)$ は，ゲームにおける n 人のプレイヤー各々の最適の戦略からなる戦略プロファイルである．

均衡戦略は，プレイヤー達が各々の利得を最大にしようとして選択する戦略であり，プレイヤーごとに任意に戦略を1つずつ選んでつくった多くの可能な戦略プロファイルとは区別されるべきものである．この均衡はゲーム理論においては，他の経済学の領域とは異なった用いられ方をする．例えば一般均衡モデルでは，均衡とは経済主体の最適行動からもたらされる価格の組である．ゲーム理論では，そのような価格の組は**均衡成果**であって，均衡そのものは，この成果をもたらすところの戦略プロファイル，すなわち各主体の売買のルールのことである．

人はしばしば不注意にも"均衡成果"を意味するときに"均衡"と言ったり，"行動"を意味するときに"戦略"と言ったりすることがある．この違いはこの章に見られるたいていのゲームではあまり重要ではないが，ゲーム理論家のような思考法にとっては絶対的に基本的なものである．1936年のライン地方の再軍備をすべきかどうかについてのドイツの意思決定を考えてみよう．フランスは，戦わない戦略を採用し，ドイツは再軍備で応じた．これによって2, 3年後に第2次世界大戦が導かれた．もしフランスが，ドイツが再軍備をすれば戦う，そうでなければ戦わないという戦略を採用していたならば，フラ

ンスが戦わなかったという成果がやはり起こったかもしれない．しかし，ドイツはそのとき再軍備をしようとしないであろうから戦争が起こらなかったであろう．おそらく，マクラエがその自伝（MacRae [1992]）において記述しているように，ジョン・フォン・ノイマンが冷戦においてタカ派であったのはそうした線に沿って考えたからであった．

均衡を見つけるにはプレイヤー，戦略，利得を特定化するだけでは十分ではない．モデル設計者は最適な戦略の意味するものを決定しなければならない．彼は均衡概念を定義することによってそうするのである．

均衡概念ないし**解概念** $F: \{S_1, \ldots, S_n, \pi_1, \ldots, \pi_n\} \rightarrow s^*$ とは，可能な戦略プロファイルおよび利得関数に基づいて1つの均衡を定義するルールである．

我々は上の分析で均衡概念をすでに暗黙的に使った．そこではゲームに対する我々の予測として2人のプレイヤーそれぞれに対して1つの戦略を選択した（我々が暗黙的に使ったものは**サブゲーム完全性**の概念であり，4章で再び登場するであろう）．ごくわずかの解概念だけが一般に受け入れられており，この章の残りの節では2つのもっともよく知られた均衡概念――支配戦略均衡とナッシュ均衡――を使って均衡を発見することに専念しよう．

一意性

受け入れられた解概念は一意性を保証するものではなく，均衡が一意でないということは，ゲーム理論における主要な問題の1つである．A，B，C，Dの4つの戦略プロファイルがあるとき，我々はしばしば，プレイヤー達はCまたはDを選択せず，AまたはBを選択するであろうと考えることがある．しかしながら我々は，AまたはBのうちのどちらが，よりありうるかを述べることはできない．また，あるいは逆に，ゲームが全く均衡を持たないこともある．このことが意味するのは，次の2つの事柄のいずれかである．すなわち，モデル設計者がある戦略プロファイルが他の戦略プロファイルよりも実現しそうであるという理由を見出すことができないか，または，あるプレイヤーが彼の1つの行動に対して無限の値を選ぶことを望んでいるかである．

均衡が存在しないモデルや複数均衡を持つモデルは，特定化が不十分なので

ある．モデル設計者は何が起こるかを正確に予測することに失敗している．このような場合における1つの選択肢は，その理論が不完全であることを許容することである．これは恥ずべきことではない．実際，5.2節のフォーク定理のような不完全性の承認は，貴重な負の結果である．あるいは，モデル化されている状況はおそらく，実際に予測することが不可能なのである．その場合には予測することは間違いである．他の選択肢は，ゲームの叙述，あるいは，解概念を修正して，その問題を新たに試みることである．どちらかと言えば，修正されるのは，ゲームの叙述の方であろう．経済学者はモデルの間の相違に対して，解概念ではなく，ゲームのルールに注目するし，また読者は均衡の定義のもとにゲームの主要な部分が隠されると，ごまかされたように感じるであろう．

1.2 支配戦略と支配される戦略：囚人のジレンマ

均衡概念について論じる際に，"全ての他のプレイヤーの戦略"を表す1つの記号を用いることが有益である．

> 任意のベクトル $y = (y_1, \ldots, y_n)$ に対して，y_{-i} という記号によって，ベクトル $(y_1, \ldots, y_{i-1}, y_{i+1}, \ldots, y_n)$ を表すことにする．これはプレイヤー i に関係していない y の部分である．

この記法を用いると，例えば $s_{-スミス}$ はプレイヤースミス以外の全ての他のプレイヤーの戦略プロファイルである．これはプレイヤースミスがもっとも興味を持つものである．なぜならば，プレイヤースミスは，自分の戦略を選択する際に，この $s_{-スミス}$ を利用するからである．また，この新しい記法は，次の最適反応を定義するのに有益である．

> 他のプレイヤーによって選択された戦略 s_{-i} に対して，プレイヤー i の**最適反応**あるいは，**最適応答**とは，彼に最大の利得をもたらす戦略 s_i^* である．すなわち，

$$\pi_i(s_i^*, s_{-i}) \geq \pi_i(s_i', s_{-i}) \quad \forall\, s_i' \neq s_i^*. \tag{1.1}$$

最適反応は，いかなる他の戦略とも（1.1）が等号で成立しなければ強最適反応と言われ，そうでなければ弱最適反応と言われる．

最初の重要な均衡概念は**支配性**の考え方に基づいている．

他のプレイヤーがどんな戦略を取ろうと，あるプレイヤー i の戦略 s_i^d が他の戦略より厳密に劣位にあるとき，すなわち，自分の利得が s_i^d での利得より大きな利得となる戦略があるとき，戦略 s_i^d は**支配される戦略**（dominated strategy）と言う．数学的にはもし

$$\pi_i(s_i^d, s_{-i}) < \pi_i(s_i', s_{-i}) \quad \forall s_{-i} \tag{1.2}$$

となる s_i' があれば s_i^d は支配されると言う．

s_i^d はもしそれが最適反応となるどんな s_{-i} も存在しない場合，つまりあるときにはより望ましい戦略 s_i' があり，別のときにはより望ましい戦略 s_i'' がある場合には，s_i^d は支配される戦略ではないことに注意しよう．その場合，s_i^d は他のプレイヤーが何をしようとしているか予測がつかないプレイヤーにとって，よい妥協案であるという埋め合わせの特徴を持っていると言える．支配される戦略はある1つの戦略に比べて厳密に劣っている．

ある支配される戦略を打ち負かす上位の戦略には，通常特に名前が付いていない．しかし，特別なゲームでは全ての他の戦略を打ち負かす戦略がある．それを支配戦略と呼ぶ．

s_i^* が**支配戦略**（dominant strategy）であるとは他のプレイヤーがどんな戦略を取ろうと s_i^* で彼の利得が最大になるという意味で，それがどんな戦略に対しても厳密に最適反応であることである．数学的には

$$\pi_i(s_i^*, s_{-i}) > \pi_i(s_i', s_{-i}) \quad \forall s_{-i}, \forall s_i' \neq s_i^*. \tag{1.3}$$

支配戦略均衡とは各プレイヤーの支配戦略からなる戦略プロファイルのことである．

あるプレイヤーの支配戦略は他のプレイヤーが全く常識では考えられない行動を取ったとしても，最適反応をしなければならない．それゆえ，ほとんどのゲームは支配戦略を持つことはなく，プレイヤー達は行動を選択するために，

表1.2 囚人のジレンマ

		コラム	
		黙秘する	自白する
ロウ	黙秘する	−1, −1	−10, 0
	自白する	0, −10	−8, −8

利得：(ロウ, コラム).

互いの行動を十分に考慮し合わなければならない．

　ドライクリーニング店ゲームは情報集合や行動の時系列のようなものを示すために，ゲームのルールはかなり複雑になっている．均衡概念を示すために囚人のジレンマのようなもっと簡単なゲームを使用しよう．囚人のジレンマにおいては，2人の囚人，ロウおよびコラムが別々に尋問を受けている．もし2人とも自白するならば，2人はともに懲役8年の判決を受ける．もし2人とも黙秘するならば，2人はともに懲役1年の判決を受ける[3]．そして，もし一方の囚人だけが自白するならば，この囚人は釈放され，他方もう1人の囚人は懲役10年の判決を受ける．これは **2×2ゲーム** の1つの例である．それは，このゲームには2人のプレイヤーがいて，そして各々の行動集合の中に2つの利用可能な行動があるからである．利得は表1.2に示されている．

　この囚人のジレンマでは，各プレイヤーは1つの支配戦略を持っている．ロウについて考えよう．ロウはコラムがいずれの行動を選択するか知らないが，もし仮にコラムが協調するとしたら，ロウは，黙秘するときの−1という利得と，自白するときの0という利得に直面する．他方，もし仮にコラムが自白するとすれば，ロウは，黙秘するときの−10という利得と，自白するときの−8という利得に直面する．明らかに，いずれの場合においても，ロウにとっては自白する方がよく，そしてこのゲームは対称的であるから，コラムについても同様である．こうして支配戦略は（自白する，自白する）となり，均衡利得は（−8, −8）である．ただし，この均衡利得が（−1, −1）よりもよくないことに注意すべきである．実際，16年は，2人の囚人の懲役の合計としては最悪

---

[3] 別の仕方で説明すると，もし両者が黙秘すれば，確率0.1で10年の刑を宣告され，彼らは期待利得（−1, −1）を持つというものである．

の組み合わせになっている.

この結果には見た目以上に強力な意味合いが含まれている. と言うのもモデルの相当の変化に対して頑健であるからである. この均衡は支配戦略均衡であるから, ゲームの情報構造は問題にはならない. つまり, もしコラムが行動を取る前に, ロウの取る行動を知ることができたとしても, 均衡が変わることはありえない. ロウもまた, コラムが確実に自白することを知って, やはり自白することを選択する.

囚人のジレンマは寡占的価格付け, 入札値付け, セールスマンの努力, 政治的交渉, 軍拡競争を含む様々な状況で表れる. もし全員を傷つける個人間の紛争を見たら, まず囚人のジレンマではないかと思うべきである.

このゲームは, それまで出合ったことがない多くの人にとってはひねくれていて, かつ, 非現実的に見える (しかし, 検察官である友人はそれはスタンダードな犯罪と戦う手段であると私に請け合った). この結果を正しいと思えないなら, 諸君は, モデル設計の有意義な点の1つは, しばしば不安感を誘発することであるという点を悟るべきである. その不安感は作成されたモデルが諸君の考えているようなものではないことを暗示している. すなわち諸君は, 考えていたけれども得ることのできなかった結論に対して, 何か本質的なものを欠いているのかもしれない. 諸君の当初の考えか, 諸君のモデルのいずれかが誤っている. しかしながら, そのような誤りを見出すことは, たとえそれが苦痛であっても, モデル設計を行うことの恩恵である. 驚くべき結論を受け入れることを拒否することは, 論理を拒否することである.

協力ゲームと非協力ゲーム

もし2人の囚人が意思決定を行う前に, 互いに話し合うことができるとしたら, どのような違いが生じるであろうか. それは約束の強さに依存するであろう. もしも約束が拘束力の強いものでなければ, たとえ2人の囚人が黙秘すると合意しても, 彼らは実際に行動を取るときには結局互いに自白することになるであろう.

協力ゲームとは, プレイヤー達が拘束的なコミットメント (約束) をすることのできるゲームであり, これに対して**非協力ゲーム**とは, プレイヤー

達が拘束的なコミットメントをすることのできないゲームである．

　この定義は2つのゲーム理論を区別するものであるが，しかしながら実際の相違はモデル化する際のアプローチの方法にある．2つのゲーム理論とも，ゲームのルールから出発するが，しかし用いる解の概念が異なっている．協力ゲームは公理的な理論であり，しばしばパレート最適性[4]，公正性（fairness），公平性（equity）などの概念に訴える．これに対して非協力ゲームは経済学的な雰囲気を持ち，与えられた制約条件のもとでプレイヤーが効用関数を最大化するという点に解の概念は立脚している．あるいは，異なった視点から見ると，協力ゲーム理論は誘導式の理論であり，成果を達成する戦略より，成果の性質に焦点を当てており，その方法はプロセスをモデル化することがあまりにも複雑な場合に適している．12章でのナッシュ交渉解の議論を除いて，本書はもっぱら非協力ゲームに関わっている（私が思っている以上に協力ゲームが重要であるという議論についてはAumam [1997] を参照せよ）．

　応用経済学において，もっともよく見られる協力ゲームの例は交渉に関するモデル化のときである．囚人のジレンマは非協力ゲームであるが，2人の囚人に会話をすることだけでなく，さらに拘束的なコミットメントをすることも認めることによって，協力ゲームとしてモデル化することもできよう．また協力ゲームは，しばしば**サイド・ペイメント**（別払い）を行うことによって，協力によって得られる利益を分配することをプレイヤー達に許している．ただしサイド・ペイメントとは，指定された利得をプレイヤー達の間で変更した一種の

---

4) 成果 X が成果 Y より**強パレート支配**するならば，全てのプレイヤーは成果 X のもとでより高い効用を持つ．もし成果 X が成果 Y より**弱パレート支配**するならば，あるプレイヤーは X のもとでより高い効用を持つが誰より低い効用を持たない．ゼロ和ゲームは他の成果を弱支配する成果さえ存在しない．その均衡は，どのプレイヤーも他のプレイヤーが損をすることなしに得をすることがないので，全てパレート効率的である．

　戦略プロファイル x は戦略プロファイル y を"パレート支配する"あるいは"支配する"としばしば言われる．文字通り取れば，戦略は意味がない．というのは戦略は必ずしも順序を持たないからである．例えば黙秘は自白より大きいと定義できないことはないが，それは恣意的であろう．従って，その文章は実際，"戦略プロファイル x から生じる利得プロファイルが戦略 y から生じる利得プロファイルをパレート支配する"ということの省略表現である．

移転である．協力ゲームの理論は，解の概念を通して，コミットメントとサイド・ペイメントとを導入し，解の概念を精巧にする．これに対して非協力ゲームでは，特別な行動を付け加えるという形で，これらの概念が導入される．協力ゲームと非協力ゲームの区別は，対立の有無にあるのではない．このことは，しばしばモデル化される以下の4つの状況の例から知られよう．

　紛争のない協力ゲーム：従業員達が，互いにもっともうまく協調するように，同程度に骨の折れる仕事のうちから，どれを選ぶか検討している．

　紛争のある協力ゲーム：売り手独占者と買い手独占者の間の価格交渉．

　紛争のある非協力ゲーム：囚人のジレンマ．

　紛争のない非協力ゲーム：2つの会社がコミュニケーションなしに製品の基準を設定している．

1.3　反復支配：ビスマルク海の戦い

　支配戦略均衡を持つゲームは数えるくらいしかないけれども，ここで述べるビスマルク海の戦いは，囚人のジレンマほど明快ではないが，支配戦略の考え方が有益であることを示すものである．このゲームは Haywood (1954) に見出したものだが，1943年の南太平洋に設定されている．イマムラ将軍はビスマルク海を経由してニューギニアに日本軍を輸送するよう命令を受けており，他方ケニー将軍はこの輸送を爆撃しようとしている．イマムラは距離の短い北ルートか，距離の長い南ルートかを選択しなければならず，そしてケニーは日本軍を求めて軍用機をどこに送るべきかを決定しなければならない．もしケニーが軍用機を誤ったルートに送った場合は，彼はそれを呼び戻すことが可能であるが，爆撃の日数は少なくなる．

　プレイヤーは，ケニーとイマムラであり，彼らは同一の行動集合 { 北, 南 } を持っているが，彼らの利得は表1.3の通り同一ではない．ケニーが利得を得るとき，イマムラは損失を受ける．このような特徴のゆえに，8つではなく4つの数字だけで利得を表すこともできるが，しかし表1.3に8つの数字を全て示したことは，思考の若干の手助けとなるであろう．ただ4つの成分を持つ2

表 1.3 ビスマルク海の戦い

		イマムラ	
		北	南
ケニー	北	2, −2	2, −2
	南	1, −1	3, −3

利得：(ケニー, イマムラ).

×2形式は行列ゲームであり，8つの成分を持つ同等な表は双行列ゲームである．手番の数が有限である限り，手番が2つ以上あるとしてもゲームは**行列ゲームか双行列ゲーム**として表される．

このゲームにおいては，厳密には，いずれのプレイヤーも支配戦略を持っていない．ケニーは，イマムラが北を選ぶだろうと考えたときは北を選択するし，イマムラが南を選ぶだろうと考えたときは南を選択する．一方イマムラは，ケニーが南を選ぶだろうと考えたときは北を選択し，ケニーが北を選ぶだろうと考えたときはいずれを選択すべきかわからない．しかしながら，ここで弱支配戦略という概念を用いて，もっともらしい均衡を得ることができる．

戦略 s'_i が**弱支配される**とは，プレイヤー i の他のある戦略 s''_i があって，その方がより望ましくなりうるか，少なくとも悪くならない場合である．従って，s'_i に比べてより高い利得をもたらすことがあり，また，決して低い利得にならない戦略がある場合である．数学的には s'_i が弱支配されるとは，ある戦略 s''_i があって，次の条件を満たす場合である．

$$\pi_i(s''_i, s_{-i}) \geq \pi_i(s'_i, s_{-i}) \quad (\forall s_{-i} に対して),$$
$$かつ \quad \pi_i(s''_i, s_{-i}) > \pi_i(s'_i, s_{-i}) \quad (ある s_{-i} に対して). \tag{1.4}$$

同様に，他の全ての戦略よりも小さくならず，かつ，ある戦略よりはよくなるような戦略を**弱支配戦略**と言う．

各プレイヤーの弱支配戦略を全て消去することによって見出される戦略プロファイルを**弱支配均衡**と定義できる．弱支配戦略を消去することはビスマルク海の戦いではあまり手助けにはならない．しかし，南というイマムラの戦略は戦略北によって弱支配される．これはイマムラの南の利得は北の利得より小さ

くなく，かつ，もしもケニーが南を取れば大きくなるからである．しかし，ケニーにとって弱支配戦略が存在しない．そこで，モデル設計者がもう一歩進んで逐次支配均衡というアイデアにたどりつかなければならない．

反復支配均衡とは，以下のようにして得られる戦略プロファイルである．まず，1人のプレイヤーの戦略集合から弱支配される戦略を取り除く．そして次に，残った戦略の中で，どの戦略が弱支配されるかを再び考えて，それを取り除く．こうして，この手続きを各プレイヤーに対して，ただ1つの戦略が残るまで続けていく．

ビスマルク海の戦いに適用すると，イマムラにとって北は弱支配戦略であるから，ケニーにとってイマムラは南を採用するという可能性を排除することになる．こうして表1.3の1つの行を取り除いて，ケニーは1つの強支配戦略（強とは，この戦略が他の任意の戦略よりも厳密に利得が大きいことを示す）を得て，北を選択する．すなわち，北が南より厳密に大きな利得となることになる．この戦略プロファイル（北，北）は1つの反復支配均衡であり，そして実際（北，北）が1943年の成果だったのである．

ところで，ビスマルク海の戦いにおいて，プレイの順番あるいは情報構造を変更してみることは興味深いことである．もしもケニーがイマムラと同時に行動を取るのではなく，先に行動を取るとすれば，（北，北）は依然として1つの均衡であるが，しかしまた，（北，南）も均衡になる．これら2つの均衡に対する利得は同じであるが，その成果は異なっている．

また，もしもイマムラが先に行動を取るとすれば，この場合は（北，北）が唯一の均衡である．イマムラが先に行動を取るということの意味は，ケニーが日本軍の暗号を解いてイマムラの計画を知っているということを，ケニーとイマムラの双方が知っており，かつ2人が同時に行動を取るという内容と同じである．これら2つの状況いずれにおいても，ケニーの情報集合は，{イマムラは北を取った}か，{イマムラは南を取った}かのどちらかであり，従ってケニーの均衡戦略は（イマムラが北ならば北，イマムラが南ならば南）と決定される．

ゲーム理論家はしばしば異なった用語を使用する．支配戦略を除去するというアイデアに関する用語が特に多様である．ビスマルク海の戦いで使用される

均衡概念は**反復支配均衡**や，**反復支配戦略均衡**と言われたり，また，ゲームは**支配の意味で解決できる**とか**反復支配によって解決される**とか，均衡戦略プロファイルは**系列的に支配されない**などと言う．また，その用語は強支配される戦略の除去を意味したり，弱支配される戦略の除去を意味したりする．厳密に支配される戦略の反復は，もちろんより興味を引く概念であるが，滅多に応用されない．全体として支配戦略がないにもかかわらず強支配される戦略の反復除去によって一意な均衡に到達する 3×3 行列ゲームの例については，Railiff (1997a, p. 7) を参照のこと．

　強支配性と弱支配性には重要な違いがある．合理的なプレイヤーは強支配される戦略を使用しないということには誰でも賛同できるが，弱支配される戦略について賛同することは難しい．経済モデルにおいて，企業と個人は均衡で，しばしば彼らの行動に関して無差別である．完全競争の標準的モデルでは企業はゼロ利潤となり，市場に残っている企業や市場から退出し，何も生産しない企業があることが不可欠である．もし，ある独占企業が，顧客スミスがウィジェット 1 個に対して 10 ドルまで支払ってよいと知っているならば，その独占企業は均衡でスミスに正確に 10 ドル課すことになる．そのとき，スミスにとっては購入することと購入しないことが無差別になるが，スミスが購入しない限り均衡は成立しない．それゆえ，プレイヤーがその行動について無差別となる均衡を締め出すことは実際的ではない．これは 4.3 節において "開集合問題" を議論するときまで記憶されるべきである．

　もう 1 つの難問は複数均衡である．どんなゲームにおいても支配戦略均衡は存在するとすれば一意である．各プレイヤーは他のどんな戦略から得られる利得より厳密に高い利得を得られる戦略を少なくとも 1 つ持っている．従って，ただ 1 つの戦略プロファイルが支配戦略から形成されうる．反復強支配均衡は存在すれば一意である．しかし，反復弱支配均衡はそうではないかもしれない．というのは戦略が除去される順番が最終的な解にとって重要でありうるからである．もし全ての弱支配される戦略が除去のラウンドごとに同時に除去されるならば，結果として生じる均衡は，もし存在すれば一意である．しかしどんな戦略プロファイルも生き残らない可能性がある．

　表 1.4 の反復パスゲームを考えよ．戦略プロファイル (r_1, c_1) (r_1, c_3) はともに反復支配均衡である．これらは反復の除去によって見出される．除去は

表1.4 反復パスゲーム

		コラム		
		c_1	c_2	c_3
ロウ	r_1	2, 12	1, 10	1, 12
	r_2	0, 12	0, 10	0, 11
	r_3	0, 12	1, 10	0, 13

利得：(ロウ, コラム).

それぞれ順番 (r_3, c_3, c_2, r_2), 順番 (r_2, c_2, c_1, r_3) で進められる.

　これらの問題にもかかわらず，弱支配される戦略の除去は有益な道具であり，4.1 節の"サブゲーム完全性"のような，より込み入った均衡概念の一部になる．

ゼロ和ゲーム

　反復パスゲームはもし一方のプレイヤーが利得を得ても他のプレイヤーが必ずしも損失を受けないという意味で，経済学における典型的ゲームのようである．成果 (2, 12) は例えば成果 (0, 10) より両プレイヤーにとって望ましい．経済学はほとんどの場合，貿易からの利益について取り扱うので，たとえプレイヤーが自分の利得だけを最大化しようとしても win - win の成果が可能であることは驚くべきことではない．しかし，ビスマルク海の戦いのようなゲームではそうではない．これはプレイヤーの利得の和が常にゼロになっている．この特徴はゲーム理論の歴史の初期の段階で名称を獲得したほどに重要なものである．

> **ゼロ和ゲーム**とは，プレイヤー達の利得の合計が，いかなる戦略を取ろうとも常にゼロとなるゲームである．ゼロ和ゲームでないものは**非ゼロ和ゲーム**である．

　ゼロ和ゲームにおいては，1 人のプレイヤーの利得が，もう 1 人のプレイヤーの損失である．ビスマルク海の戦いはゼロ和ゲームであり，しかし囚人のジレンマやドライクリーニング店ゲームはそうではない．これらのゲームの利得はゲームの本質的特徴を変えることなしにゼロ和にスケール変換できない．
　ゲームがゼロ和であるなら，プレイヤーの効用についてどんな成果のもとで

も総和をゼロにするように表すことができる．効用関数はある程度任意であるからゲームがゼロ和であってもその和を非ゼロに表すことができる．しばしば利得の和がゼロでなくても，その利得の和が一定である限り，モデル設計者はそのゲームをゼロ和ゲームと呼ぶことがある．その差は取るに足らない正規化の問題である．

ゼロ和ゲームは長年にわたってゲーム理論の研究者を魅了してきたが，しかし経済学では稀にしか見られない．その数少ない例の1つは，余剰を分け合う2人のプレイヤーの交渉ゲームである．しかしこの例さえも今日では，どのように分け合うかを決めるのに時間を費やすにつれて余剰が減少していくといった，1つの非ゼロ和ゲームとしてモデル化がなされている．実際に，財産の単純な分割でさえ費用が発生する可能性がある．離婚をするカップルの持ち物を分ける交渉において，弁護士がどれだけ取ってしまうかを考えてみればわかる．

本章の2×2ゲームは冗談半分に見えるかもしれないが，経済状況をモデル化する際に，簡単だが利用に値するものである．例えば，ビスマルク海の戦いは会社の戦略ゲームに変換できる．会社ケニーと会社イマムラという2つの会社が北と南という2つの製品デザイン間の選択をすることで一定の規模の市場のシェアを最大化しようとしている．ケニーはマーケティングに優れているので現場での競争を好むが，イマムラはむしろニッチを切り開きたい．このとき，均衡は（北，北）である．

1.4 ナッシュ均衡：箱の中の豚，両性の闘い，ランクのある協調

多くのゲームは反復支配均衡すら持つことがない．そこでこれらのゲームに対して，もっと重要で，またよく知られている均衡概念であるナッシュ均衡を利用する．このナッシュ均衡を紹介するために，箱の中の豚（Baldwin & Meese [1979]）というゲームを利用しよう．

このゲームでは，一方の端に特殊なパネルがあり，もう一方の端に餌容器がある箱の中に2匹の豚が入れられている．豚がパネルを押すと，2単位に相当する代価によって，10単位の餌が餌容器から出てくる．1匹の豚が"有利"であり（この豚の方が大きい），もしこの豚が先に餌容器にたどりついたら，も

表1.5 箱の中の豚

```
                    小さい豚
                押す        待つ
         押す    5, 1    →   4, 4
大きい豚          ↓           ↑
         待つ   9, -1   ←   0, 0
```

利得：（大きい豚，小さい豚）．矢印はプレイヤーの利得が増加する方向を示す．最適反応利得は四角で囲まれている．

う1匹の小さい豚は1単位の餌を得るだけである．もし小さい豚が先に餌容器にたどりつけば，事情は幾分よくて，4単位の餌を食べることができる．またもしも2匹が同時に着いたら，この場合も小さい豚は3単位は食べることができる．こうして，例えば，戦略プロファイル（押す，押す）は大きい豚に5単位の利得（10単位から小さい豚が食べる3単位と努力コスト2単位を引く）と小さい豚に1単位の利得（3単位から努力コスト2を引く）となる．表1.5は，パネルを押すことと，一方の端で餌容器のそばで待つという戦略に対する利得をまとめている．

箱の中の豚ゲームは支配戦略均衡を持っていない．実際，大きい豚の選択は，この豚が小さい豚の選択をどのように考えるかということに依存する．もしも大きい豚が，小さい豚はパネルを押すであろうと考えれば，この大きい豚は餌容器のそばで待っているであろう．また大きい豚が，小さい豚は餌容器のそばで待つであろうと考えれば，この大きい豚はパネルを押すことにするであろう．このゲームに存在するのは，反復支配均衡（押す，待つ）である．しかしながら，ここでは，この結果を正当化するために，もう1つの別の合理化の基準を用いることにしよう．それはナッシュ均衡である．

ナッシュ均衡は経済学で用いられる標準的均衡概念である．これは支配戦略均衡ほど明確なものではないが，より頻繁に適用されるものである．ナッシュ均衡は極めて広く認められているので，一般にモデルがどの均衡概念を用いているか特定されていないときは，ナッシュ均衡あるいはナッシュ均衡の精緻化されたものであると考えてよい．

戦略プロファイル s^* は，他のプレイヤーが各々の戦略から逸脱しないこ

とが所与とされるとき，いかなるプレイヤーも自分の戦略から逸脱するインセンティブを持たないならば，**ナッシュ均衡**である．形式的には，

$$\forall i,\ \pi_i(s_i^*,\ s_{-i}^*) \geq \pi_i(s_i',\ s_{-i}^*),\ \forall s_i'. \tag{1.5}$$

箱の中の豚においては（押す，待つ）はナッシュ均衡である．ナッシュ均衡に接近する方法は，1つの戦略プロファイルを取り上げ，各プレイヤーの戦略が他のプレイヤーの戦略に最適反応しているかどうか試してみることである．もし大きい豚が押すことを選択するならば，小さい豚は自分が押す場合の1の利得と，待つ場合の4の利得とに直面するため，進んで待つことを選択するであろう．他方，もし小さい豚が待つことを選択するならば，大きい豚は押す場合の4の利得と，待つ場合の0の利得とに直面するため進んで押すことを選択するであろう．このことは（押す，待つ）がナッシュ均衡であることを保証するものであり，実際これがこのゲームにおける唯一のナッシュ均衡である[5]．

均衡を求めようとするとき，表の中に矢印を描くことは有益である．というのは計算が多いとメンタル面でのRAM（主要記憶装置）がかなり消耗させられるからである．表1.5に示された別の工夫は，他の利得を支配する利得に囲みを付けることである．全ての利得が囲まれている利得プロファイル，あるいは全ての方向からそこに向いている矢印を持つ利得プロファイルがナッシュ均衡である．2×2ゲームでは矢印がより好ましいが，それ以上大きなゲームでは囲みが好ましいと思う．矢印は表において利得が大きさの順に書かれないとき，混乱してしまうからである（2章の表2.2を見よ）．

ところでこのゲームにおける豚は，囚人のジレンマにおけるプレイヤーよりも賢くなければならない．彼らは，自己整合的な信念に支えられている唯一の戦略の組が（押す，待つ）であるということに気付かなければならない．ナッシュ均衡の定義には支配戦略均衡の定義における"$\forall s_{-i}$"という記号がない

---

5) このゲームはまた経済学的意味付けを持っている．もしビッグピッグ社が人々を啓蒙するためにかなりのマーケティング支出をしてグラノーラの店を開いたら，ビッグピッグ社の販売を完全に潰すことなしに，スモールピッグ社は模倣して利益を生むことができる．これに対し，もしスモールピッグ社が同じ支出をしてそうした店を開いたら，ビッグピッグ社による模倣によってスモールピッグ社は市場から駆逐されるであろう．

表 1.6　モデル設計者のジレンマ

```
                       コラム
              黙秘              自白
      黙秘   [0] [0]    ↔    -10, [0]
ロウ          ↕                  ↓
      自白   [0], -10   →    [-8], [-8]
```

利得：（ロウ，コラム）．矢印はプレイヤーの利得が増加する方向を示す．

ため，ナッシュ戦略は，全てのありうる戦略についてではなく，他のナッシュ戦略に最適反応するだけでよい．それから，"最適反応" とは言っているが，実際には手番は同時であるので，プレイヤー達は互いの手番を予測し合っている．もしゲームが繰り返されるならば，あるいはもしプレイヤー達が会話をするならば，ナッシュ均衡はさらに魅力のあるものとなろう．というのは，信念が整合的であるべきということが，より一層要求されてくるからである．

　支配戦略均衡と同様に，ナッシュ均衡にも弱と強がありうる．上の定義は弱の意味であった．強ナッシュ均衡を定義するためには，厳密な不等式にしなければならない．すなわち，どんなプレイヤーも，その均衡戦略とある他の戦略とが無差別にならないことを要求するものである．

　支配戦略均衡はナッシュ均衡であるが，ナッシュ均衡は必ずしも支配戦略均衡ではない．ある戦略が支配戦略均衡であるならば，他のプレイヤーのどんな戦略にも最適反応しており，特に他のプレイヤーの均衡戦略にも最適反応している．ある戦略がナッシュ均衡をなすものであっても，それは他のプレイヤーの均衡戦略にのみ最適反応すればよい．

　表 1.6 のモデル設計者のジレンマはナッシュ均衡のこの特徴を示している．そのゲームがモデル化している状況は 1 つの重要な点を除いて囚人のジレンマと同様である．警察は犯罪の "相当な理由" として，囚人を逮捕するに十分の証拠を持つけれども，もし囚人が自白しなかったならば，たとえ軽犯罪でさえ確証する十分の証拠を持たないことになるであろう．北西の利得プロファイルは (-1, -1) の代わりに (0, 0) となる．

　このとき，モデル設計者のジレンマは支配戦略均衡を持たないが，弱支配戦略均衡を持っている．というのは自白は依然各プレイヤーにとって弱支配戦略であるからである．しかも，この事実を使って，（自白，自白）は反復支配均

衡であり，また，強ナッシュ均衡である．それで，均衡成果である（自白，自白）の場合は非常に強力であるように見える．

しかし，モデル設計者のジレンマには他のナッシュ均衡（黙秘，黙秘）がある．これは弱ナッシュ均衡である．この均衡は弱ナッシュ均衡であるがもう1つは強ナッシュ均衡である．しかし，（自白，自白）はその成果がパレート優越的であるという利点を持っている．すなわち，（0, 0）は（−8, −8）より一様に大きい．こうして，どの行動を予測すべきか考えることが困難になる．

モデル設計者のジレンマはモデル設計者にとって共通の難しさを示している．2つのナッシュ均衡があるときどちらを予測すべきであるか．モデル設計者はゲームのルールに対してより詳細なものを付け加えることができる．すなわち，**均衡の精緻化**を使用することができる．これは，唯一の戦略プロファイルが精緻化された均衡概念を満たすまで，基本的均衡概念になんらかの条件を加えることである．ナッシュ均衡を精緻化する方法は唯一ではない．モデル設計者は強い均衡を主張するかもしれない．それで弱支配戦略を排除したり反復支配性を採用するかもしれない．これらの全てがモデル設計者のジレンマでは（自白，自白）に行き着く．あるいは他のナッシュ均衡に対してパレート支配されるナッシュ均衡を排除するかもしれない．この場合は（黙秘，黙秘）となる．どのアプローチも申し分なしというわけではない．特に，弱ナッシュ均衡を望ましくないものとする考えにミスリードしないように注意したい．あるプレイヤーがXとYについて無差別であるとき，Xを選択するという期待を他のプレイヤーが持っていなければナッシュ均衡が存在しない場合がよくある．我々が選択しようとしているものは，Bが無差別なときにはXを選択すると仮定する均衡ではない．むしろ，行為についての一貫した期待の集合だけを見出すことである（4.2節での開集合問題との関連において，これについてより詳しく見るであろう）．

両性の闘い

ナッシュ均衡を示すための第3の例として，両性の闘いというゲームを取り上げよう．このゲームは，格闘技の試合を見に行きたいと思っている男と，バレエを見に行きたいと思っている女の間の1つの対立ゲームである．この2人は自己中心的な性格であるが，しかし2人は深く愛し合っており，必要ならば

表1.7 両性の闘い[6]

	女		
	格闘技		バレエ
男 格闘技	2, 1	←	0, 0
	↑		↓
バレエ	0, 0	→	1, 2

利得：(男，女)．矢印はプレイヤーの利得が増加する方向を示している．

自分が見たいものを犠牲にしてでも2人で一緒にいたいと思っている．2人の利得については，話が少しロマンチックでなくなるが，表1.7に与えられている．

　この両性の闘いには反復支配均衡は存在しない．このゲームには2つのナッシュ均衡が存在している．1つは（格闘技，格闘技）という戦略プロファイルである．実際，男が格闘技を選択することを所与とすれば，女も格闘技を選択することになるし，また女が格闘技を選択することを所与とすれば，男も格闘技を選択することになる．同様の理由から，（バレエ，バレエ）という戦略プロファイルが，もう1つのナッシュ均衡である．

　プレイヤー達は，どちらのナッシュ均衡が選ばれるかをどのようにして知るであろうか．格闘技に行くということも，バレエに行くということも，いずれもナッシュ均衡戦略であっても，異なる均衡に対する戦略である．ナッシュ均衡はプレイヤーの正確かつ整合的な信念に基づくものである．従って，もし2人が事前に話し合いをしなければ，各プレイヤーは相手の信念を誤解して，男がバレエに行き，女が格闘技に行くということになってしまうかもしれない．しかしまた，プレイヤー達が話し合いをしなくても，ナッシュ均衡はゲームを繰り返すことによって正当化されることもある．このカップルが話し合っていなくとも，毎晩このゲームを繰り返すならば，結局はどちらかのナッシュ均衡に落ち着くことになるであろうと考えることができる．

　ところで，両性の闘いの2つのナッシュ均衡はいずれもパレート効率的であ

---

[6] 政治的な圧力によって，多くのゲーム理論の書物に見られるように，このゲームの様々な変更版が現れた．本書のゲームはオリジナルのもので，訂正されたものではない．

る．すなわち，いかなる他の戦略プロファイルも，相手の利得を減少させることなく，あるプレイヤーの利得を増加させることはできない．多くのゲームにおいては，ナッシュ均衡がパレート効率的とはなりえない．例えば囚人のジレンマでは（自白，自白）が唯一のナッシュ均衡であったが，このときの利得（-8, -8）は（黙秘，黙秘）のときの利得（-1, -1）よりパレート劣位である．

そこで，これまで見た3つの例と異なり，両性の闘いでは，誰が最初に行動を取るかということが重要になる．もし男が事前に格闘技のチケットを購入していれば，彼のこのコミットメントのために女は格闘技に行くことなるであろう．また女が事前にバレエのチケットを購入していれば，彼女のこのコミットメントのため男はバレエに行くことになるであろう．全てではないけれども，多くのゲームにおいては，最初に行動を取ること（コミットメントと同じこと）は**先手有利**をもたらす．

なお両性の闘いは，しばしば経済学的に応用される．ある産業における2つの企業が，選好は異なるけれども，消費者に製品を購入させるべく共通の標準が必要と考えている．両性の闘いは，このような産業規模での標準の選択をめぐる問題に応用される．また，もう1つの応用例は，2つの企業が販売協定を結ぼうとしているが，両者が異なる条件を好んでいるとき，どちらの条件を採用するかという問題である．例えば，両者は"約定損害条項"を付け加えたいとする．これは契約違反に対する損害額を，裁判所の判断に任せないで，あらかじめ契約の中で決めておくものである．しかし，一方の企業は10,000ドルを希望し，他方の企業は12,000ドルを希望している．

協調ゲーム

複数のナッシュ均衡の間で選択を行う際に，利得の大きさを利用することもある．次のゲームではスミスとジョーンズが，大きなフロッピーディスクを使うコンピュータか，小さなフロッピーディスクを使うコンピュータか，いずれを企画すべきかを決定しようとしている．もっとも，これらのプレイヤーは，もしもディスク・ドライブが大小兼用であれば，より多くを売ることもできるであろう．利得は表1.8の通りである．

戦略プロファイル（小，小）と（大，大）はいずれもナッシュ均衡である

表1.8 ランクのある協調

```
                  ジョーンズ
              大              小
        大   2, 2     ←    -1, -1
スミス          ↑              ↓
        小   -1, -1    →     1, 1
```

利得：(スミス，ジョーンズ). 矢印はプレイヤーの利得が増加する方向を示す.

が，(大，大) は (小，小) をパレート支配している. いずれのプレイヤーも (大，大) を好み，そしてたいていのモデル設計者は，このパレート効率的な均衡を実際の成果として予言するであろう. 我々はこの成果は，モデルの外部で行われるスミスとジョーンズの間の事前の会話によってもたらされると想像できる. しかしながら興味を引かれる問題は，もしもコミュニケーションが不可能であれば，何が生じるであろうかということである. その場合にも，パレート効率的な均衡が依然として起こりえそうであろうか. この問題は実際は，経済学よりも心理学の問題である.

ランクのある協調は，プレイヤーは複数のナッシュ均衡の1つに協調する必要があるという共通の特徴を持っている. これは**協調ゲーム**と呼ばれる大きなゲームの分類の1つである. ランクのある協調は均衡がパレート的にランク付けられるという追加特徴を持っている. 3.2節は"相関戦略"や"チープトーク"の概念を議論するために協調問題に立ち戻るであろう. これらは標準の選択に関する分析にとって明らかに重要である. 例えば Michael Katz & Carl Shapiro (1985), Joseph Farrell & Garth Saloner (1985) を見よ. それらは経済の富にとって大変重要である. 計測の標準化の利点について考えてみればよい (あるいは歴史については Charles Kindleberger [1983]). しかし，パレート劣位均衡に関する協調では，状況は全て明白となっているわけではないことに注意しよう. しばしば引用される協調問題はタイプライターのキーボード QWERTY 配列の協調問題である. この配列は，キーの引っかかりを避けるためにゆっくりとタイプしなければならなかった1870年代に普及した. デボラック配列のキーボードを使用すればもっと速いスピードでタイプできるので，10日間で常勤のタイピストを再教育する費用を償還できるであろうという主張があったが，QWERTY 配列が標準となった (David [1985]). なぜ大き

表1.9 危険な協調

```
                      ジョーンズ
                  大              小
           大    2, 2      ←    -1,000, -1
   スミス         ↑                ↓
           小   -1, -1     →     1, 1
```

利得：(スミス，ジョーンズ)．矢印はプレイヤーの利得が増加する方向を示す．

な会社が自分達のタイピストを再教育しなかったかについては，このストーリーのもとで説明するのが困難であるが，Liebowitz & Margolis (1900) は，経済学者はあまりにも判断が性急だったので QWERTY 配列が非効率であるという主張を受け入れることができなかった，ということを示している．英語のスペリングがそのよい例である．

　表1.9はもう1つの協調ゲーム——危険な協調——を示している．これはランクのある協調と同じ均衡を持つが，均衡以外での利得に関して異なる．学生達による危険な協調についての実験が行われた場合，パレート支配される均衡である（小，小）が実行された均衡であっても驚かなかったであろう．これはたとえ（大，大）がなおナッシュ均衡であってもそうである．すなわち，もしジョーンズが大を選ぶであろうと思ったら，スミスは自分も大を喜んで選ぶのである．問題はもしモデルの仮定が弱められ，ジョーンズは合理的で，ゲームの利得について十分知っており，混乱していないとスミスが信じることができないならば，ジョーンズが小を選ぶかもしれず，その場合スミスが大を選べば利得が-1,000ドルとなるので，スミスは大を選ぶことを躊躇するであろうということである．従って，それに代わって，スミスは安全にプレイして小を選び，少なくとも-1ドルの利得を確保するであろう．実際，人はときおり間違いをし，利得についてそうした極端な差があれば，間違いの確率が小さい場合でさえ重要となり，その場合（大，大）は間違った予測となるであろう．

　危険な協調のようなゲームは，ゲーム理論の分野での2人の巨人であるハーサニとゼルテンが刊行した1988年の書物での主要な関心事であった．ここでは，私自身のアプローチと異なっていると指摘するのみで，彼らのアプローチについて述べることはしない．危険な協調のナッシュ均衡の1つがまずい予測である——これはナッシュ均衡に対する強い疑問符となるが——という事実

を私は考察しない．まずい予測は2つのことに基づいている．ナッシュ均衡の概念を使用していることと，危険な協調というゲームを使用していることである．ジョーンズがゲームの利得について混乱するならば，そのとき行われたゲームはもはや危険な協調ではない．それで，ナッシュ均衡がまずい予測しかできなくても驚くことではない．そのときゲームのルールは，彼らが特定の行動を取る場合の利得と合わせ，プレイヤーが混乱する確率を記述すべきである．もし混乱が状況の重要な特徴であるならば，表1.9の2×2ゲームは使用するのにふさわしくないモデルであり，2章で記述される不完備情報のかなり込み入ったゲームが，より適切であろう．再び，囚人のジレンマと同様に，奇妙な結果を予測することになった場合のモデル設計者の最初の判断は，"ゲーム理論はごまかしである"ということではなく，もっと穏当な"おそらく私はその状況を正しく記述していない"（あるいは"おそらく何が起こるかについて自分の常識を信じるべきでない"）であるべきであろう．

ナッシュ均衡はかなり複雑で見た目よりもっと有益である．ちょっと先に進んで，我々がこれまで見てきたものより少し複雑なゲームを考えよう．2つの会社が同時に生産水準 Q_1 と Q_2 を選ぶ．ナッシュ均衡は (Q_1^*, Q_2^*) で，このときどちらの企業も一方的に生産水準を変えようとはしない．これを理解するのは初心者にとって厄介である．彼は自問する．"たしかに企業1は，企業2が Q_2^* を選ぶと思えば，Q_1^* を選ぶ．しかし，企業1は自社がより多く生産すれば企業2はより少ない Q_2 で反応することを知っている．それで状況は大変込み入ったものになり，(Q_1^*, Q_2^*) はナッシュ均衡ではない．もしそうだとしてもナッシュ均衡はよくない均衡概念である"．

しかし，このモデルに問題があるならば，問題はナッシュ均衡ではなくモデル自身である．ナッシュ均衡はこのモデルの安定した結果として完全な意味を持っている．この初心者の想定は，企業1は Q_1^* 以外の何かを選ぶなら企業2はその逸脱を観察できず，自分の Q_2 を変えようとしても手遅れであるというものである．このゲームは同時手番ゲームであるということを思い出してほしい．初心者の心配はゲームのルールについてであり，均衡概念ではない．彼は企業が逐次的に動くゲームを，おそらく繰り返しゲームのようなものを好んでいるように見える．もし企業1が最初に行動し，次に企業2が行動するなら，企業1の戦略はなお単一の値 Q_1 であるが，企業2の戦略——行動のルール

——はある関数 $Q_2(Q_1)$ となるに違いない．ナッシュ均衡はそのとき均衡値 Q_1^{**} と均衡関数 $Q_2^{**}(Q_1)$ からなるであろう．このとき実際選ばれる2つの生産水準は Q_1^{**}, $Q_2^{**}(Q_1^{**})$ であり，最初のモデルの Q_1^{*}, Q_2^{*} とは異なるであろう．2つのモデルは異なっているべきであり，この新しいモデルは非常に異なった現実世界の状況を表しているのである．後で，これらのモデルが3章のクールノーモデルとシュタッケルベルグモデルであるということがわかるであろう．

以上から導かれる1つの教訓は，均衡を発見する前に，戦略が取る数学的表現を見出すことが必須であるということである．同時手番ゲームでは，戦略プロファイルは非負の数値の組である．逐次ゲームでは，戦略プロファイルは1つの非負の数値と非負の数値に対して定義された1つの関数である．学生諸君は企業2の戦略を関数ではなく数値として特定化する誤りをよくしがちである．これは初心者が思っている以上に重要な点である．きっと遅かれ早かれこの間違いをするであろう．そこで悩むことは有意義なことである．

1.5 焦　点

トーマス・シェリングの1960年の著書『紛争の戦略』は数式やギリシャ文字が含まれていないけれども，ゲーム理論の古典である．40年以上も前に刊行されたが，考え方は驚くほどに現代的である．シェリングは数学者ではなく戦略家である．彼は脅迫，コミットメント，人質，委任などを検討している．本書ではこれらの事柄を正式に取り上げ検討していく．シェリングは，おそらく彼の協調ゲームによってよく知られている．以下では，シェリングのゲームをいくつか取り上げている．読者はそこでの戦略の決定を実行してみよ．これらのゲームで，最も多く採用された戦略と一致したら，読者の勝ちが得られるものとする．

1　100, 14, 15, 16, 17, 18 の数字のうち1つを丸で囲め．
2　7, 100, 13, 261, 99, 666 の数字のうち1つを丸で囲め．
3　表か裏かを指定せよ．
4　裏か表かを指定せよ．
5　諸君は1枚のパイを分けようとしている．そして，もしも割合が100％を

超えてしまったら，何も得ることはできない．
6 諸君はある人とニューヨーク市で会うことになっている．それはいつか．そして，それはどこでか．

　これらのゲームはいずれも多くのナッシュ均衡を持つであろう．例えば例1では，もし各プレイヤーが他のプレイヤーがみんな14を選択するであろうと考えるならば彼もまた14を選択するであろう．これは自己確信的である．だが，各プレイヤーが他のプレイヤーはみんな15を選択するであろうと思っていたら同じようになるであろう．しかしながら，大なり小なり，ある範囲において，これらのゲームはより好ましく思われるナッシュ均衡を持っている．この種の戦略プロファイルは**焦点**（focal point）と呼ばれるものであり，これは心理的な理由によって特に引きつけられるナッシュ均衡である．

　ただし，ある戦略プロファイルをどのようにして焦点と規定するかは困難なことであり，それは文脈に依存している．例えば例1のゲームでは100が焦点である．というのはそれは他のどの数字とも明らかに異なる数字であるからである．もっとも大きく，最初に書かれている．例2ではシェリングは7がもっともありうる戦略であることを見出したが，しかし悪魔主義者のグループでは666が焦点になるかもしれない．また繰り返しゲームにおいては，焦点はしばしば過去の歴史によって定められる．例3と例4は選択の順序が違う以外は同一である．しかしその順序は違いをつくるかもしれない．例5で，もしパイを1度だけ分け合うのであれば，我々は50：50の割合に合意しそうである．しかしながら昨年60：40の割合で分け合っていたならば，これが今年の焦点になるかもしれない．例6はもっとも興味深いものである．シェリングは独立な選択をおいて驚くべき一致を見出した．しかし選ばれた場所はプレイヤーがニューヨークをよく知っているかどうか，また不案内かどうかに依存している．

　ところで**境界**は焦点の特殊な例である．もしロシアが，中国との国境の内側のどこかに，1インチから100マイルの間で軍隊を進めることを選択しても，中国は反応しない．しかしながら，もしロシアが軍隊を，中国との国境を越えて，1インチから100マイルの間で進めることを選択するならば，中国は戦争を宣言する．国境における行動には，このように恣意的な断絶がある．またこ

のような恣意的な性質を端的に示すもう1つの例は，"54度40分，さもなくば戦うのみ"という軍隊召集の呼び声である．これは，1840年代のイギリスと米国との間のオレゴン紛争の際に，強硬派のアメリカ人が国境として主張した緯度のことである[7]．

国境はいったん定められると，それは追加的な重要性を伴ってくる．というのは，国境に関する行動は様々な情報を伝えることになるからである．ロシアが定められた国境を越えたら，そのことは中国に，ロシアはさらに深く侵入しようとしているという情報を伝えることになる．従って，国境ははっきりしたものでなければならず，侵犯されていないことが明確にわかるようになっていなければならない．このため法律と外交の両方が国境を明確にするために重要なのである．また境界の概念は，ビジネスの世界においても登場することがある．健康によくない製品を生産している2つの企業を考えよう．これらの企業は，広告で製品が比較的健康によいと主張しないよう合意するかもしれない．しかしながら，"望むならば健康によくないことに言及しなさい，しかしそれを強調しないこと"といった境界ルールは機能しないであろう．

明確な焦点が存在しない場合には，**調停**あるいは**会話**の概念がいずれも重要である．プレイヤー達が会話できるならば，彼らはどのような行動を取るかを互いに話し合うことができる．時には純粋協調ゲームのように，プレイヤー達が嘘をつく必要がなく，それゆえ会話がその機能を十分に果たすこともある．また，プレイヤー達が会話できなければ，ある調停者が全てのプレイヤーに均衡を示唆して手助けをすることも可能かもしれない．プレイヤー達には，その示唆を受け入れない理由はなく，調停者のサービスが費用のかかるものであっても，プレイヤー達は彼を利用するかもしれない．このような場合の調停は，外部団体が強制的に解決をもたらすような仲裁裁定のような効果がある．

なお焦点に関する問題点の1つは，それが硬直性をもたらすかもしれないということである．ランクのある協調ゲームは，パレート優位な均衡（大，大）が焦点として選ばれ，ゲームは長い時間，間隔をおいて繰り返されるものとしよう．このとき利得行列の数値はゆっくりと変化し，（小，小）も（大，大）

---

[7] ただし，この脅迫は実は信じ難いものであった．この緯度は現在はカナダのブリティッシュ・コロンビア州の奥深くにある．

もいずれの数値も 1.6 になり，そして（小，小）が支配的になり始めるかもしれない．均衡がもし転換するとすれば，いったいそれはいつであろうか．

ランクのある協調ゲームでは，ある一定時間の後に1つの企業が戦略を転換し，そしてもう1つの企業がそれに従うと考えることができよう．会話が可能であるならば，この転換は利得が 1.6 になるときであろう．しかしながら，最初の企業が転換を行う際に，何か罰が与えられるような不利益は生じないであろうか．このようなことは寡占市場における価格設定の問題において見出される．費用が増大すれば寡占価格も増大するが，しかしどちらかの企業が先に価格を上げて，そして市場シェアの損害を受けることになるかもしれない．

ノート

N1.2　支配戦略：囚人のジレンマ

- 多くの経済学者は基数的効用の概念を使用することを逡巡する（Starmer [2000]）．個人間の効用の比較をすることについてはもっと逡巡する（Cooter & Rappoport [1984]）．非協力ゲーム理論は決して個人間の効用比較を要求しない．ただ序数的効用だけが囚人のジレンマにおいて均衡を発見するのに必要とされる．各プレイヤーの異なった成果に関する利得についての各プレイヤーの順序付けが維持される限り，均衡を変化させることなく利得を変化させることはありうる．一般に，ゲームの支配戦略と純粋戦略ナッシュ均衡は利得の序数的ランキングにのみ依存するが，混合戦略均衡は基数的値に依存する．3.2 節の弱虫ゲームと 5.6 節のタカ-ハトゲームとを比較せよ．
- もし 2 × 2 ゲームの利得の序数的ランキングだけを考えるならば，4つの成果に厳密な選好順序を決めるゲームは 78 通りあり，利得に関して同点をも認めると 726 通りのゲームがあることになる．Rapoport, Guyer, & Gordon の 1976 年の本 *2 × 2 Game* では可能なゲームが全て記述されている．
- もしプレイヤーが行動選択をランダマイズすること（3章の"混合戦略"）を認めると，ある行動が，たとえそれがどんな非ランダム戦略によっても支配されないとしても，あるランダマイズされた戦略によって厳密に支配されることが起こりうる．1例は3章に示されている．ジム・ラトリフのウエブのノートはこのトピックスについて興味深い（Ratliff [1997a, 1997b] 参照）．もしランダム戦略が許されれば，支配性をチェックすることや，1.3 節の反復支配の考えを使うことが随分と難しくなる．
- 囚人のジレンマを表す 2 × 2 ゲームは，ドレシャー&ブラッドによって開発され，すでによく知られていたが，囚人のジレンマという名前は，アルバート・タッカーの未

表 1.10 一般的囚人のジレンマ

		コラム	
		沈黙	非難
ロウ	沈黙	R, R →	S, T
		↓	↓
	非難	T, S →	P, P

利得：(ロウ，コラム)．矢印はプレイヤーの利得が増加する方向を示す．

発表の論文において名付けられている．タッカーはスタンフォード大学心理学部でゲーム理論について話をすることを要請され，その行列を使って話をすることを考案した．それは Straffin (1980)，Poundstone (1992, pp. 101-18)，そして Raiffa (1992, pp. 171-3) によって再計算された．

- 囚人のジレンマでは協力と裏切りという用語がしばしば手番に対して使用される．これは，協力ゲームと容易に混同するので，逸脱とともに悪い用語法である．また，囚人達のジレンマと呼ばれることもある．個人の観点から見ようと集団の観点から見ようと，囚人達は問題を抱えている．
- 囚人のジレンマはいつでも同じように定義されているわけではない．もしただ序数的利得だけを考えているならば，表 1.10 のゲームが，T（誘惑）$> R$（裏切り）$> P$（処罰）$> S$（だまし）なら囚人のジレンマである．ただし括弧の中の用語は覚えやすいように付けただけである．しかし，これは標準的な記号法である．例として Rapoport, Guyer, & Gordon (1976, p. 400) を参照．もしゲームが繰り返されると，利得の基数値が重要になる．もしゲームが標準的囚人のジレンマであるためには $2R > T + S > 2P$ がさらに要求されなければならない．そのとき（沈黙，沈黙）と（非難，非難）は，利得の合計で見て，それぞれ最適な成果，最悪の成果となっている．また 5.3 節では，一方的な囚人のジレンマと呼ばれる非対称ゲームが標準的な囚人のジレンマと同様の性質を持つことが示される．しかしこのゲームはここでの定義に適合したものではない．

また時には，$2R < T+S$ であるゲームも"囚人のジレンマ"と呼ばれることもあるが．しかしこの場合は，1 人が非難し 1 人が沈黙するときに，2 人のプレイヤーの利得合計が最大になっている．ゲームが繰り返されるとき，あるいは 3.2 節で定義する相関均衡を用いるとき，2 人のプレイヤーは今度はむしろ沈黙を好むであろう．その場合，両性の闘いと同様の協調ゲームになるであろう．ダビッド・シムコはこれに対して囚人の闘い（あるいは異性囚人間のジレンマか）と名付けることを示唆している．

- ヘロドトス (429BC, III-71) は，囚人のジレンマの論旨の 1 例として，ダリウスによるペルシャ皇帝への謀略について述べている．ある貴族のグループが集まって，皇帝を倒すことを決議した．しかし，次の集まりの機会まで延期するよう提案された．こ

のときダリウスは立ち上がって次のように発言した．もしも延期されるのであれば，誰かが皇帝のところに行き計画を告げてしまうかもしれない．そして，誰もそうしなければ，自分自身がそうするかもしれない．こうしてダリウスは1つの解決策を提案した．すなわち，ただちに王宮に赴き皇帝を殺害することであった．

また，このダリウスの謀略の話は，協調ゲームの1つの様式を示している．皇帝を殺害した後に，貴族達は彼らのうちの誰かを新皇帝に選び出そうとした．彼らは闘うことを避けて，夜明けにある丘に集まって，そして最初に馬が鳴き声を上げた者を新皇帝にすることに合意した．ダリウスの馬の世話をする男が，どのようにしてこの偶然的な計画を操りダリウスを皇帝にしたかを，ヘロドトスは述べている．

- 哲学者は囚人のジレンマに興味を引かれている．Campbell & Sowden (1985) を参照せよ．これは囚人のジレンマおよびニューカムのパラドックスに関する文献を集めたものである．ゲーム理論は神学にも適用されたことがあった．もしあるプレイヤーが全能もしくは全知であるならば，どのような均衡行動が期待できるであろうか．Steven Bram の 1980 年と 1983 年の書物 *Biblical Games: A Strategic Analysis of Stories from the Old Testament* と *Superior Beings* を見よ．

N1.4 ナッシュ均衡：箱の中の豚，両性の闘い，ランクのある協調

- ナッシュ均衡の考えの歴史に関しては Roger Myerson の 1999 年の論文 "Nash Equilibrium and the History of Game Theory" を見よ．E. Roy Weintraub の 1992 年のエッセイ集 *Toward a History of Game Theory*, Norman Macrae の *John von Neumann*, William Poundstone の 1992 年の *Prisoner's Dilemma: John von Neumann, Game Theory, and the Puzzle of the Bomb*, Sylvia Nasar の 1998 年の *A Beautiful Mind*, Mary & Robert Diamond の 1996 年の *A History of Game Theory* はゲーム理論の歴史を学ぶための様々な角度を提供している．経済学者のよいプロファイルは Michael Szenberg の 1992 年の *Eminent Economists: Their Life Philosophies* と 1998 年の *Passion and Craft: Economists at Work* に見出される．また，Sergiu Hart の 2005 年の "An Interview with Robert Aumann", http://www.ma.huji.ac.il/hart/abs/aumann.html はまた魅力的である．Leonard (1995) は 1928 年から 1944 年までの「前史」について議論している．

- Baldwin & Meese (1979) の実験の1つの記述から箱の中の豚の利得を考案した．彼らはこれをゲーム理論における1つの実験とは考えていない．"補強" という用語でこれを記述している．両性の闘いは Luce & Raiffa (1957) の p. 90 から採用された．ただし，話を合わせるために利得を $(-1, -1)$ から $(-5, -5)$ に変えた．

- ある人々は "ナッシュ均衡" より "均衡点" という用語を好んでいる．発見者の名前は "Nash" であって "Mazurkiewicz" ではないから，後者の方がより響きがよい．

- Bernheim (1984a) と Pearce (1984) は相互に首尾一貫した信念という考えを使っ

て，ナッシュと異なる均衡概念に到達した．彼らは，あるプレイヤーが他のプレイヤーは自分達の最適反応を選んでいると信じているような合理的な信念の集合に対して最適反応である戦略のことを，**合理化可能戦略**と定義した．ナッシュとの違いはどの戦略が選ばれるかについて全てのプレイヤーが同じ信念を持つ必要がなく，また，彼らの信念が首尾一貫していなくてもよいという点である．従って，全てのナッシュ均衡は合理化可能戦略であるが，全ての合理化可能戦略はナッシュ均衡とは限らない．この考えはなぜナッシュ均衡がプレイされなければならないかということに対する議論を提供するが，なぜナッシュ均衡だけがプレイされるのかということに関しての議論は提供されない．2人ゲームでは合理化可能戦略の集合が厳密に支配される戦略の反復消去で生き残った集合であるが，3人以上のゲームではその集合はより小さくなる．Ratliff（1997a）は数値例を使って優れた議論をしている．

- Jack Hirshleifer（1982）はランクのある協調ゲームと本質的に同じゲームを"優しい罠"と名付けている．また，"保証ゲーム"とも呼ばれている．
- O. ヘンリーの小説『賢者の贈り物』はコミュニケーションが排除される理由について指摘するに値する協調ゲームに関するものである．夫は自分の時計を売って，クリスマスの贈り物として妻に櫛を買ってやる．一方，妻は自分の髪を売って，夫に時計の鎖を買ってやる．もしも会話を行っていたならば，相手を驚かすことができず，非協調より一層悪い結果となったであろう．
- マクロ経済学は一見した以上に数多くのゲーム理論を使っている．合理的期待のマクロ経済学的概念は，複数均衡と期待の整合性というナッシュ均衡と同じ問題に直面する．ゲーム理論はいまやしばしば明示的にマクロ経済学の中に使用されている．Canzoneri & Henderson（1991）とCooper（1999）の書物を見よ．

N1.5 焦点

- シェリングは1960年の書物に加えて，外交に関する書物（1966）と統合の問題に関する書物（1978）とを著している．政治学者は現在，同じ問題をより専門的に研究しているところである．Brams & Kilgour（1988）およびOrdeshook（1986）を参照．Douglas Mussioの1982年の*Watergate Games*，Thomas Flanaganの1998年の*Game Theory and Canadian Politics*，特にWilliam Rikerの1986年の*The Art of Political Manipulation*はゲーム理論が特定の歴史的エピソードの分析に対してどのように利用できるかを示す興味深い例である．
- ケインズは『一般理論』（1936）の12章で，株式市場は多数の均衡を持つゲームであることを示唆している．これはちょうど，ある新聞紙上で20人の女性の顔を掲載して行うコンテストのようなものである．人々は，もっとも美しいとして投票するとたいていの人々が思う女性に投票するのである．
- 国境と呼ばれるものは決して任意性を基礎にしたものではない．いったんアムール川

をロシア軍が渡ってきたら，中国はとても容易には防衛できないので，中国はそこで戦うべき明確な理由があるのである．
- Crawford & Haller (1990) は繰り返しの協調ゲームでの焦点問題を次の質問によって注意深く検討した．まず，どの均衡が客観的に他の均衡と異なるのか質問した．さらに，他のプレイヤーがどの均衡をプレイするかということについて繰り返しを通してどのように学習するのかを質問した．もし最初の繰り返しにおいてお互いにナッシュとなる戦略を選ぶならば，これらの戦略をプレイし続けることが彼らにとって焦点であるように思われるが，もし不一致で始まったら何か起こるであろうか？

問　題

1.1：ナッシュ均衡と反復支配（中級向け）
(a) 全ての反復支配均衡 s^* はナッシュであることを示せ．
(b) 全てのナッシュ均衡は反復支配性によって導かれるとは限らないことを反例によって示せ．
(c) 全ての反復支配均衡は弱支配されない戦略から成り立っているか．

1.2：2×2ゲーム（初級向け）
次の性質を持つ2×2ゲームを見つけよ．

(a) ナッシュ均衡が存在しない（混合戦略を除いて）．
(b) 弱パレート支配戦略プロファイルが存在しない．
(c) 少なくとも2つのナッシュ均衡を持ち，そのうちの1つの均衡は全ての他の戦略プロファイルをパレート支配する．
(d) 少なくとも3つのナッシュ均衡を持つ．

1.3：パレート支配（中級向け）（Jong-Shin Wei のノートから）
(a) もし戦略プロファイル s^* が支配戦略均衡であれば，それは他の全ての戦略プロファイルに対して弱パレート支配をしていることを意味するか．
(b) もし戦略プロファイル s が全ての他の戦略プロファイルをパレート支配しているなら，それは支配戦略均衡を意味するか．
(c) もし s が全ての他の戦略プロファイルを弱パレート支配しているならば，それはナッシュ均衡であるか．

1.4：非協調（初級向け）
ある男と女が，格闘技に行くかバレエに行くかを，それぞれ決めようとしている．男

は格闘技に行くことをより好み，女はバレエに行くことをより好んでいる．彼らにとってより重要なことは，男にとっては女と同じところにいることであるが，女にとっては男を避けることである．

(a) 上で述べた男女の選好に適する数字を選んで，このゲームを表す行列を作れ．
(b) もし女が先に行動するとしたら，何が起こるか．
(c) このゲームは先手有利となるか．
(d) プレイヤー達が同時に行動するとすれば，ナッシュ均衡が存在しないことを示せ．

1.5：成果行列を求める（初級向け）

新しい概念を使ってゲームを見ることは驚くほど難しい．この問題では通常のテキストと異なった方式で成果行列を導く．ゲームの説明を読んで，各々の場合について説明されたように成果行列を描け．もし通常の成果行列を見ないでこれをすることができれば，さらにもっと多くのことを学ぶことができるであろう．

(a) 両性の闘い（表1.7）．（格闘技，格闘技）を北西の隅におき，女を行プレイヤーとせよ．
(b) 囚人のジレンマ（表1.2）．（自白，自白）を北西の隅におけ．
(c) 両性の闘い（表1.7）．男を行プレイヤーとし，（バレエ，格闘技）を北西の隅におけ．

1.6：ナッシュ均衡の発見（中級向け）

表1.11で示されたゲームのナッシュ均衡を求めよ．それらは反復支配性によって到達できるか．

表 1.11　抽象的ゲーム

		コラム		
		左	真ん中	右
ロウ	上	10, 10	0, 0	-1, 15
	脇道	-12, 1	8, 8	-1, -1
	下	15, 1	8, -1	0, 0

利得：（ロウ，コラム）．

1.7：ナッシュ均衡を発見せよ（中級向け）

表1.12で示されたゲームのナッシュ均衡を求めよ．それらは反復支配性によって到達

できるか.

表 1.12 風味と食感

		ブライドックス 風味	食感
アペックス	風味	-2, 0	0, 1
	食感	-1, -1	0, -2

利得：(アペックス，ブライドックス)．

1.8：どんなゲーム？（中級向け）

表 1.13 は以下のこれまで見たどんなゲームの利得行列に似ているか．(1) 両性の闘いの一種，(2) 囚人のジレンマの一種，(3) 純粋協調の一種，(4) 法的和解ゲームの一種，(5) その他．

表 1.13 どんなゲーム？

		コラム A	B
ロウ	A	3, 3	0, 1
	B	5, 0	-1, -1

1.9：コンピューターを選ぶ（初級向け）

会社の 2 つのオフィスに IBM と HP のどちらのコンピューターを採用するかという問題は，これまで見たどんなゲームと似ているか．

1.10：キャンペーン寄付（初級向け）

ウォールストリートの大規模投資銀行協会は最近，これまで慣行になっていた財務省へのキャンペーン寄付をしない合意をした．過去にどんなゲームがなされていたであろうか．またこの合意はきちんと守られると，どうして各銀行は期待できるであろうか．

1.11：逐次囚人のジレンマ（上級向け）

ロウが先に動き，コラムが続く囚人のジレンマを考える．可能な行動は何であるか．可能な戦略は何であるか．これに対する戦略形を構成し，戦略プロファイルと利得の関係を示せ．

ヒント：ここでは戦略形は 2 × 2 行列とはならない．

1.12：3 × 3 ゲーム（中級向け）

表 1.14 のゲームで支配される戦略と純粋戦略でのナッシュ均衡を求めよ．

表 1.14　3 × 3 ゲーム

		コラム		
		左	真ん中	右
ロウ	上	1, 4	5, -1	0, 1
	脇道	-1, 0	-2, -2	-3, 4
	下	0, 3	9, -1	5, 0

利得：(ロウ，コラム)．

漁業：クラスルームゲーム 1

8 ヵ国が，それぞれある漁業区域で各期にどれだけ漁獲するかを決めるものとする．各国は t 期に漁獲量 X_t（ある整数）を選ぶとその国のその期の利潤は

$$20X_t - X_t^2 \tag{1.6}$$

となるとする．こうして，ある水準以降は収穫逓減が始まり，限界費用が高くなり追加的漁業の増加は利潤を生まなくなる．

初期の全魚数は 112（1 国あたり 14）で，ゲームは 5 期続くものとする．Q_1 が 1 期目の初めの全魚数とすると，2 期の初めの全魚数はおよそ

$$1.5 * (Q_1 - (X_{1t} + X_{2t} + X_{3t} + \cdots)) \tag{1.7}$$

となるとする．ここで，X_{it} は i 国の t 期における漁獲量である．

もし $X_{11} = 30$, $X_{21} = X_{31} = \cdots = X_{81} = 3$ であれば，最初の国の利潤は $20 * 30 - 30^2 = 600 - 900 = -300$，他の国は $20 * 3 - 3^2 = 60 - 6 = 54$ をそれぞれ得る．また，2 期の初めの全魚数は $Q_2 = 1.5 * (112 - 30 - 7[3]) = 1.5(82 - 21) = 1.5(61) = 92$ となる．

1. 最初のシナリオにおいて，1 つの漁業規制当局が全ての 8 ヵ国が 5 期にわたって最大にしようとする漁獲量を選択する．まず，各国は 1 年目に対して全ての 8 ヵ国に対する割当額を提案する．諸君はその提案について議論し，規制当局は慎重にその漁獲量を決定する．漁獲が終わったら，インストラクターは次の期の全魚数を計算し，以下，その期の漁獲量の決定に進む．
2. 各国は独立に選択する．各国は紙に自分の漁獲量を書き，説明係に渡す．インストラクターはそれを受け取り，このシナリオの 5 期の終わりまで各国の漁獲量をアナウンスしないが，全漁獲量はアナウンスする．もし意図した漁獲量が全魚数を上回れば，魚を最初に手に入れた者が権利を持つとし，そのときの利潤は $20Z_t - X_t^2$ となる．ただし Z_t は実際の漁獲量であり，X_t は紙に書いた意図した量である．これを 5 期続けよ．
3. 各期の終わりに各国の実際の漁獲量（意図した量ではなく）を当局がアナウンスするものとして 2 のシナリオを繰り返せ．
4. 希望する国が，ある拘束的な協定を結び，一緒に漁獲量を当局に提示することができるとした場合にシナリオ 3 を繰り返せ．

第2章 情　　報

2.1 ゲームの戦略形と展開形

　戦略的思考の半分が他のプレイヤーが何をするかを予測することであるならば，もう半分は自分が知っていることを明らかにすることである．1章のゲームのほとんどで手番は同時に行われ，プレイヤー達は互いの行動を観察することによって互いの私的情報を学ぶチャンスを持たなかった．プレイヤーが逐次的に動くや否や情報は中心課題となる．実際，同時手番ゲームと逐次手番ゲームとの重要な違いは，逐次手番ゲームでは第2プレイヤーが，自分が意思決定する前に最初のプレイヤーがどのように動いたかに関する情報を獲得することである．

　2.1節では逐次手番ゲームを記述するために戦略形と展開形をどのように使うかを示す．2.2節で，ゲームの各時点でプレイヤーが利用できる情報を記述するために，展開形，あるいはゲームツリーがどのように使われるかを示す．2.3節は情報構造に基づいてゲームを分類する．2.4節では不完備情報を持つゲームを取り上げ，それらがハーサニ変換を使ってどのように分析されるかを示す．そしてゲームの進展とともに獲得した情報を，自分の事前の情報と結び付けるためのベイズ・ルールを導く．2.5節でやや複雑な逐次手番ゲームの例としてプングの和解ゲームを取り上げて本章を終える．

戦略形と成果行列

　一連の手番を持つゲームを示そうとする場合は，唯一の手番しか持たないゲームよりも注意が必要である．例えば，1.4節でランクのある協調ゲームを表現するのに用いた2×2行列表示は表2.1のようなものであった．

　ランクのある協調ゲームにおいては戦略と行動は同じであり，ゲームの成果

表2.1 ランクのある協調

```
                    ジョーンズ
              大              小
       大    2, 2      ←    -1, -1
スミス        ↑              ↓
       小    -1, -1    →     1, 1
```

利得：(スミス，ジョーンズ)．矢印はプレイヤーが利得を増加させる方向を示す．

は単純であるから，表2.1の2×2行列表示は2つのことを示すのに十分である．すなわち，1つは，戦略プロファイルと利得との関連，もう1つは行動の組とゲームの結果との関連である．これらの関連を表す2つの写像は，各々戦略形および成果行列と呼ばれるものであるが，より複雑なゲームにあっては互いに異なったものになる．戦略形が，可能な戦略プロファイルからどんな利得が生じるかを表現するのに対して，成果行列は可能な行動プロファイルからどんなゲーム成果が生じるかを示している．以下では，プレイヤーの数をn，結果ベクトルの変数の数をk，戦略プロファイルの数をp，行動プロファイルの数をqと表すことにする．

戦略形（または**標準形**）は次のものからなる．

1 実現可能な全ての戦略プロファイル $s^1, s^2, \ldots, s^p$．
2 s^iをn次元利得ベクトルπ_i（$i=1, 2, \ldots, p$）に対応させる利得関数．

成果行列は次の2つの要素からなる．

1 実現可能な全ての行動プロファイル $a^1, a^2, \ldots, a^q$．
2 a_iをk次元成果ベクトルz^iに対応させる成果関数（$i=1, 2, \ldots, q$）．

ランクのある協調ゲームに基づいた先手・後手ゲームIを考えてみよう．以下でこのゲームの様々なバージョンを検討する．ランクのある協調ゲームとの違いはスミスが最初に行動するということであって，この場合，ジョーンズがフロッピーディスクのどのようなサイズを選択しようとも，スミスはあるディスクサイズを決定することになる．このゲームはランクのある協調ゲームと同じ成果行列を持つけれども，前のゲームと違ってジョーンズの戦略が単一の行

動ではないために戦略形は異なる．ジョーンズの戦略集合は次の4つの要素からなる．

$$\left\{\begin{array}{l}(スミスが大を選べば大を選択；スミスが小を選べば大を選択), \\ (スミスが大を選べば大を選択；スミスが小を選べば小を選択), \\ (スミスが大を選べば小を選択；スミスが小を選べば大を選択), \\ (スミスが大を選べば小を選択；スミスが小を選べば小を選択),\end{array}\right\}$$

を持つことになるが，いま，これを，

$$\left\{\begin{array}{l}(大|大, 大|小) \\ (大|大, 小|小) \\ (小|大, 大|小) \\ (小|大, 小|小)\end{array}\right\}$$

のように略記しておこう．

先手・後手ゲームIが示していることは，ゲームを少し複雑にするだけで戦略形の使いやすさが非常に確認しにくいものになる可能性を持つということである．この戦略形は表2.2に示されており，均衡はゴチックで書かれ，E_1, E_2, E_3で表記されている．

均衡	戦略	成果
E_1	{大, (大|大, 大|小)}	両方が大を取る
E_2	{大, (大|大, 小|小)}	両方が大を取る
E_3	{小, (小|大, 小|小)}	両方が小を取る

次に，E_1, E_2, E_3がなぜナッシュ均衡であるかを考えることにしよう．均衡点E_1にあっては，スミスが何を選択しようとも，ジョーンズは大を選択することになるので，スミスはなんの迷いもなく大を選ぶ．もしスミスが先に小を選んでいるとすれば，大を選択することはジョーンズにとって愚かなことであるが，この均衡ではそのような事態は起こりえない．均衡点E_2では，ジョーンズはスミスと同じものを選ぶことになるから，スミスは利得1ではなく利得2を得ようとして大を選択するのである．均衡点E_3では，スミスは，自分が何を選択しようともジョーンズが小を選ぶことを知っているので小を選

表 2.2 先手・後手ゲーム I

ジョーンズ

		J_1 大/大,　大/小	J_2 大/大,　小/小	J_3 小/大,　大/小	J_4 小/大,　小/小
スミス	S_1：大	[2], [2] (E_1)	[2], [2] (E_2)	-1, 1	-1, -1
	S_2：小	-1, -1	1, [1]	-1, -1	[1], [1] (E_3)

利得：(スミス，ジョーンズ)．最適反応利得は四角で囲む（弱最適反応の場合は破線）．

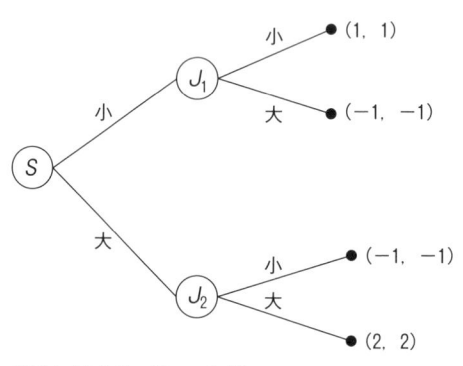

```
                        小 •(1, 1)
                    J₁<
                小 /   大 •(-1, -1)
              /
           S<
              \
                大 \   小 •(-1, -1)
                    J₂<
                        大 •(2, 2)
```

利得：(スミス，ジョーンズ)．

図 2.1 展開形での先手・後手ゲーム I

び，一方，スミスが小を選択するので，ジョーンズは進んで小を選ぶのである．実は，均衡点 E_1 と E_3 は完全な合理性を持っているとは言えない．というのはそれらの点は実際のプレイで到達したら選択大|小（E_1 で表されている）と小|大（E_3 で表されている）はジョーンズの利得を減らすであろうからである．それらを均衡から排除することができるように均衡概念を再構築することについての検討は，ゲームツリーをめぐる若干の議論を別にすれば，4章まで行われない．

プレイの順序

標準形は複雑なゲームをモデル化する場合には稀にしか使われない．すでに 1.1 節で逐次ゲームをモデル化するより容易な方法——プレイの順序と呼ば

れる——を見ている．先手・後手ゲームIではこれは次のように表される．

1　スミスは大であれ小であれ自分のディスクサイズを選択する．
2　ジョーンズは大であれ小であれ自分のディスクサイズを選択する．

　私がこの版で標準形の概念をまだ使っているのは，それが全ての可能な戦略を示し，利得を比較するという考えを促進するからである．しかし，プレイの順序は次に説明するようにゲームを記述するよりよい方法を与える．

展開形とゲームツリー

　ゲームを記述する方法にはこの他にも展開形とゲームツリーの2つがある．まず，それらを構築する要素の定義が必要であるが，それらの定義を読み進む際に，図2.1を1つの例として参照することが理解の助けとなるかもしれない．

節とは，ゲームに含まれる点であり，あるプレイヤーないし自然がそこで行動を起こすか，または，そこでゲームが終わるような点である．

節 X の**後続節**とは，仮に X が実現されるとすれば，そのゲームの中で，その後に実現される可能性を持つ節のことである．

節 X の**先行節**とは，X が実現されるに先立って到達されていなければならない節である．

始節とは，先行節を持たない節である．

終節ないし**終点**とは，後続節を持たない節である．

枝とは，特定の節におけるプレイヤーの行動集合に含まれる1つの行動のことである．

経路とは，始節から終節に至る節と枝の列のことである．

これらの概念を基にして，展開形とゲームツリーを定義することができる．

　展開形は次の1～5で構成されるゲームの記述である．

1　単一の始節からその終節に至る，いかなる閉ループ（closed loop）も伴わない，節および枝の形状．
2　各節がどのプレイヤーに属しているかの表示．

図2.2　展開形でのランクのある協調

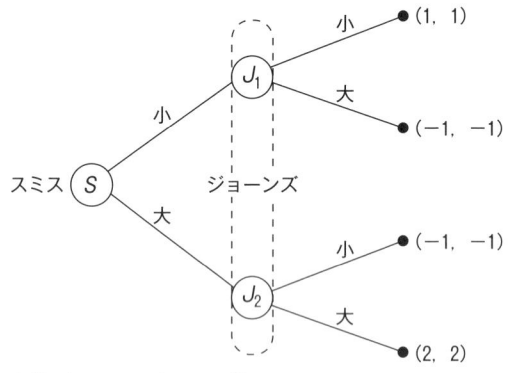

利得：(スミス，ジョーンズ)．

3　自然が，その属する節の様々な枝を選択するときに使う確率．
4　各プレイヤーの節の情報集合への分割．
5　各々の終節における各プレイヤーの利得．

ゲームツリーは，5が，次の5′に置き換えられる以外は展開形と同じである．

5′　各々の終節における成果．

"ゲームツリー"は"展開形"よりあいまいな呼び方である．もし成果が利得プロファイル——各プレイヤーに1つの利得——と定義されるならば，展開形とゲームツリーは同じものになる．

先手・後手ゲームIに対する展開形ゲームは図2.1に示されている．そこでは，表2.2の均衡 E_1，E_2 が，ナッシュ均衡になっているにもかかわらず不満足なものであるという理由を見てとることができる．ゲームが節 J_1 あるいは J_2 に到達したとすれば，ジョーンズは支配行動（J_1 で小，J_2 で大）を持つことになるが，E_1 および E_2 は，これらの節において，それと異なる行動を指定している．4章で，再びこのゲームを取り上げ，E_2 のみを均衡とするためにナッシュの均衡概念がどのように精緻化されうるかを示すことにする．

図 2.2 に示されているランクのある協調ゲームの展開形は先手・後手ゲーム I の展開形に点線部分を書き加えたものである．各プレイヤーは 2 つの行動のどちらかを選択する．その選択は同時に行われ，そのことは，スミスが最初に選択するが，ジョーンズはスミスがどのような選択をしたかを知らないとすることで示されている．スミスが選択を行った後もジョーンズが知りうることが（それ以前と）同じであることを図中の点線は示している．つまり，ジョーンズは点線で定められる情報集合の中のいずれかの節にゲームが到達しているということを知りうるだけであって，どの節に実際に到達しているかは知らないのである．

タイム・ライン

タイム・ラインは出来事の順序を示す線であるが，ゲームの記述を補助するもう 1 つの方法である．連続形の戦略，情報の外生的到達，多期間などを持つゲームにはタイム・ラインは特に有益である，これらのゲームは会計やファイナンスの文献に頻繁に使用される．図 2.3a はタイム・ラインの代表的な例であるが，これは 11.5 節で取り上げる予定のゲームに対応するタイム・ラインになっている．

このタイム・ラインで図解されるものは行動あるいは出来事の順序であって，それは必ずしも時の経過を忠実に反映するものではない．間髪を入れずに起こる出来事もあるが，一定の時間を通して起こる出来事もある．図 2.3a では，出来事 2 および出来事 3 が起こるのは出来事 1 の直後であるが，出来事 4 および出来事 5 は 10 年後になるかもしれない．意思決定がなされる順序列を**意思決定時間**ということがあり，次に具体的な行動が取られるまでの時間は**実時間**とされることもある．プレイヤーは，時間選好に基づき，実時間では，より早く受け取られる報酬に高い価値を認めるということが，2 つの時間概念における主要な相違である（これについて数学付録を参照）．

よく見られる好ましくないモデル化の慣習として，タイム・ライン上の日付を実時間における出来事の分類のためにだけ使うということが挙げられる．図 2.3a の出来事 1 および出来事 2 は実時間の上では前後関係はない．企業家は，プロジェクトの価値を知るや否や株の売却を申し出る．モデル設計者が思慮を欠いて，図 2.3b のような図を用いてモデルを描こうとするかもしれないが，

(a)

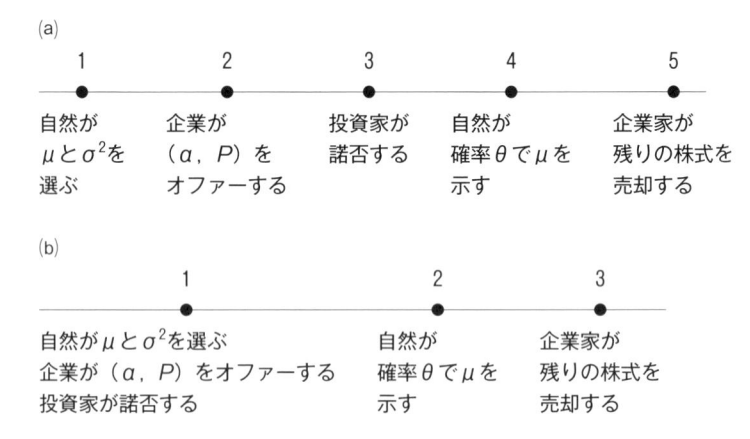

```
    1          2          3          4          5
────●──────────●──────────●──────────●──────────●────
  自然が     企業が     投資家が    自然が    企業家が
  μとσ²を   (a, P)を    諾否する   確率θでμを  残りの株式を
  選ぶ      オファーする            示す      売却する
```

(b)

```
         1                    2              3
─────────●────────────────────●──────────────●─────
  自然がμとσ²を選ぶ         自然が         企業家が
  企業が(a, P)をオファーする  確率θでμを    残りの株式を
  投資家が諾否する            示す          売却する
```

利得：(スミス，ジョーンズ)．

図 2.3 ストック価格付け：(a) よいタイム・ライン (b) 悪いタイム・ライン

そこでは2つの出来事が日付1に起こっている．この場合，図2.3bの描写は不適切であって，読者は2つの出来事が同時に起こるのかどうか，あるいは，どちらの出来事が先に起こるのかなどと迷うことになる．実際，少なからぬセミナーにおいて，長時間に及ぶ白熱してはいるが混乱した議論が展開されるのも，出来事の起こる順序を書き記す際にちょっとした注意を払うならば避けられていた事態であろう．

2.2 情報集合

手番の順序などといったゲームの情報構造は，戦略形によるゲーム表現の場合，しばしば確認できないものになっている．ウォーターゲート事件の間にベーカー上院議員は，大統領はどれだけ知っていたのか，そしていつそれを知ったのか？という質問で有名になった．スキャンダルでもそうであるが，ゲームでは，これらは大きな質問である．これを正確にするためには，誰が何を知っているかを叙述するための技術的な定義が必要である．そこで，知識の基本単位として，"情報集合"を利用するのであるが，これは，そのゲームが到達していたかもしれないとプレイヤーが考える節の集合である．

ゲームの各々の特定点におけるプレイヤー i の**情報集合** ω_i は，実現される可能性があることをプレイヤー i が知っている節のうち，直接の観察によってはプレイヤー i が区別できないような節からなる集合である．

ここで定義されたように，プレイヤー i の情報集合は異なる経路上にある1人のプレイヤーに属する節の集合である．これはプレイヤー i が誰の手番かを知っているが，ゲームツリーにおいてゲームが到着した正確な場所を知らないという状況を捉えたものである．これまで，プレイヤー i の情報集合はプレイヤー i の手番となる節のみを含むものとして定義されてきたが，それは単独のプレイヤーによる意思決定論には適切であっても，2人以上のプレイヤーを伴うような大半のゲームにあっては，少なくとも1人のプレイヤーの知識を定義しないままに残す結果となるのである．より包括的な上述の定義はプレイヤー間の情報の比較を可能にしているが，従来の定義のもとでは比較不可能なのである．

図2.4は，1984年に S_1 節でスミスの手番となり，1985年あるいは1986年に J_1, J_2, J_3 および J_4 節でジョーンズの手番となるゲームの一部である．スミスは自分の選択を知っているが，ジョーンズはスミスが J_1 か J_2 かまたはそれ以外のいずれかの選択をしているとしか認識できない．すなわち，ジョーンズは J_3 と J_4 を区別することができないのである．仮に，スミスが J_3 に至る選択をしたとすると，彼自身の情報集合は $\{J_3\}$ であるが，ジョーンズの情報集合は $\{J_3, J_4\}$ になる．

図に情報集合を記す方法としては，同じ情報集合に属する節を囲む点線，あるいは，それらを結ぶ点線を書き込むことなどが挙げられる．しかし，この方法では，出来上がった図は大変混乱したものになってしまう恐れがある．そういうわけで，ある節で手番となるプレイヤーの情報集合をダッシュ線で示すだけにすることが，扱いやすさの点で優れている場合もしばしば起こりうる．図2.4における点線は，J_3 と J_4 が，ジョーンズにとって同じ情報集合に属していることを示しているが，スミスにとっては異なる情報集合に含まれるものである．これらの図の見かけに基づいた情報集合のわかりやすい別名が"**雲**"である．それで，節 J_3 と J_4 は同じ雲にあり，ジョーンズはそのゲームがその雲に到達したことを告げることができるが，どの節に到達したかを正確に告げよ

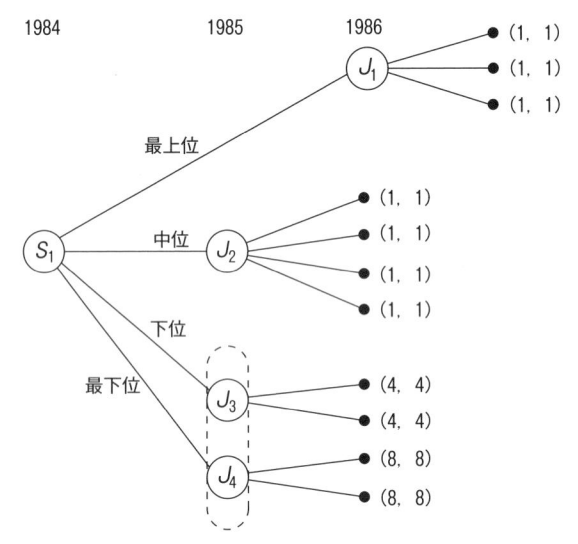

```
                    1984        1985        1986
                                              ┌──• (1, 1)
                                         ⓙ₁───• (1, 1)
                                              └──• (1, 1)
                              最上位
                                              ┌──• (1, 1)
                                              ├──• (1, 1)
                               中位      ⓙ₂────
          ⓢ₁                                   ├──• (1, 1)
                                              └──• (1, 1)
                               下位
                                              ┌──• (4, 4)
                              最下位     ⓙ₃────
                                              └──• (4, 4)

                                              ┌──• (8, 8)
                                         ⓙ₄────
                                              └──• (8, 8)

              利得：(スミス，ジョーンズ)．
                    図 2.4  情報集合と情報分割
```

うとしても霧を突き破ることができない．

1つの節が，単独のプレイヤーの異なる2つの情報集合に属することはありえない．いま仮に節 J_3 が，図 2.4 とは違って，情報集合 $\{J_2, J_3\}$ および $\{J_3, J_4\}$ に属しているとしよう．このとき，もし節 J_3 にゲームが到達すれば，スミスは自分が $\{J_2, J_3\}$ 内の節にいるのか，あるいは $\{J_3, J_4\}$ 内の節にいるのかわからないであろう．そのことは，とりもなおさず，これら2つの情報集合が実は同一の情報集合であることを意味しているのである．

もしジョーンズの情報集合の1つに含まれる複数の節が彼の手番となる節であれば，各節における彼の行動集合は同じでなければならない．というのは，彼は自らの行動集合を知っているからである（もちろん，彼が J_3 および J_4 のいずれから先に進んでいったかによって，その後のゲーム展開の中で彼が異なる行動を取ることは十分ありうる）．ジョーンズは節 J_3 と節 J_4 において同じ行動集合を持っているが，それは，仮に節 J_3 において他とは異なる行動を取れるとすれば，彼は自分がそこにいることを知るということを意味し，彼の情

報集合はただの $\{J_3\}$ に縮小することになると考えられるためである．同じ理由のために，節 J_1 と節 J_2 は同じ情報集合に入れることはできない．ジョーンズは彼の行動集合の中で3つの手番を持っているか4つの手番を持っているかを知っているに違いない．さらに，複数の最終節から導かれる利得が，あるプレイヤーに対して異なる値をとるならば，それらの最終節はそのプレイヤーにとって異なる情報集合に属していることが要求される．

これらの例外はあるが，本書では，プレイヤーの合理的な推論によって獲得される情報については，ゲームの情報構造に加えないことにする．例えば図2.4ではスミスは最下位を選ぶことは明らかに見える．これは下位からの利得4の代わりに，ジョーンズが何を選んでも，彼の利得は8となり，支配戦略であるからである．ジョーンズはこのことを推論できるはずである．しかしたとえこれが疑問の余地のない推論であるとしても，それはあくまで推論であり，観察されたものではない．それで，ゲームツリーは J_3 と J_4 を別の情報集合に分けないのである．

情報集合は観察されない自然手番の結果も示す．図2.4において，最初の手番がスミスではなく自然であったとしても，ジョーンズの情報集合はやはり同様に描かれていたであろう．

　　プレイヤー i の**情報分割**は，次の1，2の条件を満たす彼の情報集合の集まりである．

1　どの経路も，この分割に含まれる単独の情報集合に属する1つの節によって説明されている．
2　1つの情報集合に含まれる節の先行節は全て同一の情報集合に属している．

情報分割は，ゲームの特定の段階において，プレイヤーが区別して認識しうると考える種々の位置を意味しており，到達される可能性のある全ての節からなる集合を，情報集合といういくつかの部分集合に細分化する．スミスの情報分割の1つは $(\{J_1\}, \{J_2\}, \{J_3\}, \{J_4\})$ である．情報集合 $\{S_i\}$ がこの情報分割に含まれることは定義により認められない．それは，節 S_i から節 J_i に向かう経路が2つの節によって説明されるであろうと考えられるためである．そ

表 2.3　情報分割

結節点	I	II	III	IV
J_1	$\{J_1\}$	$\{J_1\}$	⎧J_1⎫	⎧J_1⎫
J_2	$\{J_2\}$	$\{J_2\}$	｜J_2｜	｜J_2｜
J_3	$\{J_3\}$	⎧J_3⎫	｜J_3｜	｜J_3｜
J_4	$\{J_4\}$	⎩J_4⎭	⎩J_4⎭	⎩J_4⎭

うではなく，$\{S_i\}$ はそれ自身 1 つの独立した情報分割なのである．情報分割はゲームの段階に対応するものであって，時の順序に一致するものではない．情報分割（$\{J_1\}$, $\{J_2\}$, $\{J_3, J_4\}$）は 1985 年と 1986 年の節を両方とも含んでいるけれども，それらは全て節 S_i の直後の後続節になっているのである．

ジョーンズの情報分割には（$\{J_1\}$, $\{J_2\}$, $\{J_3, J_4\}$）がある．彼の情報がスミスのものより劣っていることを理解する 2 通りの仕方がある．1 つは，彼の情報集合 $\{J_3, J_4\}$ がスミスのものに比べて多くの要素を含んでいることであり，もう 1 つは，彼の 1 つの情報分割（$\{J_1\}$, $\{J_2\}$, $\{J_3, J_4\}$）がより少ない要素からなっていることである．

表 2.3 はこのゲームにおける様々な情報分割を示している．分割 I はスミスの分割であり分割 II はジョーンズの分割である．分割 II は**より粗**（coarser）であると言い，分割 I は**より密**（finer）であると言うことにする．ある分割における 2 つ以上の情報集合のプロファイルが情報集合の数を減少させ，それらの 1 つ以上において節の数を減少させるなら，**粗化**（coarsening）を意味する．ある分割における 1 つ以上の情報集合の分離が情報集合の数を増加させ，それらの 1 つ以上において節の数を減少させるならば**緻密化**（refinement）を意味する．分割 II はこうして分割 I の粗化になっている．究極の緻密化は，分割 I のように全ての情報集合が**単一**（singleton），すなわち唯一の節を含むことを要求する．ブリッジでそうであるように，単一節を持つことはプレイヤーに益することもあるが，損をさせることもある．究極の粗化はプレイヤーにとってどの節も区別できない場合であって，表 2.3 の分割 III である[1]．

---

1) しかし，以前に説明したように，ジョーンズは自分に利用できる行動からその節を区別することができるから，分割 III と IV はこのゲームでは実際許されない．

より密な情報分割はよりよい情報ということの正式の定義である．全ての情報分割が互いの緻密化でも粗化でもあるわけではない．しかし，それだから，全ての情報分割は情報の質によってランク付けられるわけではない．特に，ある情報分割がより多くの情報集合を含んでいることはそれが別の情報集合の緻密化であることを意味しない．表2.3の分割IIとIVを考えよう．分割IIは3つの情報集合に節を分けており，分割IVは2つの情報集合に節を分けている．しかし，分割IVは分割IIから情報集合を結合することによって達成されないから分割IVは分割IIの粗化ではない．分割IVを持つプレイヤーはより悪い情報を持っていると言うことはできない．もし到達された節がJ_1であれば，分割IIはより正確な情報を与えるが，もし到達された節がJ_4であれば，分割IVはより正確な情報を与えることになる．

情報の質はそのプレイヤーの効用に対して独立に定義される．プレイヤーの情報は改善され，それの均衡利得が結果として低下することもありうるのである．ゲーム理論は多くの逆説的なモデルを持っており，プレイヤーはより悪い情報を持つことを好むことがある．それは希望的観測や現実逃避や幸せな無知の結果ではなく，冷徹な合理性の結果である．より粗な情報はたくさんの利点を持っている．(a) 他のプレイヤーが，あるプレイヤーの卓越した情報を恐れないからこそ，そのプレイヤーが取引に従事することを認めるかもしれない．(b) あるプレイヤーは通常強い立場を持っているが，ゲームの特別な実現結果においては，彼の立場が弱いということを知らないことで有利になるので，そのプレイヤーにより強い戦略的立場を与えるかもしれない．また，(c) 不確実性に関するより伝統的な経済学と同様に，貧しい情報はプレイヤー相互の保険を可能にするかもしれない．

(a)と(b)の観点，すなわち，貧しい情報の戦略的利点についての議論は後の章まで待ってもらいたい（待てないなら，参入阻止に関する6.3節と中古車に関する9章を見よ）．しかし，(c)すなわち，保険上の利点についてはここで立ち止まって考える価値がある．情報が対称的で行動が非戦略的なときでさえ，より密な情報という意味でのよりよい情報が，実際全ての効用を減らすことがある例を次に考えてみよう．

スミスとジョーンズは共に危険回避的で，同一の雇用主に雇われているとし，双方とも，ランダムに選ばれたどちらかがその年の終わりに解雇され，他

方が昇進することを知っているとする．解雇されると資産は0となり，昇進すれば資産は100となるとしよう．このとき，2人は自分達の資産をプールして互いに保険を掛けることに同意するであろう．すなわち，昇進したら解雇された人に50払うことに同意するであろう．このとき互いにU(50)の効用を保証されることになる．もし保険の合意をする前に，親切な部外者が誰が解雇されるか彼らに告げようとするなら，彼らは耳をふさぎ聞かないようにすべきである．そのような情報の緻密化は両者を期待値において悪化させるであろう．というのはその場合彼らが保険合意を結ぶ可能性を破壊してしまうであろうからである．もし誰が昇進するかを知ったら，幸運な労働者は不運な労働者とプールすることを拒否するであろう．こうしてなんの保険もなく何が起こるかを誰かが知らせてくれるときの各労働者の期待利得は0.5U(0)+0.5U(100)となり，これは保険に入る場合の期待効用1.0U(50)より危険回避なので小さくなる．こうしてよりよい情報は両者の期待効用を減らすであろうから，知ることを好まないであろう．

共有知識

これまでは，ゲームツリーの形状をプレイヤーが知っているということを暗黙のうちに想定していた．これに加えて，ゲームツリーの形状を他のプレイヤーが知っているということもそのプレイヤーが知っていると仮定してきた．"共有知識" という用語はこれが意味する無限繰り返し的な内容をそのままの形で全て書き記すことを避けるために使われる．

> 情報が**共有知識**であるとは，それが全てのプレイヤーに知られており，全てのプレイヤーがそれを知っているということを各々のプレイヤーが知っており，彼ら全てがそれを知っているということを各々のプレイヤーが知っている，というような連鎖がどこまでも成立することである．

この繰り返しのために（その重要性については6.3節において理解されるであろう），共有知識の仮定は，プレイヤーがゲームツリーにおいて自分達がどこにいるかについて同じ信念を持っているという仮定より強い．Hirshleifer & Riley（1992, p. 169）は，自然が世界の異なる状態を選択する確率についてプレイヤーが同じ信念を持っているが，自分達が同じ信念を持っているとは必ずし

も知らない状況を**調和した信念**（concordant beliefs）という用語を使って記述した（Brandenburg [1992] は同じアイデアを**相互知識**という用語で表した）．

分析を見通しのよいものにするため，情報分割が共有知識となっているようにモデルは構築される．従って，ゲームがどの節に到達しているかについてあるプレイヤーがたとえどんなに無知であるとしても，全てのプレイヤーは他のプレイヤーの情報がいかに正確であるかを知っていることになる．モデルがこのように構築されている場合，情報分割と均衡概念は相互に無関係でありうる．情報分割を共有知識とすることは明確なモデル化にとって重要なことであるが，それによって，モデル化の可能なゲームの種類を決定的に減ずることにはない．これについての例示は2.4節で行われ，そこでは，1人のプレイヤーが，3つのゲームのうちどれに自分が参加しているのかさえも知らないという状況のもとで上述の仮定が置かれるケースが扱われている．

2.3　完全，確実，対称および完備情報

この節では，ゲームの情報構造を分類する仕方として4通りの異なる考え方を示すが，その結果，例えば完全，確実，完備および対称な情報を持つゲームなどが考えられる．その分類は表2.4に要約されている．

最初のカテゴリーはゲームを完全情報と不完全情報に分けるものである．

完全情報のゲームでは各情報集合は単一である．そうでない場合が**不完全情報**のゲームである．

表2.4　情報の分類

情報分類	意　味
完全	各情報集合が単一である．
確実	どのプレイヤーの手番の後にも自然の手番がない．
対称	自分の手番となるとき，あるいは終節において，他のプレイヤーと異なる情報を持つプレイヤーが存在しない．
完備	最初の手番が自然によるものである場合，それが全てのプレイヤーによって観察される．あるいは，最初の手番が自然によるものではない．

情報について要求される条件としては，完全情報のケースがもっとも厳しい．というのも，完全情報ゲームにあっては，各プレイヤーが全て，ゲームツリーのどこに自分が位置しているかを常に正確に知っていることが要求されるからである．同時の手番は存在せず，全てのプレイヤーが自然の手番を観察する．ランクのある協調ゲームは，同時手番であるから，不完全情報ゲームに分類されるが，先手・後手ゲームⅠは完全情報ゲームになっている．不完備情報ゲームあるいは非対称ゲームは同時に不完全情報ゲームでもある．

　確実ゲームでは，いかなるプレイヤーの手番の後にも自然が手番を持つことはない．そうでない場合，そのゲームは**不確実**ゲームである．

不確実ゲームでは，自然による手番はプレイヤーによってただちに看破されるとは限らない．一方，確実ゲームは，それが同時手番を伴わないものである場合には，完全情報ゲームになっている可能性がある．"不確実ゲーム"の定義は本書においてはじめて導入されたものであるが，この定義はそれほど意外なものではないであろう．そこで唯一の気まぐれとでも言うべきものは，この定義が，確実ゲームにおいても自然による最初の手番の存在を認めることである．これは，不完備情報ゲームにおいては，自然による最初の手番がプレイヤーの"タイプ"を選択することであるという理由によるが，モデル設計者にとって，この種の状況は不確実な状況とは見なされない場合が多いのである．

　ランクのある協調ゲームにおける情報についてはすでに言及したが，このゲームは確実，不完全，完備および対称な情報を持つゲームである．囚人のジレンマもこれと同じカテゴリーに分類される．一方，先手・後手ゲームⅠは，同時手番を含んでおらず，確実，完全，完備および対称な情報を持つゲームである．

　先手・後手ゲームを手直しして，不確実性を持つようにすることは容易であるが，先手・後手ゲームⅡ（図2.5）はそのような方向で考えられたものである．いま，両方のプレイヤーが共に大型ディスクを採用した場合の利得は，需要の状況に依存して，どちらも高水準になるか，あるいは共に利得ゼロになるものとし，両方のプレイヤーによるディスクサイズの決定がそれ以外の場合には，需要の状況が利得水準に影響を与えることはないとしよう．例えば図2.5に示されているように，両方のプレイヤーが（大，大）を選択すれば，確率

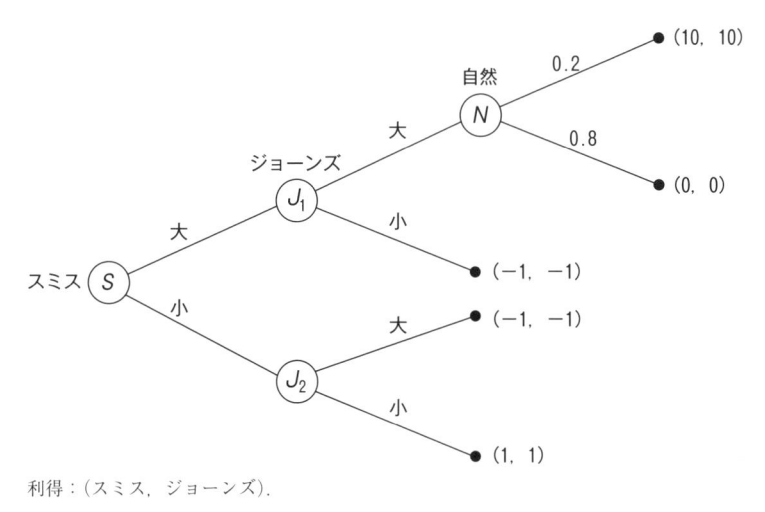

図 2.5　先手・後手ゲーム II

0.2 で利得は (10, 10) になり，確率 0.8 で利得が (0, 0) になるものとして，以上のようなゲームが状況を具体化することが可能である．

　プレイヤーが不確実性に直面する場合，彼が将来の不確実な利得をどのように評価するかについての特定化が必要となる．このようなケースでの行動をモデル化する際にただちに思いつくのは，プレイヤーが自分の効用の期待値を最大化するという仮定を置くことである．この行動基準に従うプレイヤーは，**フォン・ノイマン＝モルゲンシュテルン効用関数**を持つと言われるが，これは von Neumann & Morgenstern (1944) が，このような行動を正当化する周到な議論を展開したことに由来している．

　プレイヤーが自分の期待効用を最大化する場合，彼は先手・後手ゲーム I のケースと全く同じ行動を取ることになるであろう．不確実ゲームは，しばしば，同じ均衡を持つ確実ゲームに変換することが可能であるが，その変換は，プレイヤーの利得を，自然手番に基づいて計算された期待値に置き換え，自然手番を除去してしまうことによって行われている．利得 10 および 0 を単独の利得 2(= 0.2×10 + 0.8×0) で置き換えて自然を消し去ることができる．しかしながら，この操作は，プレイヤーの選択できる行動が自然手番によって影響

を受けるとき，ないしは自然手番に関する情報が非対称であるときには適用不可能である．

　図2.5のゲームに登場するプレイヤーは危険回避的でも危険中立的でもありうる．危険回避的であるという内容は利得水準の数字に盛り込まれている．というのは，それらの水準がドル表示ではなく，効用単位に基づいているからである．プレイヤーが期待効用を最大化することは，必ずしもドル表示での最大化を意味しない．また金額を効用に対応させる仕方がプレイヤーによって異なることもありうる．すなわち，(0, 0) が (0ドル, 5,000ドル) を意味し，(10, 10) が (100,000ドル, 100,000ドル) を意味し，期待効用 (2, 2) がリスキーな (3,000ドル, 7,000ドル) を意味する場合も考えられる．

　対称情報ゲームでは，

1　プレイヤーが行動を選択する節，
あるいは，
2　終節，

における彼の情報集合は，少なくとも，他の全てのプレイヤーの情報集合と同じ要素を含んでいる．そうでない場合，そのゲームは**非対称情報**ゲームである．

非対称情報ゲームでは，プレイヤーの情報集合は彼の行動に関連する節あるいはゲームの終節において異なっている．このようなゲームは不完全情報を持っていることになるが，それは，プレイヤーによって異なる情報集合が単一であることはありえないためである．"非対称情報"の定義は本書ではじめて考案されたのであるが，それは今日広く利用されているものの，どちらかと言えば明確でない意味にはっきりした内容を与えることを目的としている．非対称情報の意味するものは，一部のプレイヤーが有用な**私的情報**を持っているということであり，すなわち，他のプレイヤーとは異なった，より粗でない情報分割を持つプレイヤーの存在である．

　対称情報ゲームが自然手番ないしは同時手番を伴うケースもありうるが，その場合でも，情報のうえで有利な立場にいるプレイヤーの存在は許されない．もちろん，例えば2人のプレイヤーが同時に手番となる場合，手番とならない

プレイヤーが以前の自分の手番が何であったかを知るがゆえに優越した情報を持ち，その結果，そこにおいて情報が異なるという状況が発生することもあろう．しかし，そのような情報が，それを知るプレイヤーによって有利に活用される可能性はなく，その情報が彼の手番に影響を与えるなどということは定義的にありえないのである．

　ゲームの最終段階における情報集合が異なる場合にも，ゲームは非対称情報を持つことになる．というのは，終節以後に行動を取るプレイヤーは存在しないにもかかわらず，そのようなゲームを情報が異なるものと見なすのが慣例となっているためである．そのような例としては，7章で検討されるプリンシパル‐エージェント・モデルがある．そこでは，プリンシパル（依頼人）が最初の手番，その次がエージェント（代理人），そして最後が自然である．このケースでは，エージェントはもちろん自分の手番を観察するが，プリンシパルはそれを推論することができるだけである．このゲームは，終節においても引き続き情報が異なっているのではあるが，対称情報ゲームに分類されることになるであろう．

　不完備情報ゲームにおいては，自然の手番が最初であって，しかも，それを観察しない1人以上のプレイヤーが存在する．そうでない場合，そのゲームは**完備情報**ゲームである．

　不完備情報ゲームは同時に不完全情報ゲームでもある．というのは，少なくとも1人のプレイヤーの情報集合の中には2つ以上の節を含むものが存在するためである．完備だが不完全な情報を持つゲームには2種類あって，1つは同時手番を持つゲーム，もう1つはゲームのスタートした後に自然が手番になったとしても，それをすぐには観察しないプレイヤーが存在するようなゲームである．

　多くの不完備情報ゲームは非対称情報ゲームになっているが，これら2つの概念は同一のものではない．最初の手番が自然によるものでないにもかかわらず，スミスの手番がジョーンズによって観察されないとき，ゲームのその後の段階において再びスミスの手番になるならば，そのゲームは完備ではあるが非対称情報を持つことになる．7章で検討するプリンシパル‐エージェントゲームもそのような例であり，そこでは，エージェントは自分の働きを十分に知っ

ているのにプリンシパルの方は終節に至ってもなおそのことを熟知しえない．不完備だが対称な情報を持つゲームというものもある．例えば，自然が，どちらのプレイヤーにも観察されることなく，囚人のジレンマゲームにおける（自白，自白）に対する利得として（−6, −6）あるいは（−100, −100）のいずれかを選択するような最初の手番を持つケースである．

　不完備だが対称な情報を持つゲームの例としてもっと興味あるものに Harris & Holmstrom（1982）で取り上げられたものがある．そこでは，自然が労働者に対して様々な能力を割り当てるのであるが，労働者が若い場合には，その能力は本人にも雇い主にもわからないというケースが考えられている．時の経過とともに，能力は共有知識となるが，このとき，仮に労働者が危険回避的であり，雇い主が危険中立的であるとすれば，均衡賃金は一定かあるいは時間とともに上昇することをモデルは示している．

ポーカーによる情報分類の例

　ポーカーゲームにおいては，プレイヤーは，誰がもっともよいカードの配列を持っているかをめぐって賭けるのであり，カードの配列の優劣はあらかじめ決まっている．このとき，賭けを行うに先立っての次のようなルールはどのように分類されるであろうか？（解答はノート N2.3 にある）

1　全てのカードは表を上にして配られる．
2　全てのカードは裏返しにして配られ，プレイヤーは賭けが始まるまで自分のカードを見ることすらできない．
3　全てのカードは裏返しにして配られ，プレイヤーは自分のカードを見ることができる．
4　全てのカードは表を上にして配られるが，プレイヤーはそのうちの1枚のカードを捨てる．そのとき，捨てたカードが何であったかを気付かれないようにする．
5　全てのカードは表を上にして配られるが，その後，各プレイヤーは自分のカードを見ないで，しかも他のプレイヤーには見えるように前方に提示する（インディアンポーカー）．

2.4 ハーサニ変換とベイズ・ゲーム

ハーサニ変換：先手・後手ゲームⅢ

"不完備情報"という用語は，この種の文献の中で通常はっきりとした定義が与えられないままに，2つの全く異なった意味を持つものとして使用されている．2.3節で与えた定義は経済学者が通例として使っているものではあるが，もしもこの用語を定義せよと言われれば，彼らは次のような旧式の定義に行きつくのではあるまいか．

従来の定義
完備情報ゲームにおいては，全てのプレイヤーはゲームのルールを知っている．そうでない場合，そのゲームは**不完備情報**ゲームである．

この定義は意味がとれない．なぜならば，プレイヤーの情報集合が何であるかを厳密に特定化しない限り，ゲームそれ自体をうまく定義することができないからである．1967年までは，ゲーム理論研究者達は，不完備情報ゲームを分析不可能なものと見なしてきた．その後，ハーサニは，異なったルールのどれかを自然が選択するという最初の手番を加えるだけで，ゲームの本質的なものをなんら損なうことなく，従来の定義に基づく不完備情報ゲームを，完備だが不完全な情報を持つゲームとして再構成しうることを指摘した．変換されたゲームでは，プレイヤーによっては観察されない最初の手番を自然が持っているという事実をも含む新しいメタ・ルールを，全てのプレイヤーが知っているのである．ハーサニの提案は不完備情報ゲームの定義を自明なものにし，その結果，変換されたゲームを意味するものとしてこの用語を使い始めることとなった．この場合，従来の定義のもとでは，不完備情報ゲームが完備情報ゲームに変換されたことになるが，新しい定義のもとでは，もとのゲームはうまく定義されないものの，変換されたゲームは不完備情報ゲームになっている．

先手・後手ゲームⅢはハーサニ変換を説明するのに好適な例である．いま，ジョーンズはゲームの利得を正確には知らないものとする．しかし，彼は利得についてのある考え方を持っており，主観的確率分布によって彼の信念を表現

(A) の図：S → 大 → J₁ → 大 (2, 2) / 小 (−1, −1)
         S → 小 → J₂ → 大 (−1, −1) / 小 (1, 1)

(B) の図：S → 大 → J₁ → 大 (5, 1) / 小 (0, 2)
         S → 小 → J₂ → 大 (−1, −1) / 小 (2, 3)

(C) の図：S → 大 → J₁ → 大 (0, 0) / 小 (−1, −1)
         S → 小 → J₂ → 大 (−1, −1) / 小 (4, 4)

利得：(スミス，ジョーンズ)．

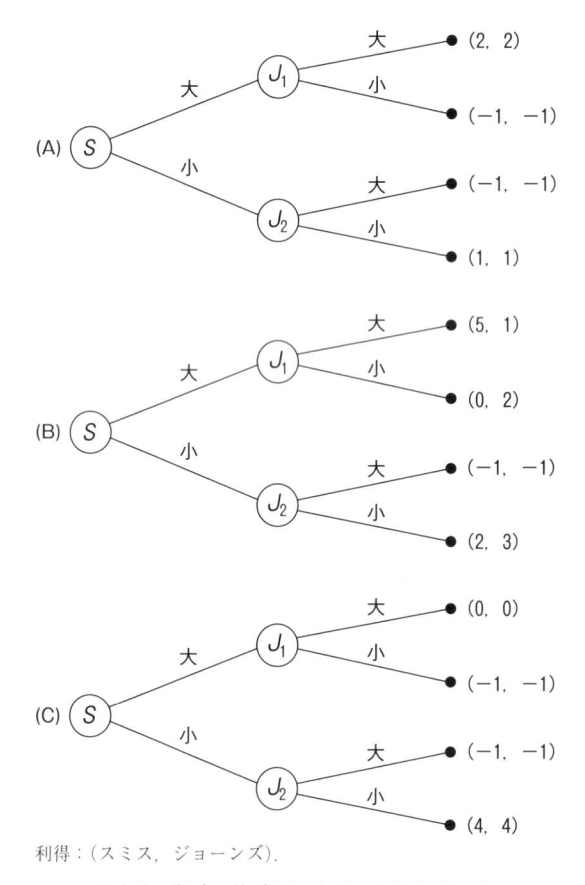

図 2.6　先手・後手ゲームⅢ：もとのゲーム

することができるとしよう．彼は図 2.6（先手・後手ゲームⅠと同じ）に描かれているようなゲーム（A）に 70％の実現可能性を与えており，ゲーム（B）に 10％の確率で，ゲーム（C）に 20％の確率で与えている．実際には，ゲームは確定した利得の組を持っていて，スミスはそれが何であるかを知っている．このゲームは不完備情報（ジョーンズは利得水準を知らない）であり，非対称情報（スミスの手番のとき，スミスはジョーンズが知らない何かを知っている）であり，また，確実情報（自然はプレイヤーの手番の後には手番を持た

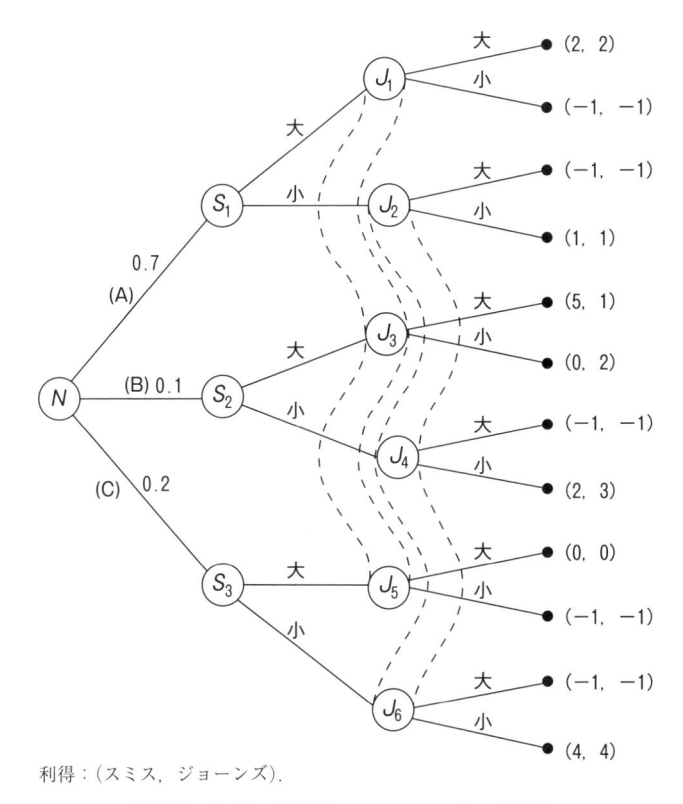

図2.7 先手・後手ゲームⅢ：ハーサニ変換後

利得：(スミス，ジョーンズ)．

ない）になっている．

　このゲームは図 2.6 のような形では分析できない．このようなゲームにアプローチするとき，通常，ハーサニ変換が利用される．このゲームは図 2.7 のようなモデルに再構成されるが，そこでは，自然が最初の手番となり，ジョーンズの主観的確率分布に対応して，ゲーム（A），ゲーム（B），ゲーム（C）のうちいずれかの利得を選択することになっている．このとき，スミスは自然の手番を観察するが，ジョーンズは観察しない．図 2.7 は図 2.6 と同じゲームを描いたものであるけれども，図 2.7 は分析が可能である．スミスとジョーンズの両者ともゲームのルールは知っており，両者についての違いは，スミスが自

然の手番を観察しているということである．そして，このことは，ジョーンズの最初の信念ないしは空想が共有知識である限り，たとえ自然が示された確率に従って行動するとしても，あるいは，ジョーンズの想定した確率が誤りであるとしても，それらに関係なく成立するのである．

　自然がゲームの最初に選択するものは，しばしば戦略集合であり，情報分割であり，また1人のプレイヤーの利得関数である．また，プレイヤーがいくつかの"タイプ"のうちのどれかであるということもあるが，これについての用語は後章で再び取り上げることになる．自然の手番が，特に戦略集合および両方のプレイヤーの利得に影響を与える場合，自然は特定の"世界の状態"(state of the world)を選んだと言われることがある．図2.7において，自然は，世界の状態として（A），（B），または（C）を選択することになる．

　　プレイヤーの**タイプ**とは，不完備情報ゲームの開始時点において，自然が彼に対して選択する戦略集合，情報分割および利得関数のことである．

　　世界の状態とは自然による手番のことである．

　すでに述べたように，ゲームの構造を共有知識と仮定したのはモデルを設計するためによいことである．自然によるスミスのタイプについての選択は，実際スミスの可能なタイプについてのジョーンズの意見を表すかもしれないけれども，スミスはジョーンズの可能な意見が何であるか知っており，ジョーンズはそれがもっともな意見であることを知っている．プレイヤーは異なった信念を持っているかもしれないが，それは自然による異なった手番を観察する効果としてモデル化される．全てのプレイヤーは自然が行う手番の確率について同じ信念でゲームを始める．同じ信念とは，まもなく導入される用語を使うとすれば同じ事前分布と言う．こうしたモデル化の仮定は**ハーサニ原理**として知られている．もし，モデル設計者がそれに従うならば，彼のモデルは，2人のプレイヤーが正確に同じ情報を持つが，自然の過去や将来の手番の確率に関して不一致があるような状況には決して到達できない．例えば，ドイツはフランスとの戦争に勝つ確率を0.8と思い，フランスはそれを0.4と思い，それで，彼らは共に戦争に突き進もうとしているということでモデルは始まらない．むしろモデル設計者は，信念は最初は同じでありその後私的情報のために違ってく

ると仮定しなければならない．両プレイヤーは初めドイツの勝利の確率は 0.4 と思っているが，シュミット将軍が天才ならその確率は 0.8 まで上がることを知ったうえで，ドイツはシュミットが実際天才であることを知ったという展開である．もし，宣戦布告を最初にするのがフランスであるなら，フランス人の間違った信念は両国を戦争に導いてしまうかもしれないが，もしドイツ人がシュミットが天才であることを信用できる形でフランスに知らせることができれば戦争は避けることができるかもしれない．

　ハーサニ原理の意味することは，プレイヤー達は自分達の意見について少しはオープンマインドであるということである．もしドイツ人が自分達は戦争を好んでいるということを示すならば，フランスはドイツ人が天才のシュミットを発見した可能性を考え，ドイツの戦勝確率を更新しなければならない（ドイツがこけおどしをするかもしれないことに注意しつつ）．我々の次のトピックスは，自然についての直接の観察によってか，あるいは情報をよりよく知っている他のプレイヤーの手番を観察したことによってかで，新しい情報をプレイヤーが入手したらどのように自分の信念を更新するかということである．

ベイズ・ルールによる信念の更新

　ゲームの情報構造を分類する際，プレイヤーが他のプレイヤーの手番から何を推論することができるかについては推定を放棄している．たしかに，ジョーンズは，スミスが大を選択するのを見て，自然が（A）を選んだことを推論するであろう．しかし，図 2.7 におけるジョーンズの情報集合は，このことを考慮に入れて描かれてはいないのである．ゲームツリーを描くときには，ゲームの外生的な要素だけを叙述することが望ましいが，それは，均衡概念によって混乱させられてしまうことのないようにするためである．しかしながら，均衡を求めるときには，ゲームの進行に伴って信念がどのように変化していくかを考えることが必要になる．

　ゲームのルールの 1 つの要素は，様々なプレイヤーによって想定され，その後，ゲームの進行に伴って更新されていく**事前信念**の集積である．プレイヤーは，他のプレイヤーのタイプに関する事前信念を持っていて，他のプレイヤーの行動を観察しながら自分の信念を更新していくのであるが，その際，彼らが均衡行動に従うことを前提としている．

ベイズ均衡という用語は，プレイヤーがベイズ・ルールに従って自分の信念を更新するナッシュ均衡を指して使われる．ベイズ・ルールは不完全情報を取り扱うためには自然で標準的な方法であるので，"ベイズ"と付けることは実際最適である．しかし，ナッシュ均衡をチェックする際の2つのステップは今度は3つのステップになる．

1 戦略プロファイルを提案せよ．
2 プレイヤーが互いの手番に対する反応において自分の信念を更新するとき，戦略プロファイルがどのような信念を形成するかを見よ．
3 他のプレイヤーの戦略とこれらの信念を結合することによって，各プレイヤーは自分自身にとって最適反応を選択しているかチェックせよ．

ゲームのルールは各プレイヤーの信念を特定化するものであり，ベイズ・ルールは信念を更新する合理的な方法である．例えば，ジョーンズがある特定の事前信念，$Prob(自然が(A)を選んだ)$ でスタートしたとしよう．先手・後手ゲームⅢでは，これは0.7に等しい．彼はそのときスミスの手番——おそらく大——を観察する．大を見ることはジョーンズに**事後**信念，$Prob(自然が(A)を選んだ | スミスが大を選んだ)$ に更新させることになる．ここで，記号"|"は"条件のもとで"とか"~が与えられて"を意味する．

ベイズ・ルールはスミスの手番のような新しい情報のもとで各プレイヤーの事前信念を修正する仕方を示す．それは2種類の情報を使用する．自然が世界の状態（A）を選んだということが与えられたときスミスが大を選んだとわかる尤度，$Prob(大|(A))$ と，自然が（A）を選ばなかったということが与えられたときにスミスが大を選ぶ尤度，$Prob(大|(B)\text{または}(C))$ の2つである．これらの値からジョーンズは $Prob(スミスが大を選ぶ)$ を計算できる．これは自然が選ぶ世界の可能な状態のあれこれの結果として大が見られる確率で**限界尤度**と言う．

$$Prob(スミスが大を選ぶ) = Prob(大 | A)Prob(A) + Prob(大 | B) \times Prob(B) + Prob(大 | C)Prob(C). \quad (2.1)$$

彼の事後確率，$Prob(自然が(A)を選んだ | スミスが大を選んだ)$ を見つけ

表 2.5 ベイズ用語

名　前	意　味
尤度	$Prob(データ \mid 事象)$
限界尤度	$Prob(データ)$
条件付き尤度	$Prob(データ X \mid データ Y, 事象)$
事前確率	$Prob(事象)$
事後確率	$Prob(事象 \mid データ)$

るためにジョーンズはその尤度と彼の事前確率を使用する．スミスが大を選ぶことがわかることと，自然が（A）を選んだことの結合確率は，

$$Prob(大, A) = Prob(A \mid 大)Prob(大) = Prob(大 \mid A)Prob(A). \quad (2.2)$$

ジョーンズが計算を試みようとしているものは $Prob(A \mid 大)$ であるから，(2.2) の最後の部分を書き直せば次のようになる．

$$Prob(A \mid 大) = \frac{Prob(大 \mid A)Prob(A)}{Prob(大)} \quad (2.3)$$

ジョーンズは彼の新しい信念――彼の事後確率――を $Prob(大)$ を使って計算する必要がある．これは (2.1) を使って自分の最初の知識から求めることができる．(2.1) の $Prob(大)$ を式 (2.3) に代入すれば最後の結果，すなわち，ベイズ・ルールの1つの変形を得ることができる．

$$Prob(A \mid 大) = \frac{Prob(大 \mid A)Prob(A)}{Prob(大 \mid A)Prob(A) + Prob(大 \mid B)Prob(B) + Prob(大 \mid C)Prob(C)} \quad (2.4)$$

一般的に言って，自然の手番 x と観測されたデータに対して

$$Prob(x \mid データ) = \frac{Prob(データ \mid x)Prob(x)}{Prob(データ)} \quad (2.5)$$

が成り立つ．

式 (2.6) はベイズ・ルールの口述表現であり，これは表2.5に要約される用語法を思い出させるのに有益である[2].

$$(自然の手番の尤度) = \frac{(プレイヤーの手番の尤度)\cdot(自然の手番の事前確率)}{(プレイヤーの手番の限界尤度)} \quad (2.6)$$

ベイズ・ルールは純粋に機械的なものではない．信念を更新する合理的な唯一の方法である．ベイズ・ルールは記憶するのは難しいが導出するのは容易であるから，求め方を理解することは価値のあることである．

先手・後手ゲームIIIに見る信念の更新

先手・後手ゲームIIIを例にとってみよう．ジョーンズは，"自然が (A) を選択する"状況が起こる確率が0.7であるという事前信念を持っているのだが，"スミスが大を選ぶ"という資料を見て，この信念の更新が必要になっている．彼の事前信念は，$Prob(A)=0.7$ であって，いま計算しようとしているのは，$Prob(A|大)$ なのである．

(2.4) 式のベイズ・ルールを利用するには，$Prob(大|A)$，$Prob(大|B)$，および $Prob(大|C)$ の値を知る必要がある．これらの値は，均衡におけるスミスの行動に依存するから，ジョーンズの信念を均衡と無関係に算定するわけにはいかない．そこで，1つの均衡を提案し，それから利用して信念を計算するという作業をしなければならないが，さらに，これらがもたらす信念の値に対して，実際に，提案された均衡戦略が最適反応戦略になっているかも確認せねばならない．

先手・後手ゲームIIIにおいては，例えば，(A) ないし (B) の状況のとき大を，(C) のとき小をスミスが選択し，ジョーンズは大には大，小には小の選

---

[2] "限界尤度"という名前は無条件の尤度であるから経済学者にとって奇妙に見えるかもしれない．経済学者が"限界"を使用するのは，ある水準からスタートすることを条件として増分を意味する場合である．統計学者が限界尤度をこのように定義したのは $Prob(a, b)$ からスタートして $Prob(b)$ を導出するからである．それは (a, b) へ平面でのグラフの縁，すなわち b 軸に動き，b の値が，全ての可能な a の値に関してどれだけ積分されるかを尋ねているようなものである．

択でもって応答するといった戦略プロファイルが均衡になる可能性を持っている．これは（大 | A，大 | B，小 | C；大 | 大，小 | 小）と略記表現できる．いま，$Prob(A | 大)$ の計算を手始めとして，この戦略が均衡になっているかを検討してみよう．

　ジョーンズが大の選択を観察したとすれば，彼は（C）を除いて考えることができるが，はたして（A），（B）という２つの状況のうちどちらが出現しているかを判別できない．このときベイズ・ルールによれば，状態（A）の事後確率は，

$$Prob(A | 大) = \frac{(1)(0.7)}{(1)(0.7)+(1)(0.1)+(0)(0.2)} = 0.875. \tag{2.7}$$

として求められ，これから，（B）の事後確率が $1-0.875=0.125$ のように算出される．これは，ベイズ・ルールを再び適用することによっても導出可能である．

$$Prob(B | 大) = \frac{(1)(0.1)}{(1)(0.7)+(1)(0.1)+(0)(0.2)} = 0.125. \tag{2.8}$$

　図 2.8 はベイズ・ルールのグラフによる直感を示す．最初の線は確率の総和 1 を示す．これは（A），（B），（C）という状態の事前確率の和である．第 2 の直線は 0.8 までの確率を示し，大が観察された後で状態（C）が排除された状態を表している．第 3 の直線は状態（A）は大の確率の 0.7 で，0.875 を表している．第 4 の直線は大の確率の 0.1 で，0.125 を表している．

　ジョーンズは提案された均衡でスミスの戦略を $Prob(大 | A)$，$Prob(大 | B)$，$Prob(大 | C)$ の値を求めるために使わねばならない．ナッシュ均衡では常にそうであるように，プレイヤーは，たとえどの特定行動が選ばれるか知らなくてもどの均衡での戦略が演じられているかを知っているとモデル設計者は仮定している．

　ジョーンズが状態は確率 0.875 で（A）であり，確率 0.125 で（B）であると信じているとすれば，たとえ彼が，もし状態が実際（B）であれば，よりよい反応は小であろうとしているとしても最適反応は大である．ジョーンズが大を観察すれば，小から来る彼の期待利得は $-0.625(=0.875[-1]+0.125[2])$

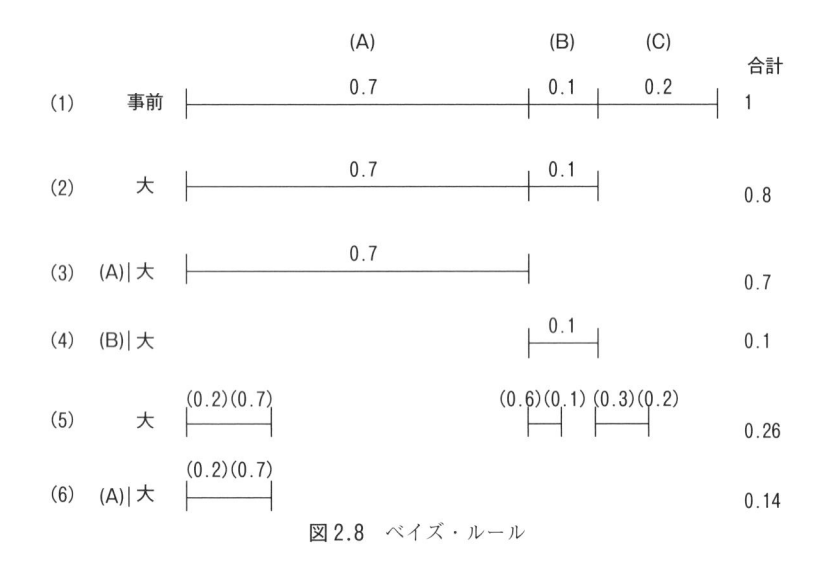

		(A)	(B)	(C)	合計
(1)	事前	0.7	0.1	0.2	1
(2)	大	0.7	0.1		0.8
(3)	(A)∣大	0.7			0.7
(4)	(B)∣大		0.1		0.1
(5)	大	(0.2)(0.7)	(0.6)(0.1)	(0.3)(0.2)	0.26
(6)	(A)∣大	(0.2)(0.7)			0.14

図2.8 ベイズ・ルール

であるが，大からはそれは $1.875 (= 0.875[2] + 0.125[1])$ である．戦略プロファイル（大∣A，大∣B，小∣C；大∣大，小∣小）はベイズ均衡である．

同様の計算が $Prob(A \mid 小)$ に対してなされる．ベイズ・ルールを使えば，式 (2.4) は

$$Prob(A \mid 小) = \frac{(0)(0.7)}{(0)(0.7) + (0)(0.1) + (1)(0.2)} = 0. \qquad (2.9)$$

となる．ジョーンズは状態が (C) であると信じていれば，小に対する彼の最適反応は小である．これは我々の提案している均衡と一致する．

スミスの最適反応は随分と簡単である．ジョーンズがスミスの戦略を真似るとすれば，スミスは（大∣A，大∣B，小∣C）の最適戦略に従うことによって最適となる．

スミスは均衡で非ランダム戦略を使うので，計算は比較的簡単である．例えば，式 (2.9) では $Prob(小 \mid A) = 0$ となる．もしスミスが状態 (A) では確率 0.2 で大を，状態 (B) では確率 0.6 を，また，状態 (C) では確率 0.3 を選ぶというランダムな戦略を使うならば，どうなるかを考えてみよう（我々は

3章でそうした"混合"戦略を分析するであろう).式 (2.7) に対応するものは

$$Prob(A \mid 大) = \frac{(0.2)(0.7)}{(0.2)(0.7)+(0.6)(0.1)+(0.3)(0.2)} = 0.54 \text{ (近似値)} \tag{2.10}$$

である.もしジョーンズが大を見たら,彼の最適推量は,たとえ状態 (A) でスミスは大を選ぶ最小の確率を持つとしてもやはり自然は状態 (A) を選んだというものであり,ジョーンズの主観的事後確率 $Prob(A \mid 大)$ は事前確率 $Prob(A) = 0.7$ から 0.54 に低下する.

図 2.8 の最後の 2 つの線はこの場合を示している.最後から 2 つ目の線は大の全体の確率を示している.これは全ての 3 つの状態での確率から構成され,$0.26 (= 0.14 + 0.06 + 0.06)$ となる.そして最後の線はその確率の中で状態 (A) が起こる部分を示しており,これは 0.14 であり 0.54 (近似値) の一部である.

平均への回帰,2 本腕の追いはぎ,カスケード

ベイズ的学習はベイズ・ゲームをモデル化する際に重要であるだけでなく,戦略的でない行動を説明する際にも重要である.それは,プレイヤー達は他のプレイヤーの手番から学習するかもしれないけれども,彼らの利得は直接にはその手番に影響しないという意味においてである.ここで行動に関する有益な説明を与える 3 つの現象——平均への回帰,2 本腕の追いはぎ問題,そしてカスケード——について議論しよう.

平均への回帰はベイズ的解釈を持つ古い統計学上の考えである.学生のテストの結果の一部は学生の能力に,一部は確率誤差に依存するであろう.後者はテスト日の学生の気分のせいであろう.教師は学生の個々の能力を知らないが,平均的な学生は 100 点満点で 70 点取ることは知っている.もしある学生が 40 点を取ったとすると彼の能力について教師はどのように推定値を与えたらよいであろうか?

それは 40 点ではないであろう.平均より 30 点低いという点数は次の 2 つのことの結果である.(1) 学生の能力が平均より低い.(2) 学生は試験日に気分が

優れなかった．気分が全く重要でないときにのみ教師は 40 点と推定すべきである．能力も運もある程度重要であるというのがよりありそうな場合であろう．このとき，教師の最適な推量はその学生の能力が平均以下であるが，運も悪かったとするものである．最適な推定値は能力と運の影響を反映して 40 点と 70 点の間のどこかにあることになる．テストで 40 点を取った学生の中で半分以上の者が次のテストで 40 点以上を取ると期待される．これらの成績の悪い学生の点数は平均である 70 点の方に移動していく傾向があるので，この現象は平均への回帰と言われる．同様に最初のテストで 90 点を取った学生は次のテストでより低い点数を取る傾向にある．

この"平均への回帰"（"の方向への"がより正確であるが）は"平均を超えた回帰"ではない．低い点数は低い能力を示し，それで次のテストで予測される点数はやはり平均以下である．平均への回帰は単に運も能力も影響していると言っているのである．

ベイズ的用語で言えば，この例での教師は，70 点という事前平均を持っており，その事前平均と最初の点数というデータを使って事後の推定値を求めようとしているのである．典型的な分布に対して，事後平均は事前の平均とデータの点の間にあり，それで事後の平均は 40 点と 70 点の間にあることになる．

ビジネスの文脈では平均への回帰は Rasmusen（1992b）で私が検討したように，ビジネスの保守性を説明するために使われうる．時々ビジネスはリスクに対する過大な恐れのために利益のある投資を拒否してしまうと非難されている．ビジネスは危険中立的であると想定しよう．というのはプロジェクトに関するリスクとその価値の不確実性は非システマティックであるからである．すなわち，それらのリスクは，株式が広く所有されている会社においては株主のリスクが取るに足らないものになるように分散できるリスクであるからである．105,000 ドルの現在価値を持つ投資にその企業が 100,000 ドルを使おうとしないとしよう．これは 105,000 ドルが推定値で，100,000 ドルが現金であれば容易に説明できる．この種の新しいプロジェクトの平均価値が 100,000 ドルより少なければ——利益の上がるプロジェクトは見つけることが容易ではないのでそれはありそうなことである——，105,000 ドルに評価する人々がすでに自分の推定値を調整してしまっていない限り，その価値の最良の推定値は，105,000 ドルという測定された値と平均価値との間にあるであろう．105,000

ドルを平均に回帰することは 100,000 ドル以上に回帰することかもしれない．ちょっと違った言い方をすると，もし事前の平均が例えば 80,000 ドルでありそのデータ値が 105,000 ドルであるならば，事後の平均は 100,000 ドル以下になるのはもっともである．いくつかの奇妙な現象の理由を説明するのに，戦略的行動に代わって平均への回帰のせいにすることになる．試験の点数の分析の場合，出来の悪い学生の点数の上昇の理由を，最小の労力でそのコースの目標レベルを達成しようとする際の彼らの努力水準の変化で説明しようとするかもしれない．同様に，ビジネスでの意思決定を分析する場合には，明らかに利益のあるプロジェクトが拒否される理由を，より懸命に働くことを要求するイノベーションに対するマネージャーの嫌悪があることから説明しようとするかもしれない．

　ベイズ的学習はまた Rothschild（1974）の"2 本腕の追いはぎモデル"における明らかに最適でない行動を説明する．一定期間ごとに A か B のスロットマシーンを選ぶとしよう．A は 0.25 ドル入れてその腕をひっぱると確率 0.5 で 1 ドルが出てくる．B の方は事前の確率密度が 0.5 に集中しているがその確率が正確に知られておらず 1 ドル出てくるものである．最適な戦略はまず B を選ぶことである．B を選べば 1 回ごとの期待利得が同じであるだけでなくそれを使うことでプレイヤーの持つ情報が改善されるが，A を選んでも彼の持つ情報は変わらないからである．もし B で 1 ドルが出る回数に比べて 0 ドルが出る回数が十分頻繁であれば，プレイヤーは A にマシーンを切り替えるであろう．ここで，十分頻繁にとは自分の持つ事前分布に依存する．もし最初の 1,000 回で全て 1 ドル出たら B を選び続けるであろうが，もし次の 9,000 回で全て 0 ドルが出れば B の利得率は 0.5 より低いと確信して A に切り替えるべきであろう．しかし，その場合二度と B には切り替えないであろう．いったん A を選べば得失の結果があっても新しいことを何も学ばないし，たとえ続けて 1 万回 0 ドルが出てもそれはマシーンを替える理由にはならない．結果としてたとえ実際には B が望ましいものであっても事前の最適戦略に従うプレイヤーは無限回 A で遊んでしまうことになりうる．

　これと似たようなゲームが**カスケードゲーム**（本来は公園の人工の連滝の意味 - 訳者注）である．Bikhchandani, Hirshleifer, & Welch（1992）（彼らは Bannerjee [1992] とともにそのアイデアをつくり出した．また Hirshleifer [1995] を見よ）

でのカスケードの最初の例を簡単化したものと考察しよう．人々が順番に事前確率0.5で0か1の価値となる，あるプロジェクトを費用0.5で採択するか拒否するかを決めるものとする．そのとき，自分の前の人の意思決定を観察することができ，また，そのプロジェクトの価値が1の場合には確率$p > 0.5$で，また0の場合には確率$1-p$で，高いという値を出し，それ以外のときは低いという値を出す私的シグナルを受けるとする．

最初の人は自分のシグナルにだけ従うであろう．すなわち，高いシグナルであれば採用し，低いシグナルであれば拒否する．2番目の人は最初の人の意思決定の情報と自分のシグナルを使う．1つのナッシュ均衡は2番目の人は常に最初の人に追従するというものである．最初の人が採用を選び，高いシグナルが出たら最初の人に従うべきであるのは容易に理解できる．最初の人が採用を選び，自分のシグナルが低いであったらどうであろう．そのとき2番目の人は最初のシグナルは高いであったと推測することができる．事前確率が0.5であり，2つの相反するシグナルが同じ割合で起こったことから，彼の選択は無差別となる．それで無差別なときには，最初の人に従うという彼に割り振られた戦略の均衡から逸脱することはしないであろう．また，3番目の人は前の2人が採用を選んだのを見ており，それで最初の人は高いシグナルを推測できる．また，均衡では2番目の人はただ従うだけであるということを知って，その人の意思決定を無視するであろう．しかし，自分もまた従うであろう．こうして，たとえ一連のシグナルが（高い，低い，低い，低い，…）となろうとも全ての人は採用を選ぶであろう．後続のプレイヤーは自分の情報を無視しそれまでのプレイヤーにだけ完全に依存するということでカスケードが始まった．こうして，戦略的行動などを使わないで，不完備情報のもとでのベイズ的信念の更新によって一時的な流行やファッションを説明することが可能である．

2.5 例：プングの和解ゲーム

Png (1983) の法廷外和解モデルはかなり複雑な展開形ゲームの例である[3]．

---

3) ところで"Png"は綴り通りに発音される．

そこでは，化学工場の安全設備の設置に対して被告の手抜かりがあったとする原告がおり，この主張が正当である確率が q であると信じている．原告は提訴するが，この訴訟事件はなかなか進まない．そうする間に，原告と被告は法廷の外で和解する，すなわち，示談に持ち込むことも可能である．

このゲームにおける手番とはどんなものになるであろうか．このゲームは，実は，損害について被告に責任がある場合のゲームと，被告には責任がない場合のゲームという2つのゲームからなっている．この場合，ゲームツリーは，被告の責任があるかないかを確定する自然の手番から始められることになる．これに続く節では，原告が提訴するかあるいは愚痴を言うを選択するという行動を取るが，彼が愚痴を言うを選べば両方のプレイヤーが利得ゼロを得てゲームは終了する．しかし，原告が提訴するならばゲームは次の節へと進み，そこで，今度は被告が対抗するか和解を申し出るかを決断するのである．仮に，被告が和解を申し出たとすると，原告は和解するか拒否するかを選択することが可能であるし，逆に，被告が対抗するとすれば，原告は同じくトライアルに行くか，ないしは訴えを取り下げるかの選択が可能なことになる．次ページの表はこのモデルに利得を付け加えたものである．図2.9のようにこれをゲームツリーで書くことができる．

和解額，S＝0.15およびリーガルコストとして支出される額は外生的に与えられるものとこのモデルは仮定している．5章で取り扱われるゲームのように，無限に続くゲームであって終節のないような場合であれば別だが，それ以外のケースにあっては，たとえゲームの途中で費用を負担するようなことがあるときでも，展開形は終節における利得の中にあらゆる費用および便益を盛り込んだものになっていなければならない．例えば，裁判所が100ドルのリーガルコストを要求したとすれば（このゲームではそれはないが，4.3節の不法妨害訴訟の同様のゲームでは要求される），原告が愚痴を言う場合を除き，原告の利得からその額を差し引くことになろう．こういった統合はゲームの分析を容易にする一方で，均衡戦略には影響を及ぼさない．もちろん，ゲームの途中における費用などの支払いが情報を知らせる結果となるケースではそうも言えないが，そのような場合には，利得が変化するということよりも，支払いがもたらす情報こそが重要なのである．

事件がトライアルに至った場合，判決がなされると仮定する．このとき，被

プングの和解ゲーム

プレイヤー
原告，被告．

プレイの順序

0 自然が，原告への損害に対して被告の責任となる確率を $q=0.13$ で選び，そうでなければ責任なしとなる．

1 原告は提訴するかあるいはただ愚痴を言うだけかを選択する．

2 被告は原告に和解金 $S=0.15$ を提示するか，$S=0$ として対抗するかを選択する．

3a もし $S=0.15$ を被告が提示したら，原告は和解を受諾するか，あるいは，拒否してトライアルに行く．

3b もし $S=0$ を被告が選択したら，原告は提訴を取り下げるか（その場合には両者のリーガルコストは 0，$P=0$, $D=0$)，あるいはトライアルに行く（この場合はそれぞれのリーガルコストは $P=0.1$, $D=0.2$)．

4 トライアルに至った場合，被告に責任があれば原告は $W=1$ の賠償を得，責任がなければ $W=0$ となる。また，もし提訴を取り下げれば $W=0$ となる．

利得
原告の利得は $(S+W-P)$．被告の利得は $(-S-W-D)$．

告に責任があるケースでは，リーガルコスト D 以外に，彼は損害賠償 $W=1$ を支払う．また，プレイヤーは危険中立的であると仮定する．従って，彼らは受け取る利得のドル表示での期待値のみに関心を示し，それらのバラツキは問題にしないものとされる．この仮定がなければ，ドル表示での利得を効用に書き換えなければならないであろうが，そのときでもゲームツリーが変化してしまうことはない．

このゲームは，確実，非対称，不完全および不完備な情報のゲームになっている．ここでは，被告に責任があるかどうかを被告自身は知っているものとしたが，手に入れた証拠資料が彼の責任を示すのに十分であるかどうかについて原告が知りうる以上のことを被告もまた知りえないと仮定して，このゲームを修正することもできる．こうして得られたゲームは一種の対称情報ゲームで

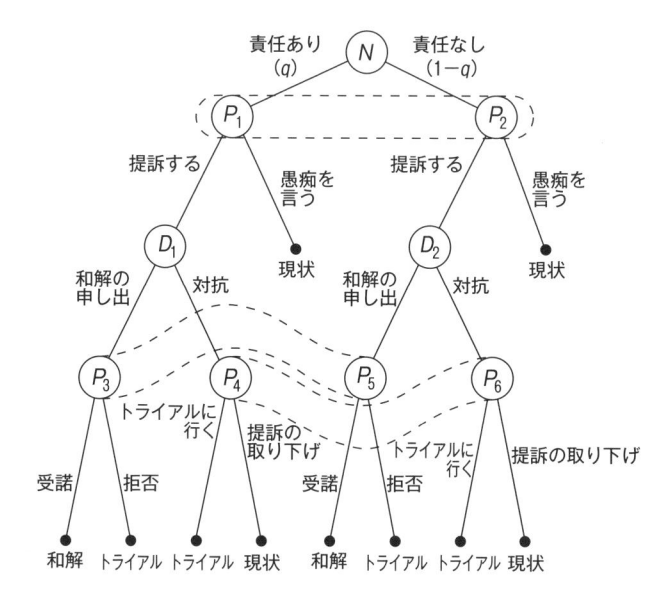

図 2.9 ブングの和解ゲームのゲームツリー

あって，この場合，自然による手番をなくし，利得を期待値に置き換えることによって，合理的に，展開形の簡単化をはかることが可能になる．しかし，このような簡単化を，もとのゲームについて実行することはできない．言うまでもないが，被告に責任があるかどうかを知っているのは被告自身だけであるという事実が両方のプレイヤーの行動を左右することになるのである．

さて均衡を求めよう．支配性を使って，原告の戦略の1つをただちに除去することができる．それは愚痴を言う戦略で，（提訴する，和解を受諾，提訴の取り下げ）によって支配されている．

ある戦略プロファイルがナッシュ均衡になっているかどうかはモデルのパラメータに依存する．ここでは，モデルのパラメータは S，W，P，D および q であり，それらは，それぞれ和解額，損害額，原告および被告のリーガルコスト，および被告に責任がある確率を示している．パラメータの値に依存して，

3つのゲーム結果が考えられる．1つは和解（和解額が低いとき），もう1つは判決（損害額が大きく，原告のリーガルコストが少ないとき），残る1つは原告の訴えの取り下げ（リーガルコストが期待損失よりも大きいとき）である．ここではパラメータの値を $S=0.15$, $D=0.2$, $W=1$, $q=0.13$, および $P=0.1$ とした場合を考えてみよう．2つのナッシュ均衡がこの場合存在し，共に弱ナッシュ均衡である．

1つの均衡は戦略プロファイル，{(提訴する，和解を受諾，トライアルに行く)，(和解の申し出，和解の申し出)} である．最初に原告が提訴し，これに対して，被告は，自分に責任があってもなくても和解を申し出るのであって，被告はこの申し出に応ずることになる．どちらのプレイヤーも，仮に被告が和解を申し出ないとすれば，原告が事件を法廷に持ち込み，トライアルになることを知っているから，たとえ均衡においてトライアルが実現されないといっても，そのことに対する恐れが被告による和解の申し出をもたらしていると見ることができる．そのような意味で，上記のような**均衡の外の行動**は，もとの均衡に照らして記述されることになるのである．実はここで示した戦略プロファイルはナッシュ均衡になっている．というのは，原告が（提訴する，和解を受諾，トライアルに行く）を選択すれば，被告は，-0.15 という利得をもたらす（和解の申し出，和解の申し出）よりも有利な選択を持たないからであり，逆に，被告が（和解の申し出，和解の申し出）を選択すれば，原告も（提訴する，和解を受諾，トライアルに行く）からもたらされる 0.15 という利得よりも有利な事態を望みえないからである．

もう1つの均衡は {(提訴する，和解の拒否，トライアルに行く)，(対抗，対抗)} である．原告は訴え，被告は対抗し，和解提案はなく，原告はどんな提案も拒否しトライアルに行くであろう．被告は原告が $S=0.15$ の和解提案を拒否するであろうと予測するから，彼は，自分の行動になんの違いもないので，対抗するであろう．

プングの和解ゲームに関する最後の観察はそのゲームは行動におけるハーサニ原理を示しているという点である．というのは原告と被告は原告が勝訴する確率に関しての信念が異なっているが，それは被告が違った情報を持っているからであって，モデル設計者がゲームの最初に異なった信念を割り当てたからではないからである．これはこの問題に接近するありふれた方法に比べて危

なっかしく見えるかもしれない．普通は潜在的な訴訟当事者は異なった信念を持っており，互いに自分が勝つと思うならトライアルに行く．しかし，もし異なった信念が共有知識であれば，両当事者もどちらかが間違っていることを知っているが，互いに自分が正しいと思っているので，この物語を首尾一貫させることは非常に困難である．これは誘導形——起こったことを徹底的に説明しないでただ記述しようとする試み——としてすばらしいかもしれない．結局，プングの和解ゲームにおいてさえ，もしトライアルが起これば，それはプレイヤーが異なった信念を持っているため，ゲームツリーの最初の部分を切り落とすことになる．しかしそれはまたハーサニ原理を逸脱した問題である．そのとき，もしモデル設計者が単にプレイヤーに硬直した信念を割り当てるなら，彼らがどのようにお互いの手番に反応するか分析できない．プングの和解ゲームではあるパラメータのもとで和解は拒否されトライアルが起こりうる．それは，被告が自分が勝つと思っている確率と彼が脅しをかけている確率を比較考量するからであり，時々，トライアルに行くリスクも冒すことになる．ハーサニ原理なしではそうした裁判に対する説明を評価することは非常に難しい．

ノート

N2.1　ゲームの戦略形と展開形

- "成果行列" という用語は Shubik（1982, p. 70）の中で使われているものの，正式な定義は与えられていない．
- "節" は，プレイヤーないし自然が意思決定を行う点のみを含むものとして定義される．

N2.2　情報集合

- 節 A_1，A_2 のどちらにゲームが到達しているかをプレイヤーが知らないような状況で，しかも，これら2つの節において異なる行動集合を彼が持っているような場合を叙述しようとするならば，ゲームの再編成が必要である．例えば，A_1 において行動集合 (X, Y, Z) を，A_2 において行動集合 (X, Y) を持っていると言いたければ，まず，A_2 における行動集合に Z を加え，それが新しく設定された節 A_3 に繋がるようにするのであるが，このとき，A_3 での行動集合は再び (X, Y) としておけばよいのである．
- "共有知識" という用語は Lewis（1969）から来ている．それに関する議論については

Brandenburger（1992）と Geanakoplos（1992）を見よ．共有知識の厳密だが直感的ではない定義については，Aumann（1976）（2人ゲームに関して），Milgrom（1981a）（n人ゲームに関して）を参照せよ．

N2.3 完全，確実，対称，および完備情報

- Tirole（1988, p. 431）（より正確には Fudenberg & Tirole [1991a, p. 82]）は準完全情報のゲームを定義している．彼らはこの用語を，繰り返しにおいて，以前の繰り返しの全ての手番の結果（自然の手番も含む）を全てのプレイヤーが知っている繰り返し同時手番ゲームとして使っている．そのような一般的な響きのする用語をある狭いクラスのゲームを記述するために使うのは遺憾である．同時手番を除いて完全情報を持つ全てのゲームをカバーするように拡張されれば有意義であると思われる．
- **ポーカーゲームの分類**．(1)完全，確実．(2)不完備，対称，確実．(3)不完備，非対称，確実．(4)完備，非対称，確実．(5)不完備，非対称，確実．
- フォン・ノイマン＝モルゲンシュテルン効用の説明については，Varian（1984）の11章，Kreps（1990a）の3章を参照．効用への他のアプローチについては Starmer（2000）を見よ．期待効用とベイズ的更新は，それらが現実的に見える点，また使いやすいという点で，標準的なゲーム理論の2つの基礎概念である．しかし，時々人々の行動をうまく説明できない場合がある．そうした例外ケースを指摘し，また，代替案を提示した文献も広汎に存在している．しかし，記述的なリアリズムの重視とモデル化に対して追加される複雑さとの間のトレードオフがあり，これまでのところどんな代替案も，標準的な手法に代われるほど大きな改善を示していない．標準的な反応は理論的な作業の中でその例外ケースを認め，そして無視するということであり，その例外ケースが重大な違いをもたらすような場合にはあまり深く理論モデルを進めていかないといったものである．例外ケースについては Kahneman, Slovic, & Tversky（1982）（論文集），Thaler（1992）（*Journal of Economics Perspectives* のコラムから），Dawes（1988）（心理学とビジネスをうまくミックスさせている）．
- 混合戦略（3.1節）は完全情報ゲームにおいても有効である．それは，ゲームの均衡に関するものであって，与えられたゲーム構造に関係するものではない．
- "完全"という用語が，"完全情報"（2.3節）および"完全均衡"（4.1節）のどちらにも使われているが，2つの概念に関連性はない．
- 対称情報ゲームにおいて，観察されない自然手番は(1)ゲームの最後の手番として，(2)ゲームの最初の手番として，あるいは(3)利得を期待利得に代えて自然の明示的な手番を利用しないこと，の3通りの方法によって表現することができる．

N2.4 ハーサニ変換とベイズ・ゲーム

- Mertens & Zamir（1985）は，ハーサニ変換の数学的な証明を与えている．この転換

はゲームの展開形が共有知識であることを必要とするのであるが，このことが回帰性についての微妙な問題をもたらす原因になっている．

- プレイヤーは常に，利得がどのようなものであるかについてなんらかの想定を行うものであるから，ありうべき各々の利得に関する主観確率をプレイヤーが持つように指定することはいつでも可能である．しかしながら，彼が利得について何も考えないとすれば，どのような事態が発生するであろうか．このような問いかけは，実は意味がない．というのは，人々がなんらの考えも持たないということはありえないからである．仮に，利得についてなんらの考えもないと人々が自ら発言するとしても，非常に多くの発生可能な事態の中の1つに対する彼らの事前確率が，正値ではあるが小さいものであるということを意味していると見ておおむね間違いない．例えば，私が生まれてこのかた何杯のコーヒーを飲んだかについて，読者は私と同様に，ほとんど考えと言えるほどのものを持ってはいないであろう．しかし，それが，3,000,000 よりも小さい非負の数であることには同意するであろうし，それよりもはるかに正確な推定をすることができるであろう．主観的確率についてのトピックスについての古典的文献には Savage（1954）がある．

- もし2人のプレイヤーが共通の事前分布を持っており，その情報分割が有限であり，しかし，それぞれが私的情報を持っているならば，互いの反復的コミュニケーションが共通の事後分布を持つことを可能にするであろう．この事後分布は，常に情報を直接プールした場合に到達されるものとなるわけではないが，ほどんど一致することが知られている（Geanakoplos & Polemarchakis [1982]）．

問　題

2.1：モンティーホール問題（初級向け）

あなたはテレビショー"取引しよう"の出演者であるとする．3つのカーテン A，B，C の前にいる．その中の2つの背後にはトースターがあり，残りの1つにはマツダのロードスターがある．あなたが A を選んだ．そして，テレビ司会者はカーテン B を開けてトースターを見せながら，"あなたは B を選ばなくてラッキーでした．それではカーテン A から C に変更したいですか"と言った．あなたはどうすべきか．カーテン C の背後にロードスターがある確率はいくらであろうか．

2.2：エルマーのアップルパイ（上級向け）

ジョーンズ夫人は息子エルマーにアップルパイを作ってやった．彼女はそのパイがすばらしく出来上がったか，普通においしくできたかを思案しているとしよう．彼女のパイは3回に1回はすばらしい出来栄えである．エルマーはどん欲なのか，単におなかが空いているのかわからないが，パイを2個，3個あるいは4個食べる可能性があるとす

る．ジョーンズ夫人は息子が2回に1回はどん欲であることを知っているが，いつどん欲かは知らない．もし，パイがすばらしい場合には，おなかが空いているだけの場合には3個食べる確率は (0, 0.6, 0.4) となり，どん欲である場合には確率は (0, 0, 1) となる．また，もしパイが普通においしい場合では，おなかが空いているだけの場合にはその量の確率は (0.2, 0.4, 0.4)，どん欲な場合には (0.1, 0.3, 0.6) となるとする．

エルマーは感受性が強く，本心を言わない少年である．それで自分の内心の感情に関わりなく，常に，パイはすばらしいが，あまり食欲はないと言うとする．

(a) 彼がパイを4個食べる確率はいくらか．
(b) ジョーンズ夫人がエルマーが4個食べたのを見た場合，彼がどん欲で，しかもパイは普通においしいだけという確率はいくらか．
(c) ジョーンズ夫人がエルマーが4個食べたのを見た場合，パイがすばらしい確率はいくらか．

2.3：癌検査（初級向け）(McMillan [1992, p. 211] から採用)

あなたは癌検査をされているとしよう．その精度は98％である．すなわち，もし実際あなたが癌であれば，検査結果は98％陽性と判断され，もしそうでなければ，98％陰性であると判断されるものとする．そして，20人に1人は癌になっていると知らされているとする．いま，医者からテスト結果は陽性であるが，これまでの陽性患者19人は全員死亡したので心配しなくてよいと言われたとする．このとき，あなたはどのように心配すべきか．あなたが癌である確率はいくらか．

2.4：戦艦問題（上級向け）(Barry Nalebuff, "Puzzles", *Journal of Economic Perspectives*, 2：181-2 [Fall 1988])

ペンタゴンは戦艦1隻と巡洋艦2隻のいずれかの建造を選択するとしよう．1隻の戦艦と2隻の巡洋艦の建造コストは同じであるとする．もし巡洋艦がターゲットに十分近いところまで行くことができれば，海軍の目的は1隻の巡洋艦で十分達成できるとする．戦艦がその目的を達成する確率は p で，巡洋艦では $p/2$ であるとする．戦争の成果がなんであれ，戦争が終われば残った船はスクラップとなるとする．このときどちらの選択が優れているか．

2.5：ジョイントベンチャー（中級向け）

合弁会社ソフトウェア社とハードウェア社がある共同事業を行っている．各社とも，高い努力水準と低い努力水準のいずれをも選択しうるが，その努力に伴うコストは各々20および0となる．ハードウェア社が最初に行動を起こすが，ソフトウェア社はその努

力水準を確認することはできない．また，両社とも危険中立的であって，期末に収入は等分される．仮に両企業とも低い努力水準であったとすると収入総額は100になる．一方，部品に欠陥がある場合の収入総額も100になるが，欠陥がない場合には，もし両者が高い努力をすれば収入は200，もしどちらかだけが高い努力をすれば，確率0.9で100の収入が，確率0.1で200の収入が実現するものとする．事業をスタートする前に，欠陥部品が発生する確率は0.7であると両者とも信じているとする．また，ハードウェア社は自社の努力水準を選択する前に部品に欠陥があるかどうかについてわかるが，ソフトウェア社はわからないとする．

(a) このゲームの展開形を書き，ソフトウェア社の手番となる節において，同社の情報集合を点線で囲んでみよ．
(b) ナッシュ均衡を求めよ．
(c) 均衡においては，ハードウェア社が低い努力水準を選択する確率をめぐるソフトウェア社の信念はどのようになるか．
(d) 利益総額が100であることをソフトウェア社が知ったとき，仮に当社が高い努力を行使し，ハードウェア社が低い努力をするであろうと信じているならば，ソフトウェア社は欠陥部品が発生する確率をいくらと考えるであろうか．

2.6：カリフォルニア干ばつ（上級向け）

カリフォルニアで干ばつが発生し，貯水池はうまく機能しない．1991年に雨が降る確率は1/2であるが，確率1で1992年には大量の雨となり，貯蔵された水が無駄になるであろう．州は価格システムではなく割当システムを利用することとした．そこで，1990年にどれだけ水を消費し，1991年のために貯水すべきかを決定しなければならない．カリフォルニア市民の典型的効用関数が$U = log(w_{90}) + log(w_{91})$とする．もし割引率がゼロなら，州は1991年と同じ水量を1990年に配分すべきであることを示せ．

2.7：スミスの仕事熱心さ（初級向け）

ボスはスミスが仕事を熱心にしているかどうか判断するとしよう．ボスは日に1度だけスミスをチェックできるとする．ボスは，スミスがさぼっている場合には確率50％であくびをし，もし熱心にしている場合には確率10％であくびをすることを知っているとする．スミスをチェックする前に，ボスはスミスが確率80％で熱心に仕事をしていると思っていたが，チェックしたらあくびをしたことがわかった．ボスはスミスが熱心に仕事をしていた確率がいくらと評価すべきであろうか．

2.8：2つのゲーム（中級向け）

コラムは表2.6と表2.7の2つの利得表をロウとの同時手番ゲームのために選ぶこと

ができるとする．しかし，ロウはコラムがどのような選択をしたか知らないとする．

表2.6 利得(A)．囚人のジレンマ

		コラム	
		黙秘	自白
ロウ	黙秘	−1, −1	−10, 0
	自白	0, −10	−8, −8

利得：(ロウ，コラム)．

表2.7 利得(B)．協調ゲーム

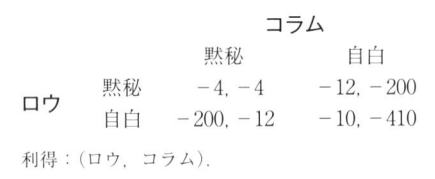

		コラム	
		黙秘	自白
ロウ	黙秘	−4, −4	−12, −200
	自白	−200, −12	−10, −410

利得：(ロウ，コラム)．

(a) 各プレイヤーの戦略の1例を挙げよ．
(b) ナッシュ均衡を見つけよ．それは一意であるか説明せよ．
(c) コラムにとって支配戦略があるか．理由も述べよ．
(d) ロウにとって支配戦略があるか．理由も述べよ．
(e) ロウの戦略の選択はコラムが合理的であるかどうかに依存するか．説明せよ．

酒場でのベイズ・ルール：クラスルームゲーム 2

私はジャージー市のある危険な酒場に入った．そこには 6 人の客がいる．過去の経験から 3 人は残酷な殺人鬼であり，3 人は臆病な威張り屋であると推定できる．また，殺人鬼の 2/3 は攻撃的で，1/3 は理性的であり，臆病者のうち 1/3 が攻撃的で，2/3 は理性的であるということを知っている．運の悪いことに，私は自分の酒を貧相に見える無頼漢にこぼしてしまい，彼は私に死にたいのかと言った．

2 秒でどう対応したらよいか考えなければならないとき，私が殺人鬼に向き合っている確率はいくらか知りたいところである．あなたならどう考えるか．

物語は続く．酒をこぼされた男の友人が 1 人外から入ってきて，いま起こったことを見て，彼もまた攻撃的になった．私はその友人が最初の男と全く同じタイプであると，すなわち，最初の男が殺人鬼ならその友人も殺人鬼であり，最初の男が臆病者であればその友人もそうであるということを知った．この追加的なトラブルから，この 2 人が殺人鬼である確率についての推測は変化するか．

このゲームは *Journal of Economic Perspectives*, 10：179-87（Spring [1996]）の Charles Holt & Lisa R. Anderson の"クラスルームゲーム：ベイズ・ルールを理解する"を変形したものである．ここではそのベイズ・ルールとは異なったやり方で，コーヒーポットの話ではなく酒場の話にした．心理学者は社会的な相互行動を伴う物語に関係したものの方が，人は論理的なパズルをよりうまく解くことができると言っている．Robin Dunbar の *The Trouble with Science* の 7 章を見よ．そこでは Cosmides & Toobey（1993）による実験と考えについて説明している．

第3章 混合戦略と連続的戦略

3.1 混合戦略：福祉ゲーム

これまで見てきたゲームは，行動集合の中の手番の数が有限であるという意味で簡単なものであった．この章ではプレイヤーが10から20の間の価格を選ぶとか，0から1までの購買確率を選ぶとかいうように連続的な手番を許すことにする．3章は，まず純粋戦略均衡が存在しないゲームに対して混合戦略均衡を見つける方法を示す．3.2節においては混合戦略均衡を利得等値法によって見出し，混合戦略を消耗戦と新規市場でのパテントレースという2つの動学ゲームに適用する．3.3節では，より一般的な見方で混合戦略均衡を取り扱い，3人またはそれ以上のプレイヤーに分析を拡張する．3.4節では混合戦略とランダム戦略の違いを監査ゲームという重要な分野で明らかにする．3.5節では2つの企業がゼロから無限までの連続量を選択するクールノー複占モデルを使って，混合戦略の連続的な戦略空間を，純粋戦略も連続である戦略空間に拡大する．3.6節ではベルトランモデルと戦略的代替を取り扱う．3.7節は少しギアを切り替えた議論として，ナッシュ均衡が存在しないことがありうる理由を4つ取り上げ検討する．これらの後半の節は均衡を見つけ出すための方法だけでなく，多くのアイデアを導入する．それらは後の章——4章の動学ゲーム，7章と8章の監査ゲームやエージェンシー・ゲーム，14章のクールノー寡占等——で基本となるものである．

我々は，支配戦略均衡が存在しないときでもゲームの結果を予測するためにナッシュ均衡の概念を導入した．しかし，あるゲームではナッシュ均衡さえ存在しないかもしれない．戦略空間を混合戦略を含むものに拡張することは有意義であり現実的でもある．その場合はほとんどのゲームにおいて常にナッシュ均衡が存在することが知られている．これらのランダムな戦略は"混合戦略"

と呼ばれる.

純粋戦略とはプレイヤーの各情報集合をある行動へうつす写像である.
$$s_i : \omega_i \to a_i.$$

混合戦略とはプレイヤーの各情報集合を行動に関するある確率分布にうつす写像である.
$$s_i : \omega_i \to m(a_i), \ m \geq 0, \ \int_{A_i} m(a_i) da_i = 1.$$

完全混合戦略とは全ての行動に正の確率を置く混合戦略である. 従って, $m > 0$ である.

あるゲームに対して混合戦略まで許容したものをそのゲームの**混合拡大**と言う.

純粋戦略がプレイヤーにどの行動を取るべきかを告げるルールであるのに対して, 混合戦略は行動を選ぶ際にどのさいころを選ぶべきかを告げるルールである. ある混合戦略を採用するということは, ある状況においていくつかの異なった行動からどれかを選ぶことであり, 本人にとって思いがけず有益となる行動を選ぶことになるかもしれない. 混合戦略は頻繁に起こる. アメリカン・フットボールゲームでは, 攻撃チームはパスするか走るかの決定をしなければならない. パスは一般により多くの陣地を獲得することになるが, 重要なことは相手チームが予想しない行動を取ることである. チームはその時間の一部では走り, 一部ではパスすることを選ぶ. これは観客にはランダムに見えるが, ゲームの理論家にとっては合理的である.

福祉ゲーム

福祉ゲームモデルは職探しをするが職が見つからない貧困者にだけ援助しようとしている政府と, 政府に頼ることができないときのみ職探しをする貧困者とのゲームである.

表3.1はこの状況を示す利得表である. 貧困者は"職探しをする"か, "怠ける"かで, 怠けるとは職探しをしないことである. 政府は職探しをする貧困

表3.1 福祉ゲーム

		貧困者	
		職探しをする(γ_w)	怠ける($1-\gamma_w$)
政府	援助する(θ_a)	3, 2 →	−1, 3
		↑	↓
	援助しない($1-\theta_a$)	−1, 1 ←	0, 0

利得：(政府，貧困者)．矢印はプレイヤーの利得が増加する方向を示す．

者の手助けをしたいが，そうでない人には援助したくない．このとき，どのプレイヤーも支配戦略を持たない．また，純粋戦略においてナッシュ均衡も存在しないことも容易にわかる．

ナッシュ均衡を調べるためにそれぞれの戦略プロファイルを検討してみよう．

1 (援助する，職探しをする) のプロファイルは，政府が援助するなら貧困者にとって怠ける方がよいのでナッシュ均衡ではない．
2 (援助する，怠ける) のプロファイルは，貧困者が怠けるなら政府は援助しない方が望ましいのでナッシュ均衡ではない．
3 (援助しない，怠ける) のプロファイルは，政府が援助しないなら貧困者は職探しを好むのでナッシュ均衡ではない．
4 (援助しない，職探しをする) のプロファイルは，貧困者が職探しをするなら政府は援助することを望み，プロファイル1に戻るのでナッシュ均衡ではない．

福祉ゲームには混合戦略ナッシュ均衡が存在し，計算できる．プレイヤーの利得は表3.1の利得の期待値になる．もし政府が確率 θ_a で援助を選び，貧困者が確率 γ_w で職探しをすれば，政府の期待利得は

$$\begin{aligned}\pi_{政府} &= \theta_a[3\gamma_w + (-1)(1-\gamma_w)] + [1-\theta_a][-1\gamma_w + 0(1-\gamma_w)], \\ &= \theta_a[3\gamma_w - 1 + \gamma_w] - \gamma_w + \theta_a\gamma_w, \\ &= \theta_a[5\gamma_w - 1] - \gamma_w. \end{aligned} \quad (3.1)$$

混合拡大では政府の行動 θ_a は0と1の間の連続区間にあり，純粋戦略なら

ば，θ_a は 0 か 1 の端点となる．通常の最大化問題の解法に従えば，選択変数で微分して 1 階条件を求めることになる．その手続きは必ずしも混合戦略均衡を見出すベストな方法ではない．ベストな方法は利得等値法と呼ばれ，次節で提示する．ここではしかし，混合戦略がどのように機能するのかを理解する手助けになるので最大化アプローチを使用する．政府の 1 階条件は

$$0 = \frac{d\pi_{政府}}{d\theta_a} = 5\gamma_w - 1 \quad \Rightarrow \quad \gamma_w = 0.2. \tag{3.2}$$

従って，混合戦略均衡において貧困者は自分の時間の 20％ は職探しすることを選ぶ．この求め方——貧困者の戦略を得るために政府の利得を微分したこと——は奇妙に見えるかもしれない．スタンダードな方法での最大化を使わなかったからである．問題はコーナー解を持つということである．貧困者の戦略に依存して，次の 3 つの戦略のうち 1 つが政府の利得を最大化する．(1) もし貧困者が職探しをしそうもなければ援助をしない（$\theta_a = 0$）．(2) 貧困者が職探しをする可能性が高ければ，文句なく援助する（$\theta_a = 1$）．(3) 貧困者の職を探そうとする確率が $\gamma_w = 0.2$ という境界線上にあり，従って，政府にとって無差別であれば援助は任意の確率とする．混合戦略均衡の存在を可能にするのは (3) の可能性である．これを見るために次の 3 つのステップを考えてみよう．

1 最適混合戦略が政府にとって存在することを私は断言する．
2 もし貧困者が自分の時間の 20％ 以上職探しすることを選ぶならば，政府は常に援助を選ぶ．もし貧困者が自分の時間の 20％ 未満で職探しすることを選ぶならば，政府は決して援助を選ばないであろう．
3 もしある混合戦略が政府にとって最適であるならば，貧困者は正確に自分の時間の 20％ を職探しに費やしているに違いない．

政府が援助を選ぶ確率を得るためには，貧困者の利得関数に目を向けなければならない．それは，

$$\begin{aligned}\pi_{貧困者} &= \gamma_w(2\theta_a + 1[1-\theta_a]) + (1-\gamma_w)(3\theta_a + [0][1-\theta_a]), \\ &= 2\gamma_w\theta_a + \gamma_w - \gamma_w\theta_a + 3\theta_a - 3\gamma_w\theta_a,\end{aligned}$$

$$= -\gamma_w(2\theta_a-1)+3\theta_a. \tag{3.3}$$

このときの1階条件は

$$\frac{d\pi_{貧困者}}{d\gamma_w} = -(2\theta_a-1) = 0, \Rightarrow \theta_a = 0.5. \tag{3.4}$$

もし貧困者が確率0.2で職探しすることを選ぶならば，政府が100％，0％，あるいは，その間のどの確率で援助を選ぶとしても，政府にとって無差別である．もしその戦略がナッシュ均衡を構成しているならば，そのとき，政府は確率0.5を選ぶに違いない．混合戦略ナッシュ均衡において，政府は確率0.5で援助を選び，貧困者は確率0.2で職探しすることを選ぶ．均衡成果としては利得表のどの欄も起こりうることになる．もっとも起こりうることは（援助しない，怠ける）と（援助する，怠ける）であり，その確率は0.4（=0.5[1-0.2]）である．

混合戦略の解釈

混合戦略均衡は純粋戦略均衡ほど直感的ではなく，多くのモデル設計者は，純粋戦略均衡があるゲームでは，純粋戦略に限定することを好む．混合戦略に対する異議の1つは，現実の世界では人々はランダムな行動を取らないということである．しかし，それは強い異議とは言えない．というのは，混合戦略を持つモデルがよい記述になっていると言うためには，たとえプレイヤー自身にはどの行動を取るかはっきりしていても，観察者にとって行動がランダムに見えさえすればよいからである．さらに，純粋にランダムな行動がないというわけでもない．国税局は税還付のための監査対象をランダムに選ぶし，電話会社はオペレーターのやりとりが丁寧であるかどうかを調べるためにランダムにモニターしている．混合戦略は実際に使われているのである．

より厄介な異議は混合戦略を選択するプレイヤーにとって，2つの純粋戦略は常に無差別であるということである．福祉ゲームでは政府がある混合戦略を持つとき，貧困者は彼の2つの純粋戦略と全ての混合戦略の間で無差別である．もし貧困者が特定の混合戦略$\gamma_w=0.2$に従わないと決定するならば，政府はそれに応じて戦略を変えるので，均衡は崩壊するであろう．貧困者がほん

のわずかでも確率を変えたら——もし政府がそれに反応しなければ貧困者の利得は変わらないであろうが——均衡は完全に崩壊する．政府は実際には反応するからである．混合戦略のナッシュ均衡はビスマルク海の戦いゲームにおける（北，北）均衡と同様の意味で弱い．なぜなら，均衡を維持するために戦略の間で無差別な状態にあるプレイヤーは戦略集合から特定の戦略を選択しなければならないからである．

　福祉ゲームを解釈し直す1つの方法は，1人の貧困者に代わって同一嗜好，同一の利得関数を持ち，政府によって同じように取り扱われねばならない多数の貧困者がいると想定することである．混合戦略均衡では，各貧困者はちょうど1人の貧困者のゲームのように確率0.2で職探しを選ぶ．しかし多数の貧困者のゲームでは純粋戦略均衡がある．それは，貧困者の20％が職探し戦略を選び，80％が怠ける方を選ぶというものである．この場合，問題なのは，純粋戦略間で無差別な個々の貧困者がその戦略をどうやって選ぶかということである．これについては，モデルには記述されていない貧困者の個人的特性によって，誰がどの行動を選ぶかが決定されると考えればよいかもしれない．

　このように混合戦略を純粋戦略として解釈するために必要なプレイヤーの数は，1人のプレイヤーの一部分などは考えられないから，均衡確率 γ_w に依存する．例えば，福祉ゲームではそのプレイヤーの数は，均衡確率が1/5の倍数だから，5の倍数にならねばならない．しかしモデルのパラメータをどのように変えても適切に解釈されるためには，プレイヤーの連続体を考える必要があろう．

　1人の貧困者のゲームにおいてさえ当てはまる，もう1つの混合戦略の解釈は，貧困者がある人口の分布から選ばれており，そのことを政府は知らないとすることである．政府はただ（0.2, 0.8）の割合で貧困者の2つのタイプがあることを知っているとする．この割合は，政府が $\theta_a = 0.5$ を選ぶときには，職探しを選ぶタイプと怠けることを選ぶタイプとの比である．そのとき，その人口からランダムに選ばれた貧困者はいずれかのタイプである．Harsanyi (1973) はこの状況について注意深い解釈を与えている．

混合戦略は支配されない純粋戦略を支配できる

　混合戦略の計算方法について議論を続ける前に，プレイヤーがゲームで使用

表 3.2 混合戦略により支配される純粋戦略

		コラム	
		北	南
	北	0, 0	4, -9
ロウ	南	4, -6	0, 0
	防御	1, 1	1, -1

利得：(ロウ，コラム)．

するかもしれない合理的な戦略を簡単化する際，混合戦略がどのように使われるかを示すのに少し時間をとることは意味がある．1章は，ナッシュ均衡の代わりとして，支配される戦略と反復支配性の考えを使用することについて議論をした．しかし混合戦略の可能性は無視していた．これは意味のある無視である．というのはあるゲームにおけるある純粋戦略が，他の純粋戦略のどれからも支配されないとしても，ある混合戦略によって強く支配されるかもしれないからである．表3.2の例がそれを示している．

表3.2のゼロ和ゲームでは，ロウの軍は北に向けて攻撃するか，南に向けて攻撃するか，あるいは防御できるものとする．コラムは北で守るか南で守るかの反応ができる．もしロウがコラムを攻撃し，コラムが違った方向で防御したなら，ロウの利得は4であり，同じ方向で防御したなら，ロウの利得は0となる．コラムが何をしようとロウは防御によって1の利得を得る．

こうして，ロウは防御を選べば利得1を確実に得ることができ，北も南も支配できない．しかし，彼が確率0.5で北を選び，確率0.5で南を選ぶとしよう．このときコラムが確率Nで北を選ぶなら，ロウにとってはその混合戦略によって得られる期待利得は

$$0.5(N)(0) + 0.5(1-N)(4) + 0.5(N)(4) + 0.5(1-N)(0) = 2 \qquad (3.5)$$

となり，コラムがどんな反応をしようとも，ロウの混合戦略からの期待利得は防御からの利得1より大きくなる．すなわち，ロウにとって防衛は（0.5北，0.5南）によって強く支配される．

もしロウが危険回避的であればどうだろうかと諸君は問うかもしれない．そのとき，防御をすることにより得られる確実な利得1を好まないであろうか．

答えはノーである．利得は貨幣や効用のインプットの単位でなく効用単位で特定化される．表 3.2 において，ロウの利得 0 は領地がなくなることを意味し，1 は領地 100 平方マイルを意味し，4 は領地 800 平方マイルを意味しているかもしれない．そうすると領土獲得の限界利得は減少する．混合戦略を使うとき，効用と効用のインプットとの違いをたえず気にすることは特に重要である．

こうして危険回避の程度に関係なく，ある混合戦略によって支配される純粋戦略の一意なナッシュ均衡において，ロウとコラムは確率 $N = 0.5$ で北を選び，確率 0.5 で南を選ぶであろう．これは唯一の均衡である．というのはどんな他の選択も他のプレイヤーは維持できない方向に逸脱する原因となるからである．

3.2 利得等値法とタイミングゲーム

次のゲームは，たとえ純粋戦略均衡が存在するとしても，混合戦略均衡がベストである理由を示している．弱虫ゲームではプレイヤーはスミスとジョーンズというマリブ（カリフォルニア州のサーフィンの名所 - 訳者注）の 2 人の若者である．スミスは 1 号線の中央を改造車で南に走っており，ジョーンズは北に走っているものとする．彼らは互いに接近してきたとき，そのまま進むか，あるいは横に避けるかの選択ができる．もし一方だけが避ければ彼はメンツを失い，両方とも避けなければ両方とも死んでしまい，最悪の事態となる．また，一方だけが進んでいけば彼は讃美され，両方とも避けてしまえばともにバツの悪い結果になる（避けるは慣習的に右に避けるを意味すると仮定する．もし，一方が右に避けて，他方が左に避ければ，結果は死に至り，また，メンツも失う）．表 3.3 はこれらの 4 つの結果に数字を入れたものである．

この弱虫ゲームでは 2 つの純粋戦略ナッシュ均衡（避ける，進む），（進む，避ける）があるが，それは非対称性という欠点を持っている．どちらの均衡が生じるかをどうやってそれぞれのプレイヤーは知るのであろうか．たとえ彼らがこのゲームの前に戦略について話し合うことができても，結果の非対称性のもとでどうやって結論が出るだろうか．両性の闘いにおいても均衡を選択する際に同様なジレンマに陥った．弱虫ゲームでもっともよい予測は，おそらく混

表3.3 弱虫ゲーム

		ジョーンズ	
		進む(θ)	避ける($1-\theta$)
スミス	進む(θ)	−3, −3　→	2, 0
		↓	↑
	避ける($1-\theta$)	0, 2　←	1, 1

利得：(スミス, ジョーンズ). 矢印はプレイヤーの利得が増加する方向を示している.

合戦略均衡である．なぜならその対称性はその均衡を一種の焦点とし，プレイヤー間になんの差異も要求しないからである．

弱虫ゲームでの混合確率を計算するためにここで使用する**利得等値法**は3.1節で行われた方法であるが，最大化の計算を使わない．利得等値法の基礎は**プレイヤーが均衡で混合戦略を使う場合は，混合戦略で使われるそれぞれの純粋戦略から同じ利得を得なければならない**ということである．もし彼の混合した戦略の1つがより高い利得を持つならば，混合化に代わってその戦略を使って逸脱すべきである．またもし，その1つがより低い利得を持つならば，彼は混合化からその戦略を外して逸脱すべきであろう．

弱虫ゲームではそれゆえ，避けると進むの純粋戦略におけるスミスの利得を等しくしなければならない．弱虫ゲームは福祉ゲームと異なり対称的であるから，均衡では各プレイヤーが同じ混合確率を選ぶであろう．そのとき，ジョーンズのそれぞれの純粋戦略の各々からの利得は混合戦略において等しくなるに違いないから，

$$\begin{aligned}\pi_{\text{ジョーンズ}}(\text{避ける}) &= (\theta_{\text{スミス}}) \cdot (0) + (1-\theta_{\text{スミス}}) \cdot (1) \\ &= (\theta_{\text{スミス}}) \cdot (-3) + (1-\theta_{\text{スミス}}) \cdot (2) \\ &= \pi_{\text{ジョーンズ}}(\text{進む}).\end{aligned} \quad (3.6)$$

が成り立つ．

(3.6)から$1-\theta_{\text{スミス}} = 2-5\theta_{\text{スミス}}$，従って，$\theta_{\text{スミス}} = 0.25$となる．均衡戦略では両プレイヤーとも同じ確率を選ぶので$\theta_{\text{スミス}}$をθと書き換えよう．彼らの母親達にとっての最大関心事である2人の若者の生き残る確率は$1-(\theta \cdot \theta) = 0.9375$となる．

利得等値法は，モデル設計者がどの戦略が混合されるかを知っているならば微分法より取り扱いやすい．それはまた非対称ゲームにおいても使われるであろう．福祉ゲームではそれは V_g(援助する) $= V_g$(援助しない) と V_p(怠ける) $= V_p$(職探しをする) の2つの式で始まるであろう．これらは未知数 θ_a と γ_w とに関する式となる．これを解けば，先に求めたものと同じ混合確率を得ることができる．利得等値法と最大化微分法が同じ結果をもたらすのは，期待利得が可能な利得に対して線形であるからであり，そのため期待利得を微分すればその可能な利得が等しくなるのである．対称ゲームと異なる唯一の点は，両プレイヤーが使う1つの混合確率に1つの式があったのに対して，今度の場合は，2つの異なった混合確率に2つの式を解く点である．

表3.3の北西の隅の利得の -3 を x と一般化するとどうなるか検討することは面白い．その場合式 (3.6) について解くと，

$$\theta = \frac{1}{1-x} \tag{3.7}$$

が得られる．もし $x = -3$ ならこれから $\theta = 0.25$ が得られ，先ほど求めた値と一致する．もし $x = -9$ なら $\theta = 0.10$ となり，これは納得できる．衝突からの損失が大きくなると道路の真ん中を突き進み続ける均衡確率が減少することになるからである．もし $x = 0.5$ ならどうであろうか？ この場合，突き進み続ける均衡確率は $\theta = 2$ となるが，これは不可能である．確率は0と1の間にあるはずだからである．

計算の結果，混合確率が1より大きくなったりあるいは0より小さくなったとき，それはモデル設計者が計算間違いしたか，あるいは（いまはこの場合であるが），このゲームが混合戦略均衡を持っていると誤って考えたかいずれかである．もし $x = 0.5$ なら，依然混合確率を解くことはできるが，唯一の均衡は実際には純粋戦略（進む，進む）である（この場合，ゲームは囚人のジレンマとなっている）．1より大きな確率や0より小さな確率という馬鹿らしい結果はミスしやすいモデル設計者にとっては貴重な助けである．というのはそのような結果は均衡の定性的な性質に関して彼がミスをしていることを意味し，それが混合戦略ではなく純粋戦略であることを示しているからである．つまり，もしモデル設計者が均衡が混合戦略かどうか自信がなければ，この接近法

を使って均衡が混合戦略でないことを証明することができるのである．

消耗戦ゲーム

ドライクリーニング店ゲームで本書は始まり，同時手番や逐次手番のゲームを検討してきた．しかし，プレイヤーが手番を繰り返し選択する時間の流れをモデル化するのが自然な状況がある．消耗戦ゲームは弱虫ゲームを時間的に延ばしたようなものである．そこでは，両プレイヤーとも進むで始まって，どちらかが最初に退出をとったらそこでゲームは終了する．ゲームが終わるまで各プレイヤーに各期のコストが発生し，もし一方が退出すれば，そのプレイヤーの利得は0となり，残った方はある利得を得る．

離散時間を持った消耗戦ゲームを考えてみよう．スミスとジョーンズのゲームを続けよう．彼らは大人になるまで生き延びており，いまやもっと高価なおもちゃで遊ぶとする．彼らは自然独占の産業においてそれぞれ企業を所有しているとしよう．そして，需要は少なく，彼らの一方だけが操業する場合のみ利潤を上げることができるとしよう．この場合，可能な行動は市場から退出するか残るかである．両方とも残ればともに利潤は－1となる．一方の企業が退出すれば，その企業は利潤0となるが，残った企業はその市場の独占利潤3を得る．また，割引率$r>0$を導入しよう．ただし，これは，たとえゲームの期間が無限になったとしてもこのモデルにとって必ずしも本質的ではない（割引率については，4.3節で詳しく述べる）．

この消耗戦ゲームは連続的ナッシュ均衡を持つ．1つの簡単な均衡はスミスが（ジョーンズが何をしようと残る）を選択し，ジョーンズがただちに退出を選ぶというもので，これらは互いに最適反応になっている．しかし，我々は同じ混合戦略を選ぶ対称的な均衡を求めよう．相手がまだ退出しないときに退出を選ぶ確率をθとしよう．

スミスから見てθの値を求めてみよう．残る場合の彼の期待割引利得を$V_{残る}$とし，ただちに退出する場合は$V_{退出}$で表そう．この2つの純粋戦略利得は混合戦略均衡では等しくなるはずである（これは利得等値法の基礎であった）．もしスミスが退出すれば彼は$V_{退出}=0$を得る．彼が残れば，その利得はジョーンズがどうするかに依存するであろう．ジョーンズも残れば（それは確率$1-\theta$である），スミスは－1の利得を得，以下の期間でのrで割り引かれた

期待値は変わらないであろう．もしジョーンズがただちに退出すれば（その確率は θ である），スミスは3の利得を得る．すなわち，

$$V_{残る} = \theta \cdot (3) + (1-\theta)\left(-1 + \frac{V_{残る}}{1+r}\right), \tag{3.8}$$

である．簡単な計算によって，これは

$$V_{残る} = \frac{1+r}{r+\theta}(4\theta - 1) \tag{3.9}$$

となる．$V_{残る}$ を $V_{退出}$ に等しくすれば (3.9) から均衡では $\theta = 0.25$ が得られる．この値は割引率 r に独立である．

　計算手続きからその背後の考えに戻ろう．スミスは自分が十分長く待てばジョーンズが先に退出するであろうという条件で，なぜある正の確率でただちに退出するのであろうか．それはジョーンズが長い期間残るとしたら，彼が退出するまで両プレイヤーとも毎期1の損失を受けることになるであろうからである．これらの損失によって残ることから得られる利得がなくなってしまうほど十分長い間両プレイヤーが残ることがあるように，均衡混合確率が計算されるのである．消耗戦に関する論文には Fudenberg & Tirole (1985), Ghemawat & Nalebuff (1985), Maynard Smith (1974), Nalebuff (1985), Maynard Smith (1974), Nalebuff & Riley (1985), Riley (1980) がある．これらの全ては"レントシーキング"の厚生損失の例である．Posner (1975) と Tullock (1967) が指摘したように，レントの獲得に対する実質的費用は資源配分の歪みからくる2次的な三角形の損失よりもっと大きくなりうる．たしかに，自然独占による大きな損失はより高い価格から生じる取引の減少でなく，独占になるための戦いにおける費用であるかもしれないことを消耗戦は示している．

　古い財に対する地理的に新しい市場であれ新しい財に対する市場であれ，市場が開き，特にそれがネットワーク外部性の状況のように自然独占にあるように見えるとき，市場で消耗戦が起こりうる．McAfee (2002, p. 76, 364) は英国衛星テレビ市場でのスカイテレビジョンと英国衛星放送，インターネット書籍市場でのアマゾンとバーンズ&ノーブル，ハンドヘルド・コンピューター市場でのウィンドウズ CE とパームでの争いを例に引いた．消耗戦はまた衰退産業

表3.4　ドルをつかめゲーム

		ジョーンズ		
		つかむ		つかまない
スミス	つかむ	$-1, -1$	$\rightarrow$	$1, 0$
		$\downarrow$		$\uparrow$
	つかまない	$0, 1$	$\leftarrow$	$0, 0$

利得：(スミス，ジョーンズ). 矢印はプレイヤーの利得が増加する方向を示している．

でも起こりうる．それはどの企業が最後まで残りうるかのコンテストと見なすことができる．例えば，米国ではロケットをつくる企業は 1990 年に 6 社あったが，2002 年には 2 社に減少した（McAfee [2002, p. 104]）．

　消耗戦ではゲームを終了させる手番を選ばなかったプレイヤーが報酬を得る．コストは両プレイヤーがゲームを終了させることを拒否する期間ごとにそれぞれ負担しなければならない．他にもいろんな**タイミングゲーム**が存在する．消耗戦とは逆に**先取りゲーム**がある．そこでは報酬はゲームを終了させる手番を選んだプレイヤーが得る．そして両者がその手番を選んだらそれぞれコストを負担し，どちらのプレイヤーもその手番を選ばなかったらその期には負担しない．**ドルをつかめ**ゲームはその例である．スミスとジョーンズの間のテーブルに 1 ドルが置かれている．両者はそれをつかむかどうかを決めなければならない．もし両者がつかめば，両者とも 1 ドルの罰金が科せられる．これは 1 期間ゲーム，T 期間ゲームあるいは無限期間ゲームとして設定できるが，ゲームは誰かがそのドルをつかめば確実に終了する．表 3.4 がその利得を示している．

　消耗戦と同様にドルをつかめゲームは純粋戦略では非対称均衡を持ち，混合戦略で対称均衡を持つ．その無限期間ゲームではドルをつかむ均衡確率は対称均衡で期間ごとに 0.5 である．

　さらに別のタイミングゲームとしては決闘ゲームがある．そこでは連続時間においてプレイヤーがある特定の場所に位置し，行動は離散的に発生する．銃を持った 2 人のプレイヤーが互いに近付き，いつ発砲するかを決めなければならない．**ノイジーな決闘**では，もし 1 人のプレイヤーが発砲してはずれたら，相手はそれを観察したうえで都合のよいときに殺すことができる．**静かな決闘**

では相手が発砲したことに気付かない．このとき均衡は混合戦略となる．Karlin（1959）はいろんな決闘ゲームを詳細に取り上げており，Fudenberg & Tirole（1991a）の4章はタイミングゲーム一般について優れた考察を行っている．また3方向以上にプレイヤー達がいる闘いで，誰が最初に発砲するかというかなり異なった問題についてはShubik（1954）を見よ．

　ここで，連続的な混合戦略確率分布——これまでの単一の値ではなくて——の導き方を見るためにもう1つのタイミングゲームを取り上げよう．このゲームを示すには，新しい表示形式が有益であろう．ゲームが連続的な戦略集合を持つならば，表を使った利得あるいはツリーを使った展開形で表すことは難しいであろう．場合によっては不可能と言ってもよい．これまで使った表では行と列の連続体が必要とされるし，ツリーでは枝の連続体が必要になる．プレイヤー，行動，利得に関するゲームのある新しい表示形式が本書の残りの部分で使用されるであろう．その新しい形式は1.1節でドライクリーニング店ゲームのルールが表された仕方に似ている．

　その形式はまずゲームにタイトルを割り当て，次にプレイヤーを数え上げ，プレイの順序（誰が何を見たかとともに）を示し，最後に利得関数を示すものである．プレイヤーを数え上げることはプレイの順序から導かれるので厳密に言うと不要であるが，どのようなモデルが始まるのか読者に知らせるためには有益である．この形式では説明がほとんどされていない．記述を曖昧にしないように説明は後で述べられる．この書き方は文献では標準的というわけではないが，優れた論文では，ここでの形式と同じ情報をそれほど秩序立っていない仕方で特定化してから技術的な話を始めている．しかし，初心者にはできるだけ多くの秩序立った形式を使うことを強く薦めたい．

　新規市場でのパテントレースゲームは，利得関数が不連続なので純粋戦略ナッシュ均衡を持たない．x_bとx_cの固定された値に対して図3.1に示されているように，研究のわずかな差が利得の大きな差を生じうる．従って，図3.1に示された研究水準は均衡値ではない．もしアペックスがVより少ない研究水準x_aを選べば，ブライドックスが$x_a + \varepsilon$で応じパテントを得ることができる．もしアペックスが$x_a = V$を選べば，ブライドックスとセントラルは$x_b = 0$と$x_c = 0$で応じ，結局，アペックスは$x_a = \varepsilon$に変更することになるであろう．

　1つの対称的混合戦略均衡がある．企業iがx以下の研究レベルを選ぶ確率

新規市場でのパテントレース

プレイヤー
3つの同種企業，アペックス，ブライドックス，セントラル．

プレイの順序
各企業は同時に研究支出 $x_i \geq 0$ ($i = a, b, c$) を選択する．

利得
企業は危険中立的で割引率はゼロである．イノベーションは $T(x_i)$ 回起こり，$T' < 0$ である．パテントの価値は V であり，もし複数のプレイヤーが同時にイノベーションしたら彼はその価値をシェアする．他の2企業 j, k に対する企業 $i = a, b, c$ の利得は次のようになる．

$$\pi_i = \begin{cases} V - x_i & (T(x_i) < Min\{T(x_j), T(x_k)\} \text{ のとき}), \\ & (\text{企業 } i \text{ がパテントを得る}) \\ V/2 - x_i & (T(x_i) = Min\{T(x_j), T(x_k)\} \\ & \qquad < Max\{T(x_j), T(x_k)\} \text{ のとき}), \\ & (\text{企業 } i \text{ は他の1企業とパテントをシェアする}) \\ V/3 - x_i & (T(x_i) = T(x_j) = T(x_k) \text{ のとき}), \\ & (\text{企業 } i \text{ は他の2企業とパテントをシェアする}) \\ -x_i & (T(x_i) > Min\{T(x_j), T(x_k)\} \text{ のとき}), \\ & (\text{企業 } i \text{ はパテントを得ない}) \end{cases}$$

を $M_i(x)$ としよう．この関数は企業の混合戦略である．混合戦略均衡ではプレイヤーは自分が混合化している全ての純粋戦略の間で無差別である（これは3.2節の利得等値法の基礎である）．純粋戦略 $x_a = 0$ と $x_a = V$ はゼロ利得をもたらすので，アペックスがサポート $[0, V]$ 上で混合化すればその期待利得はゼロとなるであろう．純粋戦略 x_a の期待利得は勝利の期待価値から研究費を差し引いたものである．ここで x は確定値，X は確率変数を表すものとしよう．すなわち，

$$\pi_a(x_a) = V \cdot Pr(x_a \geq X_b, x_a \geq X_c) - x_a = \pi_a(x_a = 0), \tag{3.10}$$

これは次のように書き換えられる．

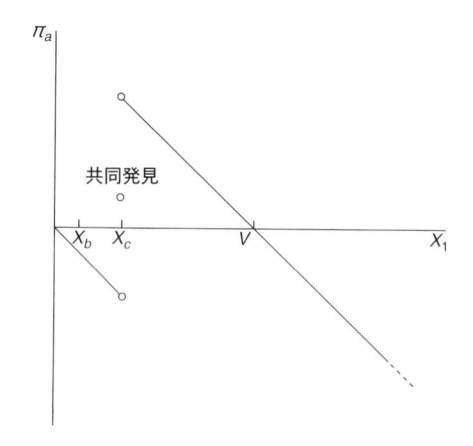

図3.1 新規市場でのパテントレースにおける利得

$$V \cdot Pr(X_b \leqq x_a) Pr(X_c \leqq x_a) - x_a = 0, \tag{3.11}$$

あるいは

$$V \cdot M_b(x_a) M_c(x_a) - x_a = 0. \tag{3.12}$$

これから,

$$M_b(x_a) M_c(x_a) = \frac{x_a}{V}. \tag{3.13}$$

もし3つの企業が全て同じ混合分布 M を選べば,

$$M(x) = \left(\frac{x}{V}\right)^{1/2} \quad (0 \leqq x \leqq V に対して). \tag{3.14}$$

パテントレースに対して特筆すべきことは, 純粋戦略均衡が存在しないことではなく, 研究支出の過大さにある. パテント価値 V がレースにおいて完全に消えてしまうので, 全てのプレイヤーの期待利得はゼロとなる. ブレヒトの『三文オペラ』(第3幕7場) にあるように "幸せを追っかけろ, でも追っかけ過ぎるな. 幸せが後になる". 確かに独占の場合に比べてより早くイノベーションはなされるが, 社会的観点から見ると, イノベーションを急ぐことはそ

の費用を回収しないことになる．この結果はたとえ割引率が正である場合でも成り立つであろう．Rogerson (1982) は新規市場でのパテントレースに非常によく似たゲームを使って政府独占のフランチャイズ競争を分析している．これがオールペイオークションの例であること，また，このような対立をモデル化するときオークション理論の技術とその成果が大変役に立つことを 13 章で見るであろう．

相 関 戦 略

消耗戦の 1 例は新規の証券のための市場を考えることである．それは 8.5 節で述べられる理由で自然独占になっているかもしれない．いくつかの株式取引所は，フットボールのドラフト制に似たシステムで，新規上場されたストックオプションをどこが取引するかをくじを使って決めることにより，破滅的な対称均衡を避けようとしている[1]．争って資源を浪費するより，たとえ拘束的協定でなくてもくじ引きを使って協調のための工夫をしているのである．

Aumann (1974, 1987) は，プレイヤーがその混合戦略のために同じランダム化の工夫をすることができるかどうかが重要であると指摘した．もしできるならば，その結果生じる戦略を**相関戦略**と呼ぶ．弱虫ゲームを考えてみよう．唯一の混合戦略均衡は対称的で，各プレイヤーは確率 0.25 で進むを選び，その期待利得は 0.75 である．この場合の相関均衡は，2 人のプレイヤーが 1 枚の銅貨を投げ，表が出ればスミスが進むを選び，裏になったらジョーンズが進むを選び，トスに失敗したら恥ずべきことだが避けるを選ぶというものである．このとき，各プレイヤーの戦略はそれぞれに対する最適反応であり，各々が進むを選ぶ確率は 0.5 で，それぞれの期待利得は 1.0 となる．これは相関戦略がないときに獲得できる 0.75 よりよくなっている．

通常，モデルが相関戦略を扱うときランダム化の工夫は明示的にモデル化されていない．選好，賦存量，あるいは生産に影響しない変数の不確実性は**非本質的不確実性**と言われる．非本質的不確実性の存在は**太陽黒点モデル**が考案された背景である．黒点のランダムな出現は相関均衡（Maskin & Tirole [1987]）

---

[1] "ビッグボードは 4 つの IT 関連の上場株式においてオプショントレードを始めるであろう"（『ウォールストリートジャーナル』, 1985 年 10 月 4 日, p. 15).

あるいはプレイヤー間の賭け（Cass & Shell [1983]）を通してマクロ経済的変化の原因となるかもしれない．

相関戦略をモデル化する仕方の1つは，進むというような行動に最初にコミットする能力を自然が等確率で各プレイヤーに与える手番を特定化することである．そうすることによって，誰が参入できるラッキーな人になるかは誰もあらかじめ知らず，両プレイヤーが全く同時にその産業に入る確率はゼロとなるので，現実的と言える．どのプレイヤーも先験的には有利ではないが，成果は効率的である．

混合戦略の集団論的解釈は相関戦略に対しては使えない．通常の混合戦略では，混合確率は統計的に独立であるが，相関戦略ではそうならない．弱虫ゲームでは，通常の混合戦略はスミスとジョーンズからなる集団として，すなわち，ただ避けるだけの人とただ進むだけの人とがある構成比からなる集団として解釈される．しかし相関戦略はそうした解釈ができない．

両性の闘いのように協調問題を持つゲームで有益なもう1つの工夫は，**チープトーク**（cheap talk）（Crawford & Sobel [1982]，Farrell [1987]）である．チープトークはゲームが始まる前に交わすたわいない会話のことである．ランクのある協調ゲームにおいては，チープトークはただちにプレイヤーが望ましい成果を焦点にすることを可能にする．弱虫ゲームでは各プレイヤーにとって自分は進むを選ぶつもりだと言うことが支配戦略であるから，チープトークは無駄である．しかし，両性の闘いにおいては，協調と対立は関連している．会話がなければ，唯一の対称的均衡は混合戦略である．もし両プレイヤーとも，とりとめのない会話をすればある混合戦略による非効率的な結果が生じることを知っていれば，彼らは自分はバレエに行くとか格闘技に行くとかの宣言を混合化することを望むであろう．最終決定までに多くの宣言の期間があれば，合意に達成する可能性は高い．こうして会話は2人のプレイヤーが対立しているとしても非効率性を軽減するのに役立つであろう．

*3.3 一般的パラメータと N 人プレイヤーを持つ混合戦略：市民義務ゲーム

混合戦略均衡を持つ多くの特定のゲームを取り上げてきたので，今度は表

表3.5　一般的 2×2 ゲーム

		コラム	
		左 (θ)	右 ($1-\theta$)
ロウ	上 (γ)	a, w	b, x
	下 ($1-\gamma$)	c, y	d, z

利得：(ロウ，コラム)．

3.5の一般的ゲームにその方法を適用しよう．

　そのゲームの均衡を見つけるために，純粋戦略からの利得を等しくする．ロウにとっては次の2つである．

$$\pi_{ロウ}(上) = \theta a + (1-\theta)b \tag{3.15}$$

$$\pi_{ロウ}(下) = \theta c + (1-\theta)d. \tag{3.16}$$

これらを等値すると

$$\theta(a+d-b-c)+b-d=0 \tag{3.17}$$

となり，

$$\theta^* = \frac{d-b}{(d-b)+(a-c)} \tag{3.18}$$

が得られる．同様にコラムに対しても，その利得を等値すると

$$\pi_{コラム}(左) = \gamma w + (1-\gamma)y = \pi_{コラム}(右) = \gamma x + (1-\gamma)z \tag{3.19}$$

となり，

$$\gamma^* = \frac{z-y}{(z-y)+(w-x)} \tag{3.20}$$

が得られる．

　(3.18) と (3.20) で表される均衡は混合戦略の特徴をよく示している．

　第1に，たとえ混合戦略均衡が実際存在しなくても，混合戦略を見つけるた

めの利得等値法に従うことは間違っているが，可能である．例えば，下はロウにとって厳密に支配戦略であるとしよう．それで $c>a$, $d>b$ とする．このときロウは混合化を望まないので均衡は混合戦略ではない．式(3.18)はその場合 $\theta^*>1$ あるいは $\theta^*<0$ を意味するので，ぼんやりしていれば長い間間違った状態でいることになるが，その式は誤りである．

第2に，混合戦略での均衡の正確な特徴は利得の基数的値に強く依存しており，他の2×2ゲームにおける純粋戦略均衡のようにその序数的値に依存するものではない．序数的順序は均衡が混合戦略において存在していることを知るうえで必要とされるものの全てであるが，基数的順序は正確な混合確率を知るために必要とされるのである．もし囚人のジレンマにおいて（自白，自白）からのコラムの利得がわずかに変化しても，その均衡にとってなんの違いもない．もし一般的2×2ゲームで（下，上）からのコラムの利得である z がわずかに増加すれば，(3.20)から混合戦略 γ^* がまた変化すると言える．

第3に，たとえ基数的利得は重要としても，ゲームを本質的に変化させることなしに，アフィン変換によって利得を変化させることができる（単調だが非アフィン変換の場合は違いが生じると言うことができる）．表3.5で各利得 π を $\alpha+\beta\pi$ に変換しよう．(3.20)は

$$\gamma^* = \frac{\alpha+\beta z - \alpha - \beta y}{(\alpha+\beta y - \alpha - \beta y)+(\alpha+\beta w - \alpha - \beta x)}$$

$$= \frac{z-y}{(z-y)+(w-x)} \qquad (3.21)$$

となる．こうしてアフィン変換は均衡戦略を変化させない．

第4に，福祉ゲームとの関連で以前触れたように，各プレイヤーの混合確率は他のプレイヤーの利得パラメータにのみ依存する．(3.20)におけるロウの戦略 γ^* はパラメータ w, x, y, z に依存し，それらはコラムにとっての利得パラメータであるが，ロウにとって直接重要なものではない．

混合戦略ゲームのカテゴリー

混合戦略均衡が重要である2×2ゲームの3つの主要なカテゴリーを示すために，表3.6では表3.5のプレイヤーと行動を使用しているとしよう．例え

表3.6 混合戦略均衡を持つ2×2ゲーム

$a, w \to b, x$	$a, w \leftarrow b, x$	$a, w \leftarrow b, x$	$a, w \to b, x$
$\uparrow \quad \downarrow$	$\downarrow \quad \uparrow$	$\uparrow \quad \downarrow$	$\downarrow \quad \uparrow$
$c, y \leftarrow d, z$	$c, y \to d, z$	$c, y \to d, z$	$c, y \leftarrow d, z$

　　　非協調ゲーム　　　　　　　　　協調ゲーム　　　貢献ゲーム

利得：（ロウ，コラム）．矢印はプレイヤーの効用を増加させる方向を示す．

ば，8個の全ての利得がゼロとなるスイスチーズゲームのような極端な利得を持つゲームはこれらのカテゴリーには入らないが，表3.6の3つのゲームは大変多様な経済現象を含んでいる．

非協調ゲームは混合戦略で唯一の均衡を持つ．(1) $a>c,\ d>b,\ x>w$，あるいは(2) $c>a,\ b>d,\ w>x,\ z>y$ となる利得である．福祉ゲームは非協調ゲームであり，次の節の監査ゲームⅠや問題3.3の銅貨合わせゲームもそうである．

協調ゲームは3つの均衡を持つ：2つの純粋戦略での対称均衡と1つの混合戦略での対称均衡である．$a>c,\ d>b,\ w>x,\ z>y$ を満たす利得である．ランクのある協調ゲームや両性の闘いは，プレイヤーが純粋戦略均衡で同じランキングと反対のランキングを持つ協調ゲームの2つのタイプである．

貢献ゲームは3つの均衡を持つ．2つの純粋戦略での非対称均衡と，1つの混合戦略での対称均衡である．利得は $c>a,\ b>d,\ x>w,\ y>z$ を満たす場合，また，$c<b,\ y>x$ の場合，あるいは $c>b,\ y<x$ の場合である．

貢献ゲームという呼び名を付けてきたが，それは，この種のゲームが，2人のプレイヤーが公共財への貢献となるある行動を取る選択を持つが，そのコスト負担を相手にしてもらうことを望んでいる状況をモデル化するためにしばしば使われるからである．囚人のジレンマとの違いは，貢献ゲームでは各プレイヤーは必要なら自分で負担をするかもしれない点である．

貢献ゲームは両性の闘いとは全く違って見えるが，本質的には同じものである．両者とも2つの純粋戦略均衡を持ち，それらには両プレイヤーにとって反対のランクが付いている．数学的に言えば，貢献ゲームが南西と北東の隅で均衡を持っているのに対し，協調ゲームは北西と南東で均衡を持っているという

表3.7 市民義務ゲーム

```
                        ジョーンズ
                無視(γ)        通報(1-γ)
        無視(γ)   0, 0    →    10, 7
スミス                ↓           ↑
        通報(1-γ)  7, 10   ←    7, 7
```

利得：（スミス，ジョーンズ）．矢印はプレイヤーの効用が増加する方向を示している．

事実は重要ではない．均衡の位置はロウの戦略の順序を変えることによってでも変わりうる．しかし，プレイヤー達が均衡で同じ行動を取るか異なった行動を取るかに依存して，これらの実際の状況を別々に見るのである．

2人ゲームから N 人ゲームに拡張するためにある特別な貢献ゲームを見てみよう．社会心理学での悪名高い例はキティ・ゲノベスの殺人事件である．1964年ニューヨーク市で，大勢の隣人がいたにもかかわらず彼女は殺された．"30分以上もの間，クイーンズの38人の分別ある順法的な市民は，キューガーデンでの3回に及ぶ襲撃で，殺人犯が侵入して女性を刺し殺すのを目撃していた．2度にわたって人々のざわめきとベッドルームの明かりの突然の輝きが彼に犯行をためらわせ，一時退去をさせた．しかし，その度に彼は戻り，彼女を捜し出し，結局，刺殺した．この襲撃の間，誰も警察に電話をしなかった．彼女が死んだ後1人が電話した"（マーチン・ギャンベーグ，"殺人を目撃した38人は警察に通報しなかった"『ニューヨークタイムス』，1964年3月27日，1面）．私と同じ程度に非情な経済学者でもこの事件をゲームと呼ぶことはちょっとはばかられるとは思うが，ゲーム理論は起こったことを実際説明するのである．

我々のモデルのためにあまり恐くない話にしてみよう．表3.7の市民義務ゲームでスミスとジョーンズは強盗が起こった現場を見た．2人は誰かが警察に通報し，強盗をやめさせることを望んでいる．強盗をやめさせることは彼の利得を10増加させるからである．しかし，誰も自分で通報をすることを望まない．そのための努力が利得を3減らすからである．もしスミスはジョーンズが通報するであろうと思えば何も行動を取らない．表3.7がその利得を示している．

この市民義務ゲームは2つの非対称純粋戦略均衡と1つの対称混合戦略を持っている．混合戦略均衡を解くためにゲームを2人からN人に拡張しよう．N人ゲームでは，スミスの利得を，もし誰も呼ばなければ0で，自分が呼べば7であり，他の誰かが（$N-1$人の1人以上）が呼べば10とする．もし全てのプレイヤーが同一の無視する確率γをとれば，スミス以外の$N-1$人の人が無視する確率はγ^{N-1}となり，彼らのうちの1人以上が通報する確率は$(1-\gamma^{N-1})$である．こうして，均衡計算の利得等値法を使ってスミスの純粋戦略利得を等しくすれば，

$$\pi_{スミス}(通報)=7=\pi_{スミス}(無視)=\gamma^{N-1}(0)+(1-\gamma^{N-1})(10). \tag{3.22}$$

この式から

$$\gamma^{N-1}=0.3 \tag{3.23}$$

従って，

$$\gamma^*=0.3^{1/(N-1)} \tag{3.24}$$

となる．もし，$N=2$ならスミスは確率0.30で無視を選ぶ．Nが増加してもスミスの期待利得は7のままである．たとえ$N=2$であろうと$N=38$であろうと．というのは彼の期待利得は通報するという純粋戦略での利得に等しいからである．$N=38$ならばγ^*の値はおよそ0.97である．プレイヤーの数が増えるにつれて人々は他の誰かが通報することに一層依存してしまう．

誰も通報しない確率はγ^{*N}である．(3.23) は$\gamma^{*N-1}=0.3$であるから$\gamma^{*N}=0.3\gamma^*$が成り立つ．従って，γ^*がNとともに増加するのでγ^{*N}もやはりNとともに増加する．$N=2$なら誰も警察に通報しない確率は$\gamma^{*2}=0.09$である．38人のプレイヤーがいればその確率γ^{*38}はおよそ0.29である．犯罪を目撃する人が多ければ多いほど，警察に通報する可能性は減っていく．

囚人のジレンマと同様に，市民義務ゲームのがっかりするような結果は，実際の警察の役割について示唆を与える．混合戦略の成果は明らかに悪い．プレイヤー1人あたりの期待利得はプレイヤーの数が1人であろうと38人であろうと7人であろうと変わらないが，もし実行される均衡が，ただ1人だけが警

察に通報をする均衡であるならば平均利得は 1 人の場合に 7, 38 人の場合に 9.9 (= [1(7) + 37(10)]/38) と上昇する. このような状況は純粋戦略均衡を焦点とする何かを必要とする. 問題は責任を分割することにある. 誰か 1 人は警察に通報する責任を持たなければならない. それは慣習によってか (その場合, その一帯のもっとも年配の人が常に警察を呼ぶことになる), あるいは, 指示によってか (例えばスミスがジョーンズに "警察に通報を!" と叫ぶ) であるかもしれない.

*3.4 ランダム化は混合化とは限らない:監査ゲーム

次の 3 つのゲームは混合戦略とランダム行動の違い――微妙だが重要な違い――を示している. 全ての 3 つのゲームで国税庁は疑惑のある税申告をはっきりさせるために監査するかどうかを決めなければならない. 国税庁の目標は最小費用で脱税を防ぎ, また捕縛することにある. 容疑者は捕まらないのならごまかしを望むであろう. ごまかしを防ぐあるいは捕縛することの利益は 4 であるとしよう. また, 監査費用は C で $C < 4$ とする. 容疑者の費用は法を遵守すると 1 となり, 捕縛されたときの費用は罰金 $F > 1$ とする.

これらの情報を全て前提としても, 状況をモデル化する仕方はいくつかある. 表 3.8 はその 1 つの 2 × 2 同時手番ゲームを示している.

監査ゲーム I は非協調ゲームで唯一混合戦略均衡を持っている. (3.18) と (3.20) を等しくおくこと, すなわち, 利得等値法によって

$$Prob(ごまかし) = \theta^* = \frac{4-(4-C)}{(4-(4-C))+((4-C)-0)} = \frac{C}{4} \tag{3.25}$$

$$Prob(監査) = \gamma^* = \frac{-1-0}{(-1-0)+(-F-(-1))} = \frac{1}{F} \tag{3.26}$$

がわかり, 従って, 利得は

$$\pi_{国税庁}(監査) = \pi_{国税庁}(信頼) = \theta^*(0) + (1-\theta^*)(4)$$
$$= 4 - C \tag{3.27}$$

表 3.8 監査ゲーム I

		容疑者	
		ごまかし(θ)	遵守($1-\theta$)
国税庁	監査(γ)	$4-C, -F$ →	$4-C, -1$
		↑	↓
	信頼($1-\gamma$)	$0, 0$ ←	$4, -1$

利得：(国税庁，容疑者)．矢印はプレイヤーの効用が増加する方向を示している．

そして

$$\pi_{容疑者}(遵守) = \pi_{容疑者}(ごまかし) = \gamma^*(-F) + (1-\gamma^*)(0)$$
$$= -1 \tag{3.28}$$

となる．

　状況をモデル化する第 2 の仕方は逐次ゲームとすることである．これを監査ゲーム II と呼ぼう．同時手番ゲームは暗黙的に両プレイヤーが相手の意思決定を知らないで行動すると仮定している．逐次ゲームでは国税庁が監査政策をまず選択し，それに容疑者が反応する．監査ゲーム II での均衡は純粋戦略である．これは完全情報の逐次ゲームの一般的特徴である．均衡では国税庁は，容疑者が次に遵守するを選択することを予想して，監査を選択する．利得は国税庁に $4-C$，容疑者に -1 となる．ここでは監査は多くなり，ごまかしと罰金の支払いは少なくなるが，利得は監査ゲーム I と同じになる．

　さらに一歩進むことができる．国税庁は全ての容疑者を監査するか信頼するかという政策を採用する必要がなく，代わりに，ランダムサンプリングで監査することができる．これは必ずしも混合戦略ではない．監査ゲーム I では均衡戦略は全ての容疑者を確率 $1/F$ で監査することで，誰もに同じように適用された．これはあらかじめ国税庁が容疑者を確率 $1/F$ でランダムサンプリングするとアナウンスすることとは異なる．監査ゲーム III では国税庁が最初に動き，しかしその手番は税申告した人の中で監査される割合 α を選択することとする．

　国税庁はできれば $\alpha=1$ を選んで監査ゲーム II の結果を踏襲したいので，容

疑者がごまかすことを防ぎたいであろうことを我々は知っている．それで次のように α を選ぶであろう．

$$\pi_{容疑者}(遵守) \geqq \pi_{容疑者}(ごまかし) \tag{3.29}$$

すなわち，

$$-1 \geqq \alpha(-F) + (1-\alpha)(0) \tag{3.30}$$

それゆえ，均衡では国税庁は $\alpha = 1/F$ を選び，容疑者が遵守で応じる．国税庁の利得は $(4-\alpha C)$ であり，これは他の2つのゲームでの $(4-C)$ より望ましく，容疑者の利得は前とちょうど同じで-1である．

監査ゲームIIIの均衡は，たとえ国税庁の行動がランダムであっても，純粋戦略である．国税庁はたとえ容疑者が遵守を選ぶとしても，コストのかかる監査を先にしなければならないから，このゲームは監査ゲームIとは異なる．監査ゲームIIIはまた別の意味でも異なる．監査ゲームIと監査ゲームIIでは行動集合は{監査する，信用する}である．混合戦略が許されればその戦略集合は $\gamma \in [0, 1]$ とはなるが，監査ゲームIIIでは行動集合が $\alpha \in [0, 1]$ であり，戦略集合は行動集合の各成分に対する混合化を許すのである．もちろん，ゲームは逐次的であるので国税庁にとって混合戦略は無意味である．

混合戦略を持つゲームは，ある確率が0から1の間の連続体から選ばれるから，連続的に戦略を持つゲームのようなものである．監査ゲームIIIはまた，0と1の区間から取られた戦略を持つが，例えば70％の監査確率を選ぶ混合確率ではない．混合確率の1例としては，60％の監査確率を確率0.5で，80％の監査確率を確率0.5で選ぶ，などである．0.70の監査確率の純粋戦略と，60％の監査確率が0.5の確率で80％の監査確率が0.5の確率の混合戦略との間には，どちらも70％の監査確率となるが，大きな違いがある．すなわち，純粋戦略は，プレイヤーがたとえ純粋戦略同士で無差別でないときでさえ使われるかもしれない非可逆的選択であるが，混合戦略は，均衡で何をするかに関して無差別なプレイヤーの行った結果であることである．次の節では混合戦略と連続的戦略との違いを示す．混合戦略確率では，利得関数 (3.15) や (3.16) から明らかなように，利得は線形である．しかし連続的戦略では一般に非線形である．

私は主に混合戦略が何であり何でないかを示すために監査モデルを使った．しかし監査はそれ自身興味深いもので最適監査スキームは多くの歪みを持っている．1例は**二重監査**である．ある監査人がある変数 $x \in [0, 1]$ の値をチェックするが，しかし彼の雇用主は監査人が本当の値を報告しないことを恐れているとしよう．これは監査人が怠け者で，x を発見するために努力をするより当てずっぽうをするからかもしれないし，また，第三者が彼に賄賂を贈るかもしれないし，あるいは，x のある値が監査人の嫌いな罰則や政策を引き出すきっかけになるかもしれないからである（このモデルはたとえ x が他の仕事に関する監査人自身の実績であったとしても当てはまる）．二重監査のアイデアは第2の監査人を雇い，同時にその監査人にも x をレポートしてもらうというものである．もし両方が同じ x をレポートしたら両方とも報酬をもらい，異なった値を報告したら両方とも罰されることになる．同じ値を報告する者は均衡であるから，なお複数均衡があるであろう．しかし少なくとも正直な報告は1つの可能な均衡となるであろう．詳細は Kandori & Matsushima (1998) を見よ（また二重監査のさらなる議論は10章を見よ）．

3.5　連続的戦略：クールノーゲーム

これまで本書で見てきたゲームでは，戦略は援助か援助しない，自白するか黙秘する，のように離散的であった．戦略が離散的で手番が同時のときには純粋戦略のナッシュ均衡が存在しないことがかなりある．福祉ゲームにおける唯一の可能な妥協は例えば時々援助を選び，時々援助しないという混合戦略を選ぶことであった．少しの援助が可能な行動であるときには，おそらく純粋戦略が存在するであろう．我々が次に議論する同時手番ゲーム，クールノーゲームは混合化がない場合でさえ連続的戦略の空間を持っている．それは2つの企業が互いに産出水準を競争して選ぶ複占をモデル化したものである．

もしこのゲームが協力的であれば (1.2節を見よ)，企業は総生産量が独占産出量でありその利得の和を最大にする点（図3.2の45度線上の点）を生産することになる．より具体的には，独占生産量は $pQ - cQ = (120 - Q - c)Q$ を総生産量 Q に関して最大にするものであり，1階条件は

> ## クールノーゲーム
>
> **プレイヤー**
> アペックス社とブライドックス社.
>
> **プレイの順序**
> アペックスとブライドックスは同時に数量 q_a と q_b を区間 $[0, \infty)$ から選ぶ.
>
> **利得**
> 限界費用は一定で $c=12$. 需要は総販売量 $Q=q_a+q_b$ の関数で, それを線形（一般化には 14 章参照）とし, 次のように特定化する.
>
> $$p(Q) = 120 - q_a - q_b \tag{3.31}$$
>
> 利得は価格×販売量 − 費用で表され,
>
> $$\begin{aligned} \pi_{\text{アペックス}} &= (12 - q_a - q_b)q_a - cq_a = (120 - c)q_a - q_a^2 - q_a q_b \text{ ;} \\ \pi_{\text{ブライドックス}} &= (120 - q_a - q_b)q_b - cq_b = (120 - c)q_b - q_a q_b - q_b^2. \end{aligned} \tag{3.32}$$

$$120 - c - 2Q = 0 \tag{3.33}$$

となり, これから総生産量は $Q=54$, 価格は 66 となる. 54 の総生産量のうちどれくらいが各企業によって生産されるかという問題, すなわち, 45 度線上のどこであるかについては, 交渉の例であるゼロ和協力ゲームになるであろう. クールノーゲームは非協力ゲームであるので $q_a + q_b = 54$ を満たす戦略プロファイルはパレート最適であるにもかかわらず必ずしも均衡ではない（ここで, パレート最適性は 2 つの企業の観点からであって消費者の観点からではなく, 価格差別化は使われないことが暗黙の仮定である).

クールノーは 1838 年の著書の 7 章においてこのゲームは需要曲線が線形であるとき一意な均衡を持つと書いている. クールノー＝ナッシュ均衡を見つけるためには, 2 人の**最適反応関数**を考えなければならない. もしブライドックスが 0 を生産すれば, アペックスは 54 の独占産出量を生産するであろう. もしブライドックスが 108 かそれ以上生産すれば, 市場価格は 12 に落ち込みア

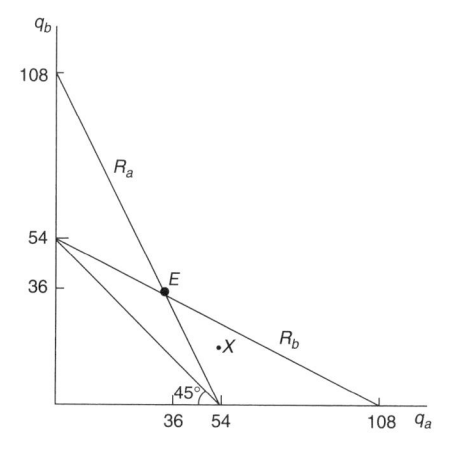

図3.2 クールノーゲームの反応関数

ペックスはゼロ生産を選ぶであろう．最適反応関数は (3.32) において，アペックスの利得を戦略で最大にすることによって得られる．これは1階条件 $120-c-2q_a-q_b=0$，すなわち，

$$q_a = 60 - \left(\frac{q_b+c}{2}\right) = 54 - \left(\frac{1}{2}\right)q_b. \tag{3.34}$$

クールノーゲームの文脈でよく使われる最適反応関数のもう1つの名前は**反応関数**である．プレイヤーは実際には応答も反応もせずに同時に動くのであるから，これらの名前はやや正確ではない．しかし，ゲームのルールが1人のプレイヤーに後で動くことを許した場合に，彼はどうするかということを想像する際に有益であろう．図3.2では2つの企業の反応関数は R_a と R_b で表されている．それらの交点 E が**クールノー゠ナッシュ均衡**であり，戦略が生産量からなっているときの単なるナッシュ均衡である．代数的には，この2つの反応関数を q_a と q_b に関して解くことによってこれは求められ，一意な均衡（$q_a = q_b = 40 - c/3 = 36$）となる．均衡価格はそのとき $48 (= 120-36-36)$ となる．

クールノーゲームでは，ナッシュ均衡は**安定性**という特によい性質を持っている．均衡と違った戦略プロファイルから出発したとき，どのようにしてプレイヤーが均衡に到達するかを考えてみよう．もし初期戦略プロファイルが例え

ば，図3.2の点 X であったとすれば，アペックスの最適反応は産出量 q_a を減らし，ブライドックスの産出量 q_b を増やすことであり，この結果，均衡により近いプロファイルに動いていく．しかし，この安定性はクールノーゲームの特徴なのであって，ナッシュ均衡が必ずしもいつもこのように安定的になるわけではない．

シュタッケルベルグ均衡

複占をモデル化する仕方はたくさんある．3つのもっともよく知られたものはクールノー，シュタッケルベルグ，そしてベルトランである．シュタッケルベルグ均衡がクールノー均衡と異なる点は，一方の企業に最初に生産量を選ばせるという点である．もしアペックスが最初に動くとすれば，どんな生産量を選ぶであろうか．アペックスはブライドックスがその選択にどのように反応するか知っている．それで，ブライドックスの反応曲線上の点で自分の利潤を最大にするような点を選ぶであろう（図3.3を見よ）．

最初に動くアペックスは**シュタッケルベルグ先手**と言われ，ブライドックスは**シュタッケルベルグ後手**と言われる．このシュタッケルベルグ均衡の著しい特徴は，1人が最初にコミットメントをするということである．図3.3ではアペックスがまず時間をずらして動くものとしている．もし手番が同時であり，アペックスがある戦略にコミットメントをすることができるならば，ブライ

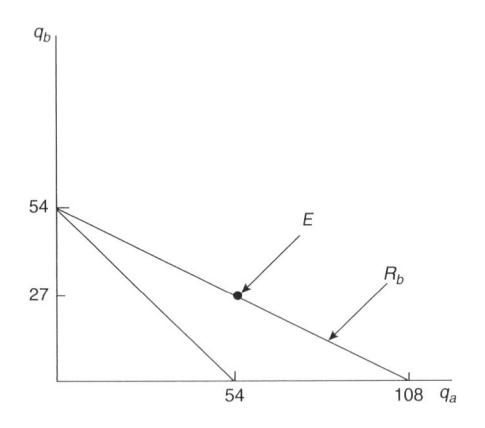

図3.3　シュタッケルベルグ均衡

シュタッケルベルグゲーム

プレイヤー
アペックス社とブライドックス社.

プレイの順序
1 アペックスは数量 q_a を区間 $[0, \infty)$ から選ぶ.
2 ブライドックスは数量 q_b を区間 $[0, \infty)$ から選ぶ.

利得
限界費用は一定で $c=12$. 需要は総販売量 $Q=q_a+q_b$ の関数で

$$p(Q) = 120 - q_a - q_b \tag{3.35}$$

利得は価格×販売量−費用で表され,

$$\begin{aligned}\pi_{\text{アペックス}} &= (12-q_a-q_b)q_a - cq_a = (120-c)q_a - q_a^2 - q_aq_b\,; \\ \pi_{\text{ブライドックス}} &= (120-q_a-q_b)q_b - cq_b = (120-c)q_b - q_aq_b - q_b^2.\end{aligned} \tag{3.36}$$

ドックスもコミットメントをしない限り, 同じ均衡が得られるであろう. 代数的には, アペックスは (3.34) の類推から, ブライドックスの生産量は $q_b = 60 - (q_a + c)/2$ となることを予測するから, アペックスはこれを (3.32) の利得関数に代入して,

$$\pi_a = (120-c)q_a - q_a^2 - q_a\left(60 - \frac{q_a+c}{2}\right) \tag{3.37}$$

が得られる. これを q_a に関して彼の利得の最大化をすれば, 1階条件から

$$(120-c) - 2q_a - 60 + q_a + \frac{c}{2} = 0 \tag{3.38}$$

が得られ, アペックスの反応関数 $q_a = 60 - c/2 = 54$ が導かれる (これは偶然にも独占生産量に等しいが, それはこの例の特殊な値のせいである). いったんアペックスがこの生産量を選べば, ブライドックスは $q_b = 27$ を生産する (ブ

ライドックスが独占産出量の半分をちょうど選んだのも単なる偶然である).そのとき,市場価格は 120-54-27=39 であり,アペックスはシュタッケルベルグ先手の地位から利益を引き出すことができたことになる.しかし産業利潤はクールノー均衡に比べて低下している.

3.6 連続的戦略:ベルトランゲーム,戦略的補完,戦略的代替

2つの企業が同時に生産量を選択する複占モデルの自然な代案は,彼らが同時に価格を選択するモデルである.これは**ベルトラン均衡**として知られている.2つのモデル間の選択の難しさはクールノーの著書の書評論文 Bertrand (1883) で強調されている.我々は前と同様に2人のプレイヤーに同じ線形需要の世界を使うが,今度は戦略空間が価格であって,数量ではない.また (3.31) を使う.従って,p がもっとも低い値とすれば,$q=120-p$ となる.クールノーモデルでは企業は数量を選んだが市場価格は自由に変わった.ベルトランモデルでは企業は価格を選び,売れるだけ売る.

ベルトランゲームは一意なナッシュ均衡 $p_a=p_b=c=12$, $q_a=q_b=54$ を持っている.これは弱ナッシュ均衡であることは明らかである.もしどちらかの企業がより高い価格に逸脱すれば,全ての顧客を失い,ゼロ以上に利潤を上げることができない.実際,これは弱支配戦略でのナッシュ均衡である.均衡が一意であることはすぐにはわからない.これを見るために,可能な戦略プロファイルを4つのグループに分けよう.

$p_a<c$ あるいは $p_b<c$:どちらの場合でも,より低い価格の企業は負の利潤を得ることになり,需要がゼロになるように十分高く価格を逸脱して利潤を上げようとする.

$p_a>p_b>c$ あるいは $p_b>p_a>c$:どちらの場合でも,より高い価格の企業がライバルより低い価格に逸脱して,ゼロ利潤から正の利潤に増やすことができるであろう.

$p_a=p_b>c$:この場合には,アペックスはブライドックスより ε だけ低い価格に逸脱して利潤を上げることができる.それによって,市場の半分に対して販売することから,1単位の販売あたりの利潤をほんの少しだけ減少させる

> ## ベルトランゲーム
>
> **プレイヤー**
> アペックス社とブライドックス社.
>
> **プレイの順序**
> アペックスとブライドックスは同時に価格 p_a と p_b を区間 $[0,\ \infty)$ から選ぶ.
>
> **利得**
> 限界費用は一定で $c = 12$ である. 需要は総販売量の関数で $Q(p) = 120 - p$. アペックスの利得関数は (ブライドックスも同様であるが) 以下のようである.
>
> $$\pi_a = \begin{cases} (120 - p_a)(p_a - c) & (p_a \leq p_b \text{ のとき}), \\ \dfrac{(120 - p_a)(p_a - c)}{2} & (p_a = p_b \text{ のとき}), \\ 0 & (p_a > p_b \text{ のとき}). \end{cases}$$

ことで市場の全てに販売することができるからである.

$p_a > p_b = c$ あるいは $p_b > p_a = c$: この場合, 価格 c の企業は相手企業の価格を上回らない範囲で価格をわずかに増加させてゼロ利潤から正の利潤にすることができる.

この証明はゲーム理論における均衡の一意性を証明するありふれた方法のよい例である. まず戦略プロファイルを分割し, 領域ごとに逸脱が起こるであろうことを示せ. これは, 本書をテキストとして授業をする場合にはよいテスト問題として薦められる[2].

---

2) 私が学生諸君に警告を与えただけだということを前提としても, なおよい問題と言えるであろうか. そうである. 第1に, どの学生が読むべき書物に目を通しているかを発見するフィルターの役割をするからであり, 第2に, このような問題はたとえテストされていると知っていても答えるのが易しくはないからである. さらに第3に, もっとも重要な点であるが, たとえ均衡において全ての学生が正確に問題に対して答えたとしても, まさにその事実がこの特定の項目を学ぼうとする動機がうまく機能していることを示しているのであり, それが我々の主な目標ではないであろうか.

ベルトラン均衡は囚人のジレンマの結果に比べれば驚くほどのものではない．それは，ひとたびモデルの制約を考えてみるならば明らかなことである．この均衡が示していることは，複占の利益というものが，ただ単に2つの企業が存在するという事実のみから発生するのではなく，例えば多期間性とか不完備情報とかいったような他の何かの要因に基づいているということであろう．

ベルトランモデルとクールノーモデルはともに多用されている．ただし，ベルトランモデルについては，市場シェアが0か100になるというような不連続性があるために，数学的な観点から言って美しさを欠いている側面を持っていると言えよう．一方，クールノーモデルは，参入が結果的に価格を下落させるという形ではあるが，この不連続性を回避した簡明なモデルになっている．しかし，ベルトランモデルを修正して中間的な価格をも取り扱えるようにしたり，参入の漸進的効果を取り入れたりする方法もないわけではない．そのような修正を検討するために次に進もう．

差別化されたベルトランゲーム

ベルトランモデルは，わずかに価格を下落させただけで顧客を手に入れることができるため，利潤ゼロになってしまうというものであった．この背後には，2つの企業が同一の財を販売しているという仮定があり，そのためアペックスの価格がブライドックスより少しでも高ければ，全ての顧客はブライドックスに殺到することになる．しかし，顧客がブランド志向を持っている場合，ないしは価格についてわずかな情報しか持っていない場合には均衡は異なったものになり，アペックスとブライドックスの直面する需要曲線も，

$$q_a = 24 - 2p_a + p_b \tag{3.39}$$

および，

$$q_b = 24 - 2p_b + p_a \tag{3.40}$$

のようになるであろう．(3.39) や (3.40) のような需要関数における価格にかかる係数の差が大であればあるほど製品の代替性は小さい．(3.31) のような標準的な需要関数について仮定したのと同様に，(3.39) および (3.40) についても端点について暗黙の仮定を置いてきた．さらに，需要量が非負になる

場合にだけこれらの式は当てはまるものとし，また，価格についてもある上限を超えない値に制限したい．そうでなければ相手企業の価格が際限なく上昇するとき，限りなく大きな需要に直面することになってしまうからである．ここでの意味のある上限は 12 である．というのはもし $p_a > 12$ で $p_b = 0$ ならば，(3.39) はアペックスに対して負の需要をもたらすであろうからである．これらの制約が満たされているとき，利得関数は，

$$\pi_a = p_a(24 - 2p_a + p_b)(p_a - c) \tag{3.41}$$

および，

$$\pi_b = (24 - 2p_b + p_a)(p_b - c) \tag{3.42}$$

となる．

　プレイの順序はベルトランゲーム（混乱を避ける必要がある場合には，差別化のないベルトランゲームと呼ぶ）と同じである．アペックスとブライドックスは同時に集合 $[0, \infty)$ から価格 p_a と p_b を選ぶ．

　アペックスの利得を p_a の選択によって最大化すると，1 階条件は

$$\frac{d\pi_a}{dp_a} = 24 - 4p_a + p_b + 2c = 0 \tag{3.43}$$

であるから，これより反応関数

$$p_a = 6 + \left(\frac{1}{2}\right)c + \left(\frac{1}{4}\right)p_b = 7.5 + \left(\frac{1}{4}\right)p_b \tag{3.44}$$

を得ることができる．もちろん，ブライドックスもこれと同様な形の 1 階条件を持つのであるから，均衡は $p_a = p_b = 10$ となるところに決まることになる．各企業は各々 14 を生産するが，この値は $p_a = p_b = c = 3$ のときの生産量（需要量）21 を下回っている．図 3.4 は 2 つの反応関数が交わることを示している．また，アペックスの需要関数の弾力性は，

$$\left(\frac{\partial q_a}{\partial p_a}\right) \cdot \left(\frac{p_a}{q_a}\right) = -2\left(\frac{p_a}{q_a}\right), \tag{3.45}$$

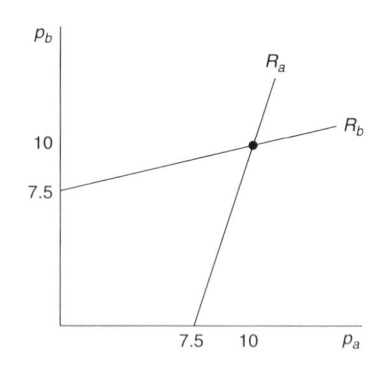

図3.4 製品差別化のもとでのベルトラン反応関数

で，$p_a = p_b$ のケースでさえ有限の値を持つ．これが標準的なベルトランモデルと異なるところである．

差別化財のベルトランモデルは，市場のもっとも記述的に現実的なモデルであるから重要である．マーケティングの基礎的考えとして販売は4P，すなわち，製品（Product），場所（Place），販売促進（Promotion），価格（Price）に依存すると言われている．経済学者は製品間の価格差別に強く関心を示してきたが，製品の品質や特性の差，販売される場所，売り手による買い手への製品情報の伝達の仕方もまた重要であるということも認識している．売り手はよく数量より価格を制御変数として使うが，もっとも低い価格を付けた売り手が全ての顧客を得るわけではない．

それではなぜクールノーモデルや差別化のないベルトランモデルを記述するのに悩まなければならないのか？　それらは時代遅れではないのか？　答えはノーである．なぜなら，記述的なリアリズムはモデル化にとって最善（summum bonum）ではない．簡単化もまた重要である．クールノーモデルや差別化のないベルトランモデルは，特に3社以上の企業を考えるときに説明がより簡単なものとなり，多くの応用においてより有用なモデルとなる．

戦略的代替と戦略的補完

図3.2と図3.4のクールノー反応曲線と差別化されたベルトラン反応曲線の興味深い違いに諸君はすでに気が付いたかもしれない．反応曲線の傾きが反対

になっている．図3.5は比較がしやすいように2つの曲線を並べている．

両方のモデルで，反応曲線は1度だけ交わっており，唯一のナッシュ均衡がある．しかし，均衡経路上で興味深い違いがある．クールノー企業が生産を増加させると相手は逆の行動をし，生産を減らす．これに対してベルトラン企業が価格を上昇すると相手は同じことを，すなわち，価格を上昇させる．

どんなゲームについても次のような質問をすることができる．"もし相手がその戦略をより多く実行するならば，自分は自分の戦略をより多く実行するであろうか，あるいはより少なく実行するであろうか"と．答えは"より多く実行する"場合も"より少なく実行する"場合もあるということになる．Jeremy Bulow, John Geanakoplos, & Paul Klemperer（1985）は"より多く実行する"ゲームでの戦略を"戦略的補完"と名付けた．というのはプレイヤー1が彼の戦略をより多く実行するのはプレイヤー2の戦略からプレイヤー2の限界利得を増加させるからであり，これはパンをたくさん買えば，それはより多くバターを買うことによる限界効用を増やすようなものである．また，もし戦略的補完であれば，差別化されたベルトランゲームと同じように彼らの反応曲線は右上がりである．

他方，"より少なく実行する"ゲームでは，プレイヤー1が自分の戦略をより多く実行することによって，プレイヤー2の戦略によるプレイヤー2の限界利得を減少させる．これは，私がポテトチップスをより多く買うと，より多くコーンチップスを買うことによる限界効用を減少するようなものである．その戦略はそれゆえ"戦略的代替"と呼ばれ，その反応曲線はクールノーゲームのように右下がりである．

反応曲線がどの方向に傾くかはプレイヤーが先手を望むか後手を望むかに影響する．Esther Gal-Or（1985）はもし反応曲線が右下がりになるとき（すなわち，クールノーゲームのように戦略的代替），先手有利があり，もし右上がりであれば（すなわち，差別化されたベルトランゲームのように戦略的補完），後手有利であると示した．

図3.5でプレイヤー1が先手となるクールノーゲームは単なるシュタッケルベルグゲームであり，これは図3.3を使ってすでに検討した．均衡は図3.5aにおいて E から E^* に移動し，プレイヤー1の利得は増加し，プレイヤー2の利得は減少する．また，産業全体の利得はクールノーゲームよりシュタッケル

(a) 戦略的代替　　(b) 戦略的補完

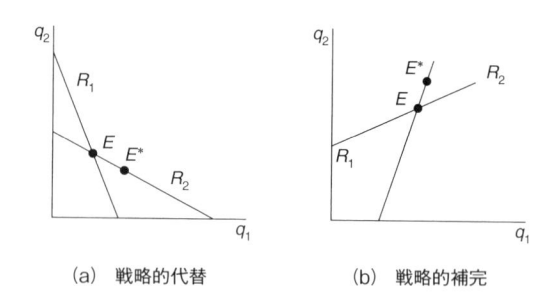

図 3.5　クールノー vs. 差別化されたベルトラン反応関数（戦略的代替 vs. 戦略的補完）

ベルグゲームの方が低くなることに注意しよう．すなわち，一方のプレイヤーは損をするだけでなく，他方のプレイヤーの得した分以上に損をするのである．

プレイヤー1が最初に行動する差別化されたベルトランゲームを分析してこなかった．価格は戦略的補完であるので逐次性の効果はクールノーゲームと非常に異なる（実際，逐次的で差別化のないベルトランゲームとも非常に異なる．これについては章末のノートを参照）．プレイヤー1の最適戦略が何であるかということを図だけで示すことはできないが，図 3.5 は 1 つの可能性を示している．プレイヤー1は，同時手番ゲームで選ぶものより高い p^* を選ぶ．これはプレイヤー2の反応が p^* より少し低い価格になり，しかし，なお E 点での同時ベルトラン価格より高いということを予測したものである．その結果，プレイヤー2の利得はプレイヤー1の利得より高く，後手有利である．しかし両プレイヤーは E におけるものより E^* で利得が高くなっており，従って，彼らはゲームが逐次になることを好むであろうことに注意しよう．

どちらのプレイヤーが価格あるいは数量を先に選ぶかをあらかじめ決める手番を追加することによって，この2つの逐次ゲームはさらに精緻化されるが，それは諸君に任せよう．さしあたり大切なことはゲームが戦略的補完か戦略的代替かということは，プレイヤーのインセンティブにとって大変重要であるということである．

この点は非常に重要であって，MBAにおけるゲーム理論の授業の1セッション全体のテーマを私は戦略的補完と戦略的代替にしたほどである．MBA

修士が知るべき実践的ゲーム理論のうちでもっとも重要なことは，プレイヤー，行動，情報，利得によって状況を記述する方法を学ぶことである．ある特定の機能的形式を使うために十分なデータがないことがあるかもしれないが，行動と利得の関係が戦略的代替か戦略的補完かということを定性的情報と定量的情報の混ざったものを使って説明することは可能である．ビジネスマンはそのとき，例えば自分が先手であるべきか後手であるべきかということや，自分の行動を秘密にしておくべきかあるいは公言すべきかということを理解する．

戦略的補完と戦略的代替の考えの有益さを理解するために以下のような状況をどのようにモデル化するか考えよ（それらのどれについても絶対正しいという答えはないことに注意）．

1 2つの企業が研究開発予算を選択しようとしている．この予算は戦略的補完か戦略的代替か？
2 スミスとジョーンズは米国大統領に選出されるように動いている．両者がカリフォルニアでの宣伝広告にどれだけ使うか決めなければならない．広告予算は戦略的補完か戦略的代替か？
3 7つの企業が自分の製品をより特殊なものにすべきか，あるいは，平均的消費者向けにすべきかを決めようとしている．特殊化への程度は戦略的補完か戦略的代替か？
4 インドとパキスタンは自分達の軍隊を拡大すべきか縮小すべきか決定しようとしている．軍隊の規模は戦略的補完か戦略的代替か？

代替性と補完性の考えが経済行動の深い構造を考える際にどれだけ強力であるかという点に経済学者は高い関心を持っている．スーパーモジュラリティという数学的考えは14章で議論されるように，補完性についての議論である．Vives（2005）は刺激にあふれたサーベイを行っている．

*3.7 均衡の存在

ナッシュ均衡の強みの1つは，我々が出くわす実際上全てのゲームに存在することである．なぜ均衡が存在しないか，混合戦略では存在するのかについて

よく知られた理由が4つある.

(1) 戦略の無限空間

　ストック市場ゲームではスミスは資金を借りて好きなだけ株式を買うことができ，それで彼の戦略集合，彼が買うことができる株式の量は $[0, \infty)$, すなわち，上に有界でない集合となる（従って，ここでは小数のついた量，例えば $x = 13.4$ を買うことができるが，売ること，例えば $x = -100$, はできないと仮定している）．

　もしスミスが価格は明日よりも今日の方がより低いことを知っているならば，彼の利得関数は $\pi(x) = x$ のとき，株式を無限に買いたいであろう．これは均衡購入ではない．もし彼の買える量が1,000以下に限られているならば戦略集合は1,000で限られており，均衡は存在し $x = 1,000$ である．

　本章の初めに議論したクールノーゲームのように，最適値が内点解となることから，戦略集合の非有界性は重要でないことがある．けれども他のゲームでは，確定的な解を得るためだけでなく，実際の世界がかなり限られた場であることから戦略集合の非有界性は重要である．太陽系は，人間の過去，未来の時間の量と同様に，大きさにおいて有限である．

(2) 戦略の開空間

　再びスミスを取り上げる．彼の戦略を $x \in [0, 1,000)$ とする．これは $0 \leq x < 1,000$ と同じである．また，彼の利得関数は $\pi(x) = x$ とする．スミスの戦略集合は有界（0と1,000によって）である．しかし閉集合ではなく開集合である．1,000より小さければどんな数字でも選ぶことができるからである．これは均衡が存在しないことを意味する．というのは 999.999… の株式を買うことができるからであるが，ただ技術的な問題である．スミスの戦略空間は $[0, 1,000]$ にしておくべきであり，そのとき均衡は $x = 1,000$ で存在する．

(3) 戦略の離散空間（あるいは，より一般的には戦略の非凸空間）

　いま，2人のプレイヤーに対して任意の戦略プロファイル s_1 と s_2 を考えよう．もしプレイヤーの戦略が戦略的補完であるなら，プレイヤー1が s_2 に反応して彼の戦略を増加すれば，プレイヤー2はそれに反応して自分の戦略を増加させるであろう．均衡はプレイヤー達が逓減的収益，あるいは逓増的費用と

なるところで，あるいは，彼らが戦略集合の上界にぶつかったところで生じるであろう．他方，もし戦略が戦略的代替であるなら，プレイヤー1がs_2に反応してその戦略を増加させるとき，プレイヤー2は今度は自分の戦略を下げようとするであろう．もし戦略空間が連続であれば，ある均衡に導かれるが，もし戦略空間が離散的であれば，プレイヤー2は自分の戦略をほんの少しだけ減らすことなどできない．すなわち，ある離散値まで一気に下げなければならない．これはプレイヤー1がある離散値まで自分の戦略を増加することを誘発しうる．この反応の飛躍は際限がないかもしれない．その場合均衡は存在しない．

これが本章の福祉ゲームで起こっていることである．少しの援助と援助ゼロとの間，あるいは働くことと働かないこととの間にどんな歩み寄りも不可能である．そこで，混合戦略を導入すれば，各プレイヤーは戦略の連続値を選択することが可能になる．

この問題は離散的戦略空間を持つ2×2ゲームのようなゲームに限ったことではない．むしろ，それは戦略空間の"ギャップ"の問題である．政府が0か100に制限されない援助ができ，空間 $\{[0, 10], [90, 100]\}$ の任意の値を選ぶことができるとしよう．これは連続，閉，有限な戦略空間である．しかし非凸である．すなわち，その中にギャップがある（ある空間 $\{x\}$ が凸であるとは，その空間の任意の要素 x_1 と x_2 を取ったとき，任意の $\theta \in [0, 1]$ に対して $\theta x_1 + (1-\theta) x_2$ もその空間に属していることである）．混合戦略なしにはゲームの均衡は存在しないかもしれない．

(4) 非凸あるいは不連続な利得関数から生じる不連続な反応関数

たとえ戦略空間が閉，有限，凸であっても問題は残っている．ナッシュ均衡が存在するためには，プレイヤー同士の反応関数が交点を持つ必要がある．もし反応関数が不連続であれば，交点がないかもしれない．

図3.6は0と1の区間で各プレイヤーが戦略を選ぶ2人ゲームについてこのことを示している．プレイヤー1の反応関数 $s_1(s_2)$ は可能な s_2 の値に対して1つあるいはそれ以上の s_1 の値を選ぶことであり，図において下から上までそれは移っていくことになる．プレイヤー2の反応関数 $s_2(s_1)$ も同様であり，図において左側から右側に移っていかなければならない．もし戦略空間が無限

あるいは開であれば，反応関数が存在しないかもしれないが，ここではその問題はない．反応関数は存在する．図 3.6a では 2 つの反応関数の交点である点 E でナッシュ均衡は存在する．

しかし，図 3.6b ではナッシュ均衡は存在しない．問題は企業 2 の反応関数 $s_2(s_1)$ が $s_1 = 0.5$ で不連続であるということである．それは $s_2(0.5) = 0.6$ から $s_2(0.50001) = 0.4$ に一気に下がっている．結果として，反応曲線は交点を持たず，均衡は存在しない．

もし 2 人のプレイヤーが混合戦略を使えば図 3.6b のゲームにおいても均衡は存在する（ここではそれを証明しないけれども）．しかし，なぜ反応関数が不連続な場合があるか見てみる必要がある．プレイヤーの反応関数は相手の戦略を所与として自分の戦略関数として利得を最大化することから導かれたことを思い出してもらいたい．

こうして，プレイヤー 1 の反応関数が相手のプレイヤーの戦略に対して不連続になる第 1 の理由は，自分の利得関数が自分自身の戦略あるいは相手の戦略に関して不連続であるかもしれないということである．これは 14 章のホテリングの価格ゲームで起こることであり，そこではもしプレイヤー 1 の価格が十分に下落すれば（あるいは，プレイヤー 2 の価格が十分に上昇すれば）プレイヤー 2 の顧客は突然全員プレイヤー 1 の方に移ってしまうのである．

プレイヤー 1 の反応関数が相手の戦略に対して不連続になるかもしれない第 2 の理由は，その利得関数が凹ではないかもしれないということである．もし目的関数が凹でなければ大域的ではない局所的な最大値がたくさんあるかもしれない．そのため，パラメータが変化するにつれて，大域的に最大の点が突然変化するかもしれないのである．これは反応関数が突然ある最大点から別の，かなり離れた距離の点にジャンプすることを意味する．これに対して，うまく解くことができる問題の場合にはスムーズに動くのである．

問題 (1) と (2) はゲーム理論での問題だけでなく意思決定問題で実際にある問題である．というのは無限性と開性は 1 人最大化問題においてさえ解の非存在をもたらす．問題 (3) と (4) はゲーム理論に特有である．各プレイヤーは相手の戦略に対してある最適反応を持つけれども他の全てのプレイヤーに対する最適反応を選んだものではないのでこのような問題が生じるのである．これらは内点解の非存在に関する意思決定問題に似ているが，もし唯一のプレイヤーしか

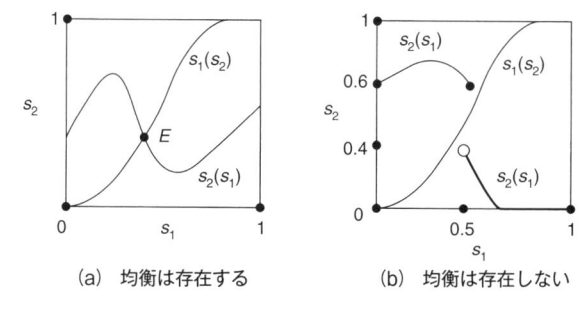

図 3.6 連続的反応関数と不連続的反応関数

(a) 均衡は存在する (b) 均衡は存在しない

いなければ少なくとも端点解は持つであろう．

本章では，一見別々に見える様々な考え——混合戦略，監査，連続的戦略空間，反応曲線，戦略的代替と補完，均衡の存在など——を導入した．これらを繋ぐものは何であろうか？ 統合するテーマは行動の小さな変化で均衡に到達する可能性があるかということである．すなわち，混合戦略や監査ゲームで確率を変化させることによって，あるいは，連続的な価格や数量の水準の変化によって，均衡に達成することが可能かということである．連続的戦略はゲームにおける行動を予測するために $n \times n$ 表を使う必要から逃れることができ，いくつかの技術的仮定を追加することによって均衡の存在を保証することになる．

ノ ー ト

N3.1 混合戦略：福祉ゲーム
- 随分前に遡るが，Waldegrave (1713) が混合戦略に言及している．
- 混合戦略はレクレーションゲームにたえず現れている．例えば，ジャンケンは Fisher & Ryan (1992) に示されているように唯一の混合戦略を持っている．Sinevero & Lively (1996) での報告によれば，カリフォルニアのワキモンユタトカゲの雄は 3 タイプいるが，それらは同じゲームを行う．Chiappori, Levitt, & Groseclose (2002) はサッカーのペナルティキックで左に蹴るか右に蹴るかの選択は最適混合戦略に従うが，どちらの方向に蹴るのが得意かは人によって異なると結論付けている．
- *Rationality and Society* の 1992 年 1 月号は社会科学へのゲーム理論の使用に対する攻

撃と擁護の特集である．混合戦略と複数均衡の問題についてかなり議論がなされている．執筆者には Harsanyi, Myerson, Rapaport, Tullock, Wildavsky が含まれている．また，*The RAND Journal of Economics* の 1989 年春号は Franklin Fisher と Carl Shapiro の間でのゲーム理論の使用に関する意見交換が掲載されている．私が産業組織へのゲーム理論的アプローチを"シカゴ学派"の観点から判した Peltzman (1991) の一読を薦めたい．

- 本書ではプレイヤーは過去の手番を覚えているものと仮定している．この**完全記憶**の仮定がなければ，本文中の定義は混合戦略に対するそれでなく，**行動戦略**に対するものとなる．歴史的に定義すると，混合戦略では，まず，始節において純粋戦略間の選択を確率的に選択し，その後，純粋戦略を実行する．この場合，プレイヤーは始節以外で確率的選択をすることはできない．Kuhn (1953) は，本文で行った混合戦略の定義はゲームが完全記憶であれば，もとの定義と同じであることを示した．ほとんどの重要なゲームが完全記憶であり，混合戦略の新しい定義は逐次合理性という現代的概念によりふさわしいので，本書では古い定義は使わなかった．

    完全記憶のない古典的ゲームは次の**ブリッジ**である．4 人のプレイヤーが付け値するときに自分のカードの半分がなんだったのか忘れる 2 人がいるものとしてモデル化された場合である．もっと有用な例はマルコフ戦略に制限したものである（5.5 節を参照）．しかし，モデル設計者は通常，完全記憶を持つゲームをつくり，一般のゲームでマルコフ戦略が均衡を形成することを示した後，マルコフ均衡でないものを排除しがちである．

- 2 人純粋戦略均衡が存在するとき，他のプレイヤーが純粋戦略を使う場合でさえ，その 2 つの混合戦略を使いたいであろうというのは正しくない．例えば，両性の闘いにおいて，もし女がバレエに行くことを知っていれば，男がバレエに行くことと格闘技に行くことは無差別ではない．

- プレイヤーの連続体は，モデル設計者がプレイヤーの分数問題に悩まなくてよいという理由と，微積分からのより多くの分析ツール——例えば，異なった消費者による需要量の合計に代わって積分をする——を利用できる理由から有用である．しかし，連続体の使用はまた分析を数学的により難しくする．Aumann (1964a, 1964b) を見よ．

- ゲーム理論モデルを推定する計量経済学の文献がある．2×2 ゲームで，2 人のプレイヤーによって取られる行動と他の背景の変数が観察されるとして，利得値を推定したいとしよう．例えば，2 つの行動は参入か非参入，背景の変数は市場の大きさあるいは 1 人のプレイヤーが直面するコスト条件かもしれない．もちろん，計量経済学を使用するために十分多くのデータを必要とするから，その状況の多くの繰り返しがなければならない．2×2 ゲームでは 8 つの利得があるが，しかし，4 つの行動プロファイルしかないので，識別問題が発生する．また，もし混合戦略が使われれば，4 つの混合確率は合計して 1 なので，独立な観察される変数は 3 つしかないことになる．実現する 3

つの成果からどうやって8個のパラメータを推定できるであろうか．識別に対しては，Bajari, Hong, & Ryan（2004）が示したように，ある環境変数がただ1人のプレイヤーに影響するものでなければならない．それに加えて，複数均衡が起こるかもしれない．そのため，その観察値によってどの均衡がプレイされたのかわかる必要があり，新たな識別問題が発生しうる．この分野の文献の基本論文にはBresnaham & Reiss（1990, 1991a）があり，活発な研究領域である．

N3.2 利得等値法とタイミングゲーム

- 本書で議論された弱虫ゲームは映画『理由なき反抗』のそれより簡単である．映画では，プレイヤーは断崖に向かって車を飛ばし，最後に車から飛び降りたものが勝利者になっている．従って，純粋戦略空間は連続であり，利得は崖っぷちで不連続であり，そのことによって，そのゲームの分析が難しくなっているのである（4.2節の議論を先取りすれば，映画における"摂動"の重要性を思い出せ）．

- 行動の連続体と混合戦略を持つモデルでは時々技術的な困難が生じる．福祉ゲームにおいて，政府は0から1の間のある数を選ぶ．もし政府が援助レベルの連続体を混合化することを許されるならば，政府はその連続体上の確率密度関数を選ぶことになるであろう．もとのゲームは有限個戦略の集合を持ち，従って，その混合拡大は$\mathbf{R}^n$での戦略空間を持つ．しかし，各純粋戦略の混合戦略の連続体によって拡張された連続な戦略に関しては，数学的な取り扱いが難しい．有限個の混合戦略はあまり問題なしに許容されているが，申し分ないものではない．

  連続時間のゲームがしばしばこの問題に出くわす．この問題は，時々，例えばFudenberg & Tirole（1986b）の非対称情報を持つ連続時間の略奪戦争ゲームのように，うまくモデル化することによって回避される．彼らは，他のプレイヤーのタイプについてのある信念のもとで企業が連続に進んでいく時間の長さを戦略として特定化し，純粋戦略均衡を求めている．

- **微分ゲーム**は連続的にプレイされる．行動は各時点での状態の値を記述する関数であり，戦略はゲームの過去の歴史をそのような関数へ写像することである．微分ゲームは動学的最適化を使って解決される．書物としてはBagchi（1984）を見よ．

- Fudenberg & Levine（1986）は無限の戦略空間を持つゲームの均衡が有限の戦略空間のゲームの均衡の極限となる条件を検討した．

- Crawford & Sobel（1982）は6章で私が不経済なトークと呼ぶものを含むチープトークを定義している．彼らの定義によれば，メッセージの伝達費用がその内容と無関係な場合，たとえ極端に費用がかかっても，それはチープトークである．嘘をついてもペナルティがないという意味でのみチープである．第3の可能性はメッセージが負の費用を持つということである．その場合，売り手はそれを送ることで直接効用を得る．我々はこれを"**楽しみトーク**"と呼ぶことができる．メッセージに費用がかかるかど

うかはプレイヤーがたとえ信じられないと期待していてもメッセージを送りたくなるかどうかに影響するので重要である.

N3.4 ランダム化と混合化：監査ゲーム

- 監査ゲームIは警察ゲームと呼ばれるゲームに似ている. 逐次ゲームが適当なときに同時手番ゲームを使わないゲームでは注意が必要である. また, 離散的戦略空間は誤ったものになりうる. 一般に, 経済分析では, 費用は活動量に関して凸に増加し, 便益は凹に増加すると仮定している. 2×2 ゲームの状況をモデル化することはただ2つの活動の水準を使うので, 凹性や凸性がその簡単化の中で失われる. もし, 監査確率に関して線形で増加する監査費用のように, 真の関数が線形であれば, これは大きな損失ではない. もし毎日警察官が街に滞在しなければならない時間が増える場合のように, 真の費用が凸に増加するならば, 2×2 モデルは間違ってしまうことがありうる. 特に, 中間的戦略が許されていて純粋戦略均衡が存在するならば, 混合戦略均衡の考えを強く押しすぎることは注意しなければならない. Tsebelis (1989) と, Jack Hirshleifer & Eric Rasmusen (1992) での批判を見よ.

- Douglass Diamond (1984) が金融市場の構造に対するモニタリング費用の意味を検討している. モニタリングの固定費用の存在が, 多くの投資家による繰り返しのモニタリングを回避させる動機となり, その結果, 金融仲介業が誕生したと主張している.

- Baron & Besanko (1984) は規制された企業の真の生産費用に関する情報をある費用で蒐集する政府官庁という文脈で監査を研究している.

- Mookherjee & Png (1989) と Border & Sobel (1987) は徴税の文脈でランダムな監査を検討している. 納税者が監査される際は, 自分が本当のことを言っていたことがわかればそのトラブル額以上の補償をされるべきであることを彼らは示した. 最適契約のもとでは, 正直な納税者は自分が監査されると聞いて喜ぶようにすべきである. 理由は, 真実に対する報酬は真実を言ったときの利得と嘘を言ったときの利得の差を広げることであるからである.

  なぜそのようなスキームが使われないのか. それは確かに実際上の問題ではある. それは投票者にとって人気のあるものだと思われる. 1つの理由は汚職の可能性である. もし監査されることが儲かる商売になるなら, 政府は意図的に自分の友人を監査することになるであろう. 政府は敵を監査して, たとえ彼らが正しく支払っていても彼らを監査のトラブルに陥れることがありうるので, 危険はさらに深刻になるかもしれない.

- 政府行動は契約できるもの以上にどんな情報が利用できるかに強く影響する. 例えば, 1988年, 米国は検査あるいは監査の際の嘘発見機の使用を強く制限する法律を通過させた. 制限前には, 約200万人の労働者が毎年嘘発見機で検査させられていた（"嘘発見機制限法は効果を広汎にした",『ウォールストリートジャーナル』, 1988年7月1

日，p. 13"アメリカポリグラフ協会"，http://www.polygraph.org/betasite/menu8.html，Eric Rasmusen，"嘘発見機の禁止"，http://www.rasmusen.org/x/2006/07/26/bans-on-lie-detector_tests/）．

- 3.4節は監査戦略と混合戦略においてランダムな行動がどのようにして生じるかを示している．ランダム化のためのもう1つの用途は取引費用の軽減である．例えば，1983年，クライスラーはデトロイト工場のためにフォルクスワーゲンにいくら支払うかをめぐって交渉した．2人の交渉人がホテルの部屋に閉じこもり，合意が成立するまで出ないことに合意した．1億ドルから500万ドルに価格差が狭まったとき，彼らは銅貨投げをすることで同意し，結局，クライスラーが勝った．あなたはこれをどのようにモデル化するであろうか．"ショッピングの馬鹿騒ぎの後，クライスラーはブレーキをかけ，蓄財をスタート"，『ウォールストリートジャーナル』，1998年1月12日，p. 1．また，『法の秩序』の15章では6年刑の代わりに死刑の確率10％を使うというDavid Friedmanの無邪気な考えを見よ（http://www.daviddfriedman.com/laws_order/index.shtml）．

N3.5　連続的戦略：クールノーゲーム

- 簡単な連続利得ゲームのおもしろいケースは**ブロット大佐ゲーム**である（Tukey [1949]，McDonald & Tukey [1949]）．このゲームでは2人の軍指令官が軍隊をいくつかの戦場に配置する．各戦場においてよりたくさんの軍隊を配置すればその指令官はより大きな利得を得る．特徴的な点はプレイヤー i の利得はプレイヤー i の行動に比較したプレイヤー j の特定の行動の値とともに増大するということであり，プレイヤー i の行動は予算制約のもとにあるということである．予算制約を除いて，これは8.2節のトーナメントゲームと同様である．
- "安定性"の概念はゲーム理論や経済学でいろいろと異なって使われている．安定的均衡の自然な意味はわずかな摂動があってもシステムをもとのように復元させる動きを持つ均衡のことであろう．クールノー均衡の安定性についての議論はそうした考えに基づいている．von Neumann & Morgenstern（1944）と，Kohlberg & Mertens（1986）とによるこの用語の使い方は完全に別のものである．
- "シュタッケルベルグ均衡"という用語は文献においてあまりはっきり定義されていない．時々ある順序で各プレイヤーによって行動が取られる場合の均衡として使われる．しかし，それはただうまく定義された展開形の完全均衡（4.1節を見よ）にすぎないので，Stackelberg（1934）の3章の意味で（もっとも彼自身はゲーム理論を使用しなかったが），一方のプレイヤーが先に動く複占数量ゲームのナッシュ均衡としてその用語を留保しておきたい．

　もう1つの択一的定義はある順番にプレイヤーが戦略を選び，各プレイヤーの戦略が，彼の前のプレイヤーの固定された戦略と彼の後で取られるべき戦略に対する最適

反応となっているもので，すなわち，プレイヤーが順番に対してあらかじめコミットしている状況である．そうした均衡は一般にはナッシュ均衡でも完全均衡でもない．

- Stackelberg (1934) は，時々プレイヤーは誰が先手で誰が後手かわからなくなり，従って**シュタッケルベルグ戦争**と言われる不均衡の成果をもたらすと示唆している．
- 線形費用と線形需要のもとで，総産出量はクールノー均衡でよりもシュタッケルベルグ均衡での方が大きくなる．また，反応曲線の傾きは1より小さくなり，アペックスの産出量がブライドックスの契約したものより拡張する．総量が大きくなればなるほど価格はクールノー均衡のときより小さくなる．
- シュタッケルベルグ均衡の有益な応用は支配的な1つの企業と小企業群の**競争的周辺部**からなる産業に対してである．これらの小さな企業は価格が限界費用を超える限り生産能力いっぱいまで生産する．従って，小企業は，支配的企業の行動にほとんど影響を与えることができないほど小さいので，シュタッケルベルグ先手（後手ではない）として振る舞う．石油市場は支配企業としての OPEC と周辺としての英国などの産油国としてモデル化できる．

N3.6 連続的戦略：ベルトランゲーム，戦略的補完，戦略的代替

- 本文では，逐次的でなく，同時で差別化のないベルトランゲームを分析した．$p_a = p_b = c$ は均衡成果であるが，もはや一意ではない．アペックスが先に動いて次にブライドックスが動くとする．また，すぐに明らかになる技術的理由で，もし $p_a = p_b$ ならば，ブライドックスが市場全てを獲得するとしよう．$p_a = c$ あるいはブライドックスが $p_b = p_a$ を選び市場全体を獲得するから，アペックスはゼロ以上の利得を得ることができない．こうして，アペックスは $p_a \geq c$ のどの価格でも無差別である．

  ゲームは，アペックスとブライドックスとの間で $p_a = p_b$ のとき市場が分割されるなら，ブライドックスの $p_a > c$ に対する最適反応は p_a より小さな最大数を p_b として選ぶことであるが，連続空間ではそうした数が存在しない．従って，そのときにはブライドックスの最適反応はうまく定義されない．それで，タイブレークでのこうしたルールを設定しておく必要があるのである．価格が同じときにはブライドックスに全ての需要を与えるということはこの問題を回避することになる．

- 需要曲線 (3.39) と (3.40) は2次形式効用関数によって形成される．Dixit (1979) は3つの財 0, 1, 2 に関する効用関数が

$$U = q_0 + \alpha_1 q_1 + \alpha_2 q_2 - \left(\frac{1}{2}\right)(\beta_1 q_1^2 + 2\gamma q_1 q_2 + \beta_2 q_2^2) \tag{3.46}$$

であり，α_1, α_2, β_1, β_2, は正の定数であり，$\gamma^2 \leq \beta_1 \beta_2$ が成り立つとすると，逆需要関数

$$p_1 = \alpha_1 - \beta_1 q_1 - \gamma q_2 \tag{3.47}$$

$$p_2 = \alpha_2 - \beta_2 q_2 - \gamma q_1 \tag{3.48}$$

が得られることを示した.
- 需要関数 (3.39) と (3.40) でのクルーノー均衡をまた導き出すことができる. しかし, 製品差別化はあまり影響しない. 需要関数の価格を数量だけで表すと,

$$p_a = 12 - \left(\frac{1}{2}\right)q_a + \left(\frac{1}{2}\right)p_b \tag{3.49}$$

$$p_b = 12 - \left(\frac{1}{2}\right)q_b + \left(\frac{1}{2}\right)p_a \tag{3.50}$$

が得られ, (3.50) を (3.49) に代入して p_a を求めると

$$p_a = 24 - \left(\frac{2}{3}\right)q_a - \left(\frac{1}{3}\right)q_b. \tag{3.51}$$

アペックスの最大化問題の1階条件は

$$\frac{d\pi_a}{dq_a} = 24 - 3 - \left(\frac{4}{3}\right)q_a - \left(\frac{1}{3}\right)q_b = 0 \tag{3.52}$$

となり, 最適反応が得られる.

$$q_a = 15.75 - \left(\frac{1}{4}\right)q_b. \tag{3.53}$$

ここで, $q_a = q_b$ と想定できる. 従って (3.53) から $q_a = 12.6$ が求められる. よって市場価格は 11.4 となる. 確認すると, これがナッシュ均衡であることは実際わかるであろう. そこで, 差別化のないベルトラン競争から差別化のあるベルトラン競争への移動のときと異なり, 反応関数 (3.53) は差別化がない場合と同じ形状を持っていることがわかる.
- 戦略的補完と戦略的代替についてより調べるためには Bulow, Geanakoplos, & Klemperer (1985), Milgrom & Roberts (1990) を見よ. もし戦略が戦略的補完であれば, Milgrom & Roberts (1990) と Vives (1990) は純粋戦略均衡が存在することを示した. これらのモデルはサーチとビジネスサイクルに関する Peter Diamond (1982), そして銀行破産に関する Douglas & Dyvig (1983) のように, 特定の経済現象をうまく説明する. もし戦略が戦略的補完であれば純粋戦略均衡の存在はもっと厄介である. これについては Dubey, Haimonko, & Zapechelnyuk (2005) を見よ.

問　題

3.1：大統領予備選（中級向け）

スミスとジョーンズは米国大統領の民主党指名選挙で戦っている．候補者はレースに残るためには1ヵ月100万ドル支出しなければならないので，戦いの期間が長くなればなるほど，資金を使わなければならない．もし一方が撤退したら，他方が指名を勝ち取り，それは1ヵ月1,100万ドルに値するとする．割引率は月に r とする．問題を簡単化するために，この争いはどちらも撤退しなければ無限に続くものとする．各人が1ヵ月ごとに撤退する確率を混合戦略均衡で θ とする．

(a) 混合戦略均衡で，スミスが降りる確率（月ごとの）はいくらか．r が 0.1 から 0.15 に変化したらどうなるか．
(b) 2つの純粋戦略均衡はなんであるか．
(c) もしゲームが1期だけ続くとし，また，両民主党候補が撤退することを拒否したら共和党が大統領選で勝つ（そのとき民主党の利得はゼロ）とすれば，各民主党候補者が撤退する確率は対称均衡でいくらになるか．

3.2：警察から逃げる（中級向け）

危険中立的な2人，シュミットとブラウンはナチスドイツ時代，ある通りを南に歩いているとき，1人の警察官が彼らの書類をチェックするために近寄ってくるのがわかった．ブラウンだけが書類を持っていた（もちろん，警察はそれを知らない）．もし両者が北に逃げるか逃げなければ2人とも捕まるであろう．しかし，1人だけ逃げれば，警察は歩いている方か逃げている方のどちらを捕まえるか決めなければならない．書類なしに対しての罰は24時間の投獄である．警察から逃げる罰は，他の罰に加えて，4時間の投獄である．この逃亡に対する有罪率は 25％ である．2人の友人は両者の厚生を最大に，警察官はそれを最小にしたいとする．ブラウンがまず動き，次にシュミットが動き，最後に警察官が動くとしよう．

(a) 均衡で観察されるであろう成果に対する成果行列を求めよ（警察官が逃亡者を追いかける確率を θ とし，ブラウンが逃げる確率を γ とせよ）．
(b) 均衡で，警察官が逃亡者を追いかける確率はいくらか（θ^* とせよ）．
(c) 均衡で，ブラウンが逃げる確率はいくらか（γ^* とせよ）．
(d) シュミットとブラウンは同じ目的を持つので，これは協力ゲームであろうか．

3.3：銅貨合わせの一意性（初級向け）

銅貨合わせゲームにおいて，スミスとジョーンズは銅貨1枚をそれぞれ裏か表か見せる．両者とも同じ面が出たらスミスがそれらの銅貨を取り，そうでなければジョーンズ

が取る．

(a) 銅貨合わせの成果行列を表せ．
(b) 純粋戦略においてナッシュ均衡がないことを示せ．
(c) 混合戦略均衡を求めよ．ただしスミスが表を出す確率を γ，ジョーンズが表を出す確率を θ とする．
(d) 唯一の混合戦略均衡があることを示せ．

3.4：両性の闘いの混合戦略（中級向け）

両性の闘いとランクのある協調ゲームについて．男と女が格闘技に行くかどうかの確率をそれぞれ γ と θ とする．

(a) 男の期待利得を式で表せ．
(b) γ と θ の均衡での値はいくらか．そのときの期待利得はいくらか．
(c) もっともありそうな成果はなんであろうか．その確率はいくらか．
(d) ランクのある協調ゲームにおける混合戦略均衡での均衡利得はいくらか．
(e) 混合戦略均衡は両性の闘いにおいてより，ランクのある協調ゲームにおいて焦点として優れているか．

3.5：投票パラドックス（中級向け）

アダム，カール，ウラジミールの3人のみがある田舎町の投票者である．アダムだけが財産を持っている．財産所有者へ120ドルの課税をし，その税収は財産を持たない全ての人々に平等に分配する法案への投票がある．各市民は投票所に行くことを嫌っており（距離が近いにもかかわらず），投票を避けることができるなら20ドル払ってもよいと考える．投票が賛否同数であればこの提案は失敗となる．均衡でアダムは確率 θ で賛成し，カールとウラジミールは同じ確率 γ で賛成するとする．なお彼らは独立に投票をするものとしよう．

(a) 法案が通過する確率を θ と γ の関数として表せ．
(b) 2つの可能な均衡確率 γ_1 と γ_2 はいくらになるか．直感的に言って，なぜ2つの対称均衡が生じるのか．
(c) 2つの対称均衡においてアダムが賛成投票をする確率はいくらになるか．
(d) 法案が通過する確率を求めよ．

3.6：レントシーキング（上級向け）

Rogerson（1982）が"新規市場でのパテントレース"に似たゲームを政府の独占フランチャイズでの競争を分析するために使っていると本文で私は述べた．どうすればよい

か考えよ．そうした競争の結果の厚生はどうなるか予測せよ．

3.7：ナッシュ均衡（初級向け）
表3.9のゲームで唯一のナッシュ均衡を求めよ．

表3.9　意味のないゲーム

		ロウ		
		左	真ん中	右
コラム	上	1, 0	10, -1	0, 1
	脇道	-1, 0	-2, -2	-12, 4
	下	0, 2	823, -1	2, 0

利得：（コラム，ロウ）．

3.8：3極体制（初級向け）
3つの会社がオーストラリア市場にタイヤを提供している．Q個のタイヤのための総費用曲線は $TC=5+20Q$ であり，需要曲線は $P=100-N$ である．ここでNはその市場でのタイヤの総数である．クールノーモデルに従って，各企業が同時にタイヤの生産量を選択すると，全体の市場生産量はいくらになるか．

3.9：異なった費用を持つクールノー競争（上級向け）
あるセミナーに訪れたとき，ミシガン大学のSchaffer教授は，線形の需要曲線 $P=\alpha-\beta Q$ で企業iの一定の限界費用を C_i としたクールノー競争では，産業全体の均衡生産量 Q は $\Sigma_i C_i$ に依存し，個々の C_i には依存しないと私に言ったはずであるが，記憶が定かではない．この主張が正しいかどうか調べよ．もし需要に関して他の仮定をすれば結論はどのように変わるか議論してみよ．

3.10：アルバとローマ：非対称情報と混合戦略（中級向け）
ローマ人ホラティウスは無傷で，傷ついたクリアティウス3兄弟と戦っている．もしホラティウスが戦い続ければ確率0.1でホラティウスが勝つ．彼が勝てば利得は（10，-10）（ホラティウスの利得，クリアティウスの利得）であり，負ければ，（-10, 10）である．確率 $\alpha=0.5$ でホラティウスは恐怖に襲われ逃亡する．彼が逃亡し，3兄弟が追いかけなければ，利得は（-20, 10）となる．もし彼が逃亡し，3兄弟が追いかけ，殺害すれば，利得は（-21, 20）である．しかし，彼が恐怖に襲われず，しかし逃亡を図り，3兄弟が追いかければ，最初に来た兄弟の1人を殺し，他の兄弟を捕縛でき，そのときの利得は（10, -10）である．ホラティウスは実際には恐怖に襲われなかった．

(a) ホラティウスが逃げたとき3兄弟はどんな確率θで追いかけるであろうか.
(b) ホラティウスはどんな確率γで逃げるであろうか.
(c) もし3兄弟が誤って,ホラティウスが恐怖に襲われた確率を1であると信じたならばθとγにどのような影響を与えるか.それが0.9であればどうであろうか.

3.11：ナッシュ均衡（初級向け）

表3.10のゲームの全てのナッシュ均衡を求めよ.

表3.10　買収ゲーム

		標的企業 強硬	中位	柔軟
買収者	強硬	-3, -3	-1, 0	4, 0
	中位	0, 0	2, 2	3, 1
	柔軟	0, 0	2, 4	3, 3

利得：(買収者,標的企業).

3.12：危険なスケート（上級向け）

エレナとマリーは世界トップクラスのフィギュアスケート選手である.それぞれ自分のルーティンをどのようにするか練習中に選ばなければならない.彼女らは後で意向を変えてルーティンの詳細を変えることはできない.エレナはオリンピックで先に演じ,マリーは2番目である.各々5分の演技時間を持つ.審判はそのルーティンを3つの観点から評価する.美しさ,ジャンプの高さ,ジャンプ後の転倒.どちらかが転倒すれば確実に負け,両方が転倒すれば,残りの10人の選手の誰かが勝利する.この場合にしかこれらの選手が勝つチャンスがないものとする.

エレナとマリーのルーティンでの美しさは全く同じで,互いにそのことを知っている.しかし,ジャンプ力については同じではない.転倒せずにより高くジャンプすれば確実に勝利する.エレナの転倒確率は$P(h)$である.hはジャンプの高さで,$P(h)$はhの連続増加関数である（計算上,P',P''は存在する）.マリーの転倒確率は$0.9P(h)$,すなわち,同じ高さで10％精度が劣るとする.

他の10人の中でもっとも高いジャンプ水準を$h=0$とし,そのとき$P(0)=0$と仮定する.

(a) マリーとエレナが同じhの値を選ぶ均衡はありえないことを示せ（以下でそれらの値をそれぞれM, Eと呼ぶ）.
(b) どんな高さの組(M, E)の選択をすれば均衡にはならないか.
(c) 能力のベストに対する最適な戦略を記述せよ.

(d) この話をビジネス問題に応用できるか．この話と同じモデルを使うことができるビジネスあるいは経済学の状況を探してみよ．

3.13：コソボ戦争（初級向け）

ニューハンプシャー選出の上院議員ロバート・スミスは，セルビアでの爆撃はするが，地上戦を行わないと約束する米国の政策に関して次のように語った．"それはあなたにパスするが，フットボールを持って走るのではないというようなものである"（『ヒューマンイベント』，1999年4月16日，p.1）．彼の意味することを説明せよ．これがなぜ米国の政策の強い批判になるか，混合戦略の概念を使って説明せよ（外国の学生のために．アメリカンフットボールではチームはフットボールをパスするか，ゴールを目指して進むために持って走るか選ぶことができる）．地上戦を使わないで終わる混合戦略(a)での米国の期待利得と，米国が地上戦を行わないことをコミットした純粋戦略均衡(b)での期待利得を比較するために数値例を構成せよ．

3.14：IMF 援助（初級向け）

表3.11のゲームを考えよ．

表3.11　IMF 援助

		借金国 改革	借金国 浪費
IMF	援助	3, 2	−1, 3
IMF	援助なし	−1, −1	0, 0

利得：(IMF，借金国)．

(a) 全てのナッシュ均衡の正確な組を求めよ．
(b) この行列はどんなストーリーに対して適したモデルとなっているか．

3.15：クーポン競争（上級向け）

2人のマーケティング重役が議論している．スミスがクーポンの使用を減らすことは自分達をあまり攻撃的でない競争者にすることになり，販売が落ちるであろうと言っている．これに対して，ジョーンズはクーポンを減らすことは自分達をあまり攻撃的でない競争者にするであろうが，結局販売の増加に繋がると言っている．

減らされたクーポンに対するあなたの会社の反応曲線への影響を考えて，どんな環境だったら，それぞれの重役の言うことが正しいと言えるか議論せよ．

消耗戦：クラスルームゲーム3

各企業は3人の学生からなる．毎年，企業はその産業に留まるか退出するかを決定せねばならない．もし留まれば固定費300と限界費用2が必要であり，いくらで売るか（整数）を決めなければならない．企業はいくらでもお金をつぎ込むことができる．これは彼らに資金をいくらでも提供できる大企業の後ろ盾があると仮定している．

需要は単位価格10ドルまでは非弾力的に60とし，それ以上の価格では需要は0になるとする．

各企業は用紙の上に価格あるいは"退出"と書き，インストラクターに渡す．インストラクターは黒板にこれらの戦略（価格あるいは"退出"）を書き出す．もっとも低い価格を課した企業が全ての顧客を獲得する．もし最低価格で同点者がいれば，その企業は同数の顧客を得るものとする．

ゲームは新しい年で始まり，いったん退出した企業は永久に退出することになり再参入はない．ゲームは唯一のプレイヤーが残るまで続き，独占価値の2,000ドルを得る．従って，理論的にはこのゲームは無限に続きうる．しかしインストラクターはある時点でゲームをやめてもよい．

ゲームはクラスの時間が許される限り再びスタートし続行することができる．

第4章 対称情報の動学ゲーム

4.1 サブゲーム完全性

本章では，手番の列を持つゲームを検討するために展開形を多用する．まず，4.1節で手番の順序についてのわかりやすい含意を示す，完全性と呼ばれるナッシュ均衡概念の精緻化を考える．完全性は，4.2節で，参入阻止ゲームを使って説明される．4.3節は不法妨害訴訟，そして，法廷外和解の可能性のもとで生じる過剰な訴訟の例を使って完全性の考えに関する拡張を行う．不法妨害訴訟では信用できる脅しの重要性と，サンクコストあるいは非金銭的利得を持つことがプレイヤーにどのような便益をもたらすかを示す．この例は連続的戦略空間を持つゲームで弱均衡の開集合問題を議論するために使われる．そこでは，契約を申し込むプレイヤーが，相手に対して受け入れるか拒否するかを無差別にさせるように契約条項を設定する．完全性に関する最後のトピックスは再交渉である．複数の完全均衡があるとき，サブゲームでパレート最適となるが，全体のゲームではそうならない均衡に関してプレイヤー間で協調するという考えである．

先手・後手ゲーム I の完全均衡

サブゲーム完全性は，均衡経路と均衡との区別，および手番の順序に基づいた均衡概念である．**均衡経路**が，均衡において辿られるゲームツリーの中の経路であるのに対して，均衡それ自体は，他のプレイヤーによる均衡経路からの逸脱に対する反応戦略を含んだ戦略プロファイルなのである．こうした，均衡から外れた場合の反応戦略は，均衡経路上での意思決定にとって重要な意味を持っている．例えば，脅しは，他のプレイヤーが均衡経路から逸脱した場合に特定の行動を実行に移すという約束であり，たとえ決して実行されないとして

もその脅しは影響を持つ.

完全性を導入するには，具体例で示すのがもっともよい．2.1節では，先手・後手ゲームⅠにおけるナッシュ均衡に欠陥があることを明らかにしたが，そこでは3つの純粋戦略ナッシュ均衡のうち合理的なものは1つだけである．ディスクサイズを選択するスミスとジョーンズにとって，同一サイズの選択からもたらされる利得は大きくなるが，両者の利得がともに最大となるのは，彼らがサイズを大にそろえた場合である．スミスは最初に手番となるので，彼の戦略集合は {小，大} として単純に示せるが，ジョーンズの戦略はもっと複雑である．これは，ジョーンズの情報集合のどれが実現されるかがスミスの選択に依存しているために，各情報集合における行動を特定化しておく必要があることによる．ジョーンズの典型的な戦略集合は（大，小）であるが，それは，スミスが大を選択すれば大を，小なら小をジョーンズが選択することを意味している．このゲームの標準形から，次の3つのナッシュ均衡の存在が確認される．

均衡	戦略	成果
E_1	{大，（大，大）}	ともに大を選択
E_2	{大，（大，小）}	ともに大を選択
E_3	{小，（小，小）}	ともに小を選択

唯一の合理的均衡は E_2 であるが，それはプレイヤーが行う意思決定にとって手番の順序が重要な意味を持つからである．標準形が抱える問題，従ってまた単純なナッシュ均衡に内在する問題は，誰が最初の手番であるかを無視していることである．この場合，スミスが最初に選択を行うのであって，その結果をふまえてジョーンズが自分の戦略の再考を許されるべきである（実際には要請されるべきであるが）と見るのが正当であろう．

均衡 E_3 におけるジョーンズの戦略（小，小）にあっては，スミスが大を選択することによって均衡から逸脱した場合でも，ジョーンズが小の選択に固執するというのは不合理と言わねばならない．このケースでは，ジョーンズもまた大を選択すべきであるが，もしもスミスが大の選択を予想するならば，スミスは大を選択するであろうから E_3 は均衡たりえない．同様の論法により，ジョーンズにとっては戦略（大，大）が不合理であることが示されるから，唯

一の均衡としてE_2が残ることになるのである．

均衡E_1およびE_3はナッシュ均衡ではあるが，"完全"ナッシュ均衡ではない．戦略プロファイルが完全均衡となるのは，均衡経路上のみならず，それ以外の"サブゲーム"に分岐していくことになるような他の全ての可能な経路上においても均衡性を保つ場合に限られるのである．こうしてあるプレイヤーにとって完全均衡戦略とは，均衡経路上だけでなく**"均衡の外でも"**，すなわち，**"均衡経路を外れても"**，相手の均衡戦略に対する最適反応となる戦略のことである．

サブゲームとは，全てのプレイヤーの情報分割において単一節，その後続節，および，それに続く終節における利得から構成されるゲームである[1]．

戦略プロファイルが**サブゲーム完全ナッシュ均衡**であるのは，(a)それが全体ゲームに対するナッシュ均衡であり，また(b)全てのサブゲームに対して，それがもたらす行動ルールがナッシュ均衡になっているときである．

図4.1 (図2.1の再掲) に示された先手・後手ゲームIの展開形は3つのサブゲームを持っており，それらは(a)全体ゲーム，(b)J_1節から始まるサブゲーム，および(c)J_2節から始まるサブゲームである．戦略プロファイルE_1は，サブゲーム(a)および(c)においてはナッシュ均衡になっているが，サブゲーム(b)においてはそうでないから，サブゲーム完全均衡ではない．戦略プロファイルE_3は，サブゲーム(a)および(b)においてはナッシュ均衡になっているが，サブゲーム(c)においてはそうでないから，サブゲーム完全均衡ではない。ところが，戦略プロファイルE_2はこれら3つのサブゲーム全てにおけるナッシュ均衡戦略になっているから完全である．

逐次合理性という用語は，各時点で自分の意思決定を最適に再調整し，またそのことを考慮してゲームの各時点で利得を最大にすべきであるという考えを示すためによく使用される．これはサンクコストを無視することと合理的期待

---

[1] 技術的には，これは情報集合に対する制限のために全体ゲームでないプロパーなサブゲームであるが，経済学者は他の種類のゲームを使うような不作法なことはしない．

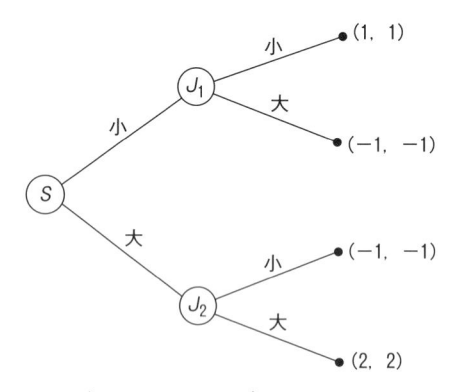

利得：(スミス，ジョーンズ).

図 4.1 先手・後手ゲーム I

をすることという 2 つの経済的考えを混ぜ合わせたものである．逐次合理性はいまでは均衡の標準的基準であるので，"サブゲーム完全均衡"，あるいは非対称情報ゲームでの"完全ベイズ均衡"という意味で逐次合理性を満たす均衡に言及したいときにはなんの修飾語もなしにただ"均衡"ということにする．

完全性（"サブゲーム"という形容はしばしば省略される）はよい均衡概念であると言ってよいが，その第 1 の理由は逐次合理性の考えを表しているということである．第 2 の理由としては，弱ナッシュ均衡がゲームにおける若干の変化に対して頑健でないことが挙げられよう．たしかに，スミスが大を選択しないとジョーンズが確信している限り，彼は決して実現されることのない 2 つの反応戦略（スミスが大なら小を選択）および（スミスが大なら大を選択）について無差別である．従って，均衡 E_1，E_2 および E_3 は全て弱均衡ということになる．しかし，仮にスミスが，おそらくはミスを犯すことによって，大を選択する確率が多少あると考えられるならば，ジョーンズは（スミスが大なら大を選択）という反応戦略を選択しようとするはずであって，このとき，均衡 E_1 および E_3 はもはや適切な均衡とは言えなくなってしまうのである．完全性はこれらのあまり頑健でない弱均衡のいくらかを排除する方法である．ここで示した，若干のミスを犯す確率は**摂動**と呼ばれ，6.1 節において，非対称情報ゲームの完全均衡概念を拡張する際にこの**震える手**を使ったアプローチとして

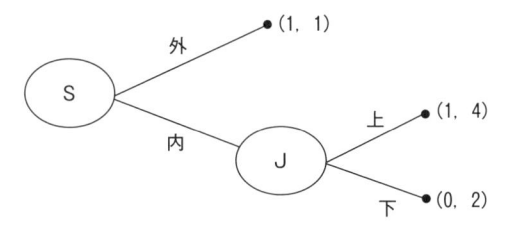

利得：(スミス，ジョーンズ)．
図 4.2 摂動ゲーム：震える手 vs. サブゲーム完全性

再び取り上げられることになる．

しかしさしあたり摂動アプローチは逐次合理性とは異なるものとして読者は留意すべきである．図 4.2 の摂動ゲームを考えよ．このゲームは（外，下），（外，上），（内，上）の 3 つのナッシュ均衡を持っており全部が弱である．ただ（外，上）（内，上）だけがサブゲーム完全である．というのは下はスミスの外に対するジョーンズの弱最適反応であるけれども，もしスミスが内を選べばそれは悪化するからである．ジョーンズの手番から始まるサブゲームでは，唯一のサブゲーム完全均衡はジョーンズが上を選ぶことである．しかし摂動の可能性は均衡として（内，上）を排除する．もしジョーンズが摂動によって下を選択する可能性が少しでもあれば，スミスは内の代わりに外を選ぶであろう．また，ジョーンズは下ではなく上を選ぶであろう．というのはスミスが摂動によって内を選ぶならばジョーンズは下より上を選ぶであろうからである．こうして（外，上）だけが，（内，上）によって弱パレート支配されるにもかかわらず，均衡として残るのである．

4.2 完全性の具体例：参入阻止ゲーム I

ここでは，プレイヤー間で利害が対立するようなゲームで，しかも，先手・後手ゲーム I と同様に完全性が重要な意味を持つようなものを考えることにする．産業組織論において従来から取り上げられている問題として，既存の独占企業が，市場に参入しようとする新規の企業に対して価格戦争をしかけるという脅しをすることによって，現状を維持しうるものかどうかという議論があ

参入阻止ゲーム I

プレイヤー
2つの企業，参入企業と既存企業．

プレイの順序
1 参入企業が参入か非参入かのいずれかを選択する．
2 もし参入企業が参入するならば，既存企業は共謀することもできるし，または大幅な価格切り下げによって参入企業に戦いを挑むこともできる．

利得
市場での利益は独占価格のもとで300，参入企業と戦う際の価格切り下げのもとでは0．また，参入に必要な費用は10．複占競争のもとでは市場の利益を100まで減らすことになり，この利益は等分される．

る．これについては，McGee (1958) のようなシカゴ学派の経済学者達による強い反論もあって，価格戦争をするよりは参入企業と共謀する方が既存企業への損害が少ないはずではないかという主張がなされているが，ゲーム理論を援用すれば，この推論を整理した形で提示することが可能になる．ここでは，参入と価格戦争が繰り返しを伴わないと予想されるケースについて，1つの例を考えることにしよう．以下では，たとえ既存企業が参入企業と共謀することを選んでも，複占を維持することは，市場収入が独占のときよりかなり下落するので困難であると仮定しよう．

戦略集合はプレイの順序に基づいて確認することができる．すなわち，{参入，非参入} が参入企業の戦略集合であり，既存企業のそれは {参入すれば共謀，参入すれば戦う} になる．このゲームは表4.1のゴチックで示されている（参入，共謀）および（非参入，戦う）という2つのナッシュ均衡を持っているが，このうち（非参入，戦う）という均衡は弱い．参入企業が参入しないとわかれば，既存企業はただちに共謀を選択し，価格切り下げを行うはずはないのである．

ここで，図4.3の展開形を表4.1の標準形に圧縮する際には，情報の一部が失われていることに注意したい．この場合，参入者が最初の手番であるという

表 4.1 参入阻止ゲーム I

	既存企業		
	共謀	←	戦う
参入	40, 50		−10, 0
参入企業	↑		↓
非参入	0, 300	↔	0, 300

利得：(参入企業，既存企業)．矢印はプレイヤーの効用が増加する方向を示す．

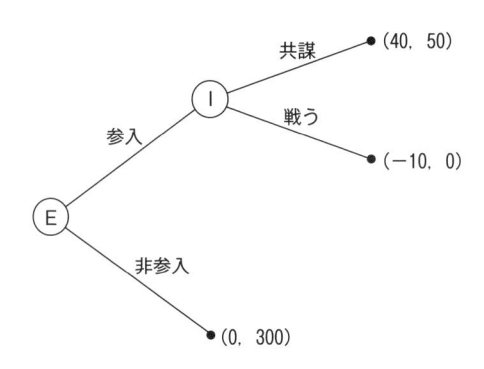

```
          共謀
         ●(40, 50)
       I
参入      戦う
         ●(−10, 0)
    E
       非参入
         ●(0, 300)
```

利得：(参入企業，既存企業)．

図 4.3 参入阻止ゲーム I

情報がそれに相当していることは言うまでもないが，参入者が参入を決意したとすれば，既存企業の最適反応戦略は共謀であるから，戦うという脅しは効力を持ちえないことになる．この脅しが効力を持つのは，既存企業が戦うことに拘束した場合に限られている．ただし，そのような場合には参入者は参入しないのであって，既存企業が参入企業を戦うことは実際のところ起こりえない．これらのことから，(非参入, 戦う) というナッシュ均衡戦略はサブゲーム完全均衡ではないという結論が得られる．すなわち，参入企業による参入が起こった後のゲームにあっては，共謀は既存企業にとっての最適反応戦略になっていないということが，均衡概念と相容れないのである．もちろん，ここでの議論が複占における共謀が必然であることを論証するものと見るのは誤っているが，参入阻止ゲーム I にとっての均衡ではある．

ここで，完全均衡の震える手に基づく解釈を使うことができる．それは，参

入者が参入しないことが確実である限りにおいては，既存企業にとっての戦うと共謀は無差別なのであるが，仮に参入企業の判断が狂った結果として参入する可能性が多少なりとも存在するならば，既存企業が共謀を選好してしまうことになり，ナッシュ均衡が覆されてしまう．

完全均衡は，信用できない脅しを排除するものであるが，この点について参入阻止ゲームIはよい例になっている．例えば，このゲームツリーにプレイヤー間のコミュニケーションを示すような手番が書き加えられているとすると，既存企業は参入企業に対して，参入に対しては戦うと通告するかもしれない．参入企業はこの脅しを信ずるに足りないものとして無視するであろう．もちろん，この通告が実現されうるものと参入企業に信じさせるようななんらかの手段が存在する場合には，この脅しも効力を持つであろう．次の節はそうしたあらかじめのコミットメントが可能となりうる不法妨害訴訟の例を見ることにする．

モデル設計者は完全でない均衡を使うべきであろうか？

あるプレイヤーがある戦略にコミットできるゲームが次の2通りの方法で設定される．

1 完全均衡でないような均衡も許容されるゲームとして．
2 Xを選択するという行動を，それ以前の段階において，Xを選択するとコミットする，に置き換える形のゲームとして．

2のケースを参入阻止ゲームIに適用した場合，それは参入企業の手番となるのに先だって，既存企業が戦うかどうかを決意する手番を持つというようにモデルを再構成することを意味する．2の考え方は1よりも優れているであろう．というのは，モデル設計者は特定の行動についてプレイヤーにコミットさせることを望むならば，プレイの順序を慎重に特定化することによってそれが可能であるからである．完全でない均衡（非完全均衡）をも許容してしまうことによってこのような差別が禁止され，その結果，均衡の数が増大してしまうことが多い．実際のところ，サブゲーム完全性に伴う問題は，あまりに制限的なことにあるのではなく，むしろ，非対称情報ゲームの均衡として依然，あまりに多くの戦略プロファイルを許容していることに求められる．サブゲームと

いうものは単一節から開始されているものでなければならず，しかも，プレイヤーのいかなる情報集合をも分断するものであってはならないという制約を持っているために，しばしば唯一のサブゲームが全体ゲームであって，結局のところサブゲーム完全性を課することがなんらの制約にもなっていないなどということも起こるのである．6.1 節では，完全ベイズ均衡について議論が展開されるが，そこでは，さらに，非対称情報ゲームの均衡の完全性概念を拡張する方法をいくつか取り上げることになる．

4.3 不法妨害訴訟における信用できる脅し，サンクコスト，および開集合問題

サンクコストと合理的期待の関連概念と同様に，逐次合理性は大変パワーを持つ簡単な概念である．この節では不法妨害訴訟をモデル化した簡単なゲームでそのパワーを見ることにする．すでにゲーム理論の法への応用は 2.5 節の Png（1983）モデルで見たところである．いくつかの観点で，法はゲーム理論による分析に適したところがある．それは法的プロセスが紛争とそれを規制するための明確なルールの供与に大変関心を持っているからである．Miller（1986）が和解提案を拒否し敗訴した訴訟者を罰するための連邦法ルールについての議論をした "An Economic Analysis of Rule 68," と題した論文はいったい他の分野でありうるであろうか？ この分野の発展ぶりは本書の初版についての Ayres（1990）による書評の中での展望と Baird, Gertner, & Picker（1994）の著書と比べることで理解される．ビジネスにおけるよりももっと明らかなことに，法の主要な目的はルールを再構築することによって非効率的な成果を避けようとすることであり，不法妨害訴訟はよい政策設計者ならば取り除きたい非効率性の 1 つである．

　不法妨害訴訟は成功の可能性をほとんど持たない訴訟である．考えられる唯一の目的は法廷外和解の可能性である．参入阻止の文脈では大きいことは有利なことであり，大きな既存企業は小さな参入者を脅すものと一般に思われるであろうが，不法妨害訴訟の文脈では大きいことは不利なことであり，資産のある会社は強奪的な訴訟には傷つきやすいと一般に思われるであろう．不法妨害訴訟 I はそうした状況の本質をモデル化したものである．すなわち，訴訟に持

不法妨害訴訟Ⅰ：単純なゆすり

プレイヤー
原告と被告.

プレイの順序
1 原告が被告に対して費用 c をかけて提訴するかどうかを決める.
2 原告が交渉の余地のない和解額 $s > 0$ を申し出る.
3 被告が和解の申し出を受け入れるかどうかを決める.
4 被告が申し出を拒否したとき，原告は諦めるか，原告に費用 p が，被告に費用 d がかかるトライアルに行くかどうかを決める.
5 トライアルに行けば，原告は確率 γ で x を勝ち取り，そうでなければ，何も得られない.

利得
図4.4に利得が表されている．$\gamma x < p$ ならば，原告はトライアルに行く限界費用より訴訟の期待賠償額の方が小さい.

ち込むことは費用がかさみ，成功の可能性がほとんどないけれども，訴訟に応じることも費用がかさむために被告は法廷外で和解するためのお金を気前よく払うかもしれない．このモデルは多くの観点で2章のプングの和解ゲームに似ているが，これは対称情報の例の1つであり，2章での議論では暗黙的であった逐次合理性の要請を明示することにする．

完全均衡は次のようになる．

原告：何もしない，和解額 s を申し出る，諦める
被告：和解を拒否する
成果：原告は訴訟に持ち込まない

均衡和解申し出額 s はどんな額でもありうる．均衡はゲームの4つの全ての節での行動を決めることである．たとえ最初の節だけが均衡で到達されるとしても．

完全均衡を見つけるために，モデル設計者はゲームツリーの最後からスター

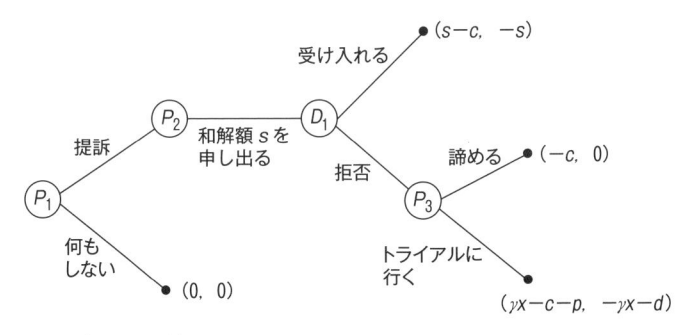

```
                      ● (s−c, −s)
               受け入れる
        ┌─(P₂)─和解額 sを──(D₁)
        │      申し出る      │諦める
   (P₁)─┤              拒否  ├──● (−c, 0)
        │                  (P₃)
        │何も                 │トライアルに
        │しない               │行く
        ● (0, 0)             ● (γx−c−p, −γx−d)
```

利得：(原告，被告).

図4.4 不法妨害訴訟の展開形

トする．これは Dixit & Nalebuff (1991, p. 34) のアドバイス "先を見て，振り返って推論せよ" に従うものである．節 P_3 で原告は，仮定 $\gamma x - c - p < -c$ があるから，諦めるを選択するであろう．これは訴訟が和解の希望のもとで持ち込まれるのであって，勝訴の希望のもとではないからである．節 D_1 では原告が諦めることを予測して，被告はどんな和解の申し出をも拒否する．これは P_2 での原告の申し出を無意味なものにし，P_1 で提訴を選ぶことから利得 $-c$ が得られることを見越して，原告は何もしないを選ぶことになる．

こうして，不法妨害訴訟に持ち込まれるならば，はっきりとした理由以外のもののために違いない．それはリーガルコストを避け被告から和解の申し出を引き出そうとする原告のもくろみである．原告自身はリーガルコストを負担するため，信用できる形ではその脅しをできないから，これは誤ったものである．たとえ被告のリーガルコストが原告のそれより大変高い（d は p より大変大きい）ものであっても，その費用の相対的な大きさは議論に関係ないからである．

人は危険回避がこの結論にどのような影響を与えるか考えるかもしれない．被告が原告より危険回避的であるなら彼は提訴をしないのではないか？　これはよい質問である．しかし，不法妨害訴訟 I は危険回避的プレイヤーに対してもなんの変化もなしに適応される．リスクはトライアルの段階で生じるであろう．これは誰が勝つかを自然が決める最後の手番としてである．不法妨害訴訟

Ⅰではγxは報酬の期待値を表す．もし原告も被告も同じ程度に危険回避的であれば，γxはなお報酬の期待利得と表すことができる．これはxと0を，実際の現金の額と考えないで，現金報酬の効用と0の報酬の効用と解釈することができるからである．もしプレイヤー間で危険回避の程度に明らかな差があるとすると，被告の期待損失は原告の期待利益と同じではなく，利得は調整されねばならないであろう．もし被告がより危険回避的であれば，提訴することからの利得は$(-c-p+\gamma x, -\gamma x-y-d)$に変化するであろう．ここで$y$は被告にとってのリスクに対しての追加的不効用を表す．しかしこれは均衡に対してなんの違いももたらさない．このゲームの核心は原告が，自分にとっての費用のために提訴をすることを望まないということであり，被告にとっての費用は，リスク負担の費用を含めて，無関係であるということである．

それゆえ不法妨害訴訟が持ち込まれるのは，何かより込み入った理由のためでなければならない．すでに2章で我々はプングの和解ゲームにおいて，トライアルに行く理由として，紛争が不完備情報であることを見た．おそらくそれがもっとも重要な説明であり，その点について，Cooter & Rubinfeld (1989) と Kennan & R. Wison (1993) によるサーベイ論文に見られるように，これまで多くの研究がなされてきた．けれども，この節では，訴訟の勝訴確率は共有知識であるという仮定に限定しておくことにしよう．その場合でさえ，費用のかさむ脅しは，戦略的に費用を埋没させることから（不法妨害訴訟Ⅱ），あるいは，トライアルに行くには非金銭的費用がかかるということから（不法妨害訴訟Ⅲ），信用できるかもしれないのである．

不法妨害訴訟Ⅱ：サンクコストを戦略的に使う

さて，Rosenberg & Shavell (1985) の発想に従ってゲームを修正して，原告はあらかじめ弁護士に金額pを支払うことができ，和解となっても払い戻しがされないものとする．払い戻しができないということは実際に原告を有利にする．トライアルに行くことによる利得$(-c-p+\gamma x)$と比べると，諦めることからの利得は$(-c-p)$となる．リーガルコストを埋没させたので，もし$\gamma x > 0$ならば，すなわち，勝訴の可能性が少しでもあれば，彼はトライアルに行くであろう．

それで今度は，原告は$s > \gamma x$ならばトライアルより和解を好むことになる．

一方，被告は $s < \gamma x + d$ ならば和解を好むであろうから，両プレイヤーが和解を好む**和解範囲**は $[\gamma x, \gamma x + d]$ となる．和解の正確な金額は両プレイヤーの交渉力に依存するが，これについては12章で少し言及する．さて，原告が二者択一（take-it-or-leave-it）式の申し込みをすることを認めると，均衡で $s = \gamma x + d$ となる．もし $\gamma x + d > p + c$ ならば，不法妨害訴訟は $\gamma x < p + c$ の場合でさえ持ち込まれるであろう．こうして原告は，被告のリーガルコスト d をゆすり取ることができるときのみ，訴訟に持ち込むことになる．

たとえ原告が今度は和解をゆすり取ることができるとしても，彼はいくらかの費用負担でそうするのである．それで不法妨害訴訟の均衡は

$$-c - p + \gamma x + d \geqq 0 \tag{4.1}$$

を要求するであろう．もし（4.1）が成り立たないならば，たとえ原告が最大和解額 $s = \gamma x + d$ を引き出すことができても，和解に達するまでの段階で $c + p$ を支払わなければならないので，提訴はしないであろう．これは被告が原告より高いリーガルコスト（$d > p$）でない限り全体として無駄な訴訟（$\gamma = 0$）は持ち込まれないであろうことを意味している．もし不等式（4.1）が満たされるならば，次の戦略プロファイルは完全均衡となる．

原告：提訴する，和解の申し出額 $s = \gamma x + d$，トライアルに行く
被告：和解を受け入れる $s \leqq x + d$
成果：原告は提訴し，和解を申し出て，被告は受け入れる．

原告のたくらみに対する明らかな反撃は，和解交渉前あるいは原告が訴訟に持ち込む前でさえ，d を支払って，被告もまた自分の費用を埋没させることであろう．おそらく，これは，時間給で雇われる外部の弁護士とは別に，大規模な会社が，何時間働いたかに関係なく給料を支払うお抱え弁護士を持つ理由の1つであろう．もしそうなら，不法妨害訴訟は，たとえ持ち込まれないとしても，社会的損失——弁護士に対する無駄な費用 d——が引き起こされているのである．ちょうど，攻撃的な国々が，たとえ戦争を起こしていないとしても，軍事支出の形で世界中に社会的損失をもたらしているように[2]．

しかし，コスト d を埋没費用としている被告は2つの問題に直面している．1つ目は，もし提訴することを阻止できれば彼は γx の節約をすることになる

けれども，それはまた被告が d を完全に支払わなければならないことを意味しているということである．これは不法妨害訴訟Ⅱのようにもし原告が交渉力を全て持つならばメリットがあることであるが，もし s が和解範囲の真ん中にあればそうではないかもしれない．なぜならば原告はもはや二者択一式の申し出をできないからである．もし和解交渉が和解範囲のちょうど真ん中の s で決着したら，$s = \gamma x + (d/2)$ となる．そのとき，被害者が不法妨害訴訟を阻止するため d を埋没させる，$\gamma x + (d/2)$ の和解金を支払うことは価値のないことかもしれない．

2つ目は，訴訟における非対称性があることである．原告は訴訟に持ち込むかどうかの選択をする．イニシアティブを持つのは原告であるから，被告が d を埋没させるチャンスを持つ前に原告は p を埋没させ，和解をすることができる．被告がこれを避ける唯一の方法は，あらかじめ d をうまく支払うことである．その場合たとえ訴訟が起こらなくてもその支出は無駄になる．この場合，被告がもっとも望むことは法的保険を掛けることであろう．それは将来起こるかもしれない訴訟に対する防衛費用の全てを，ある小さなプレミアムで支払うことになる．8章と9章で見るように，どんな保険も非対称情報から生じる問題に直面している．この節の文脈ではいったん被告が保険を掛けたら，原告に損害を与えたり訴訟を引き起こしたりすることなどを避けるインセンティブを低下させるという意味で，モラル・ハザード問題が生じる．

不法妨害訴訟Ⅱの開集合問題

不法妨害訴訟Ⅱは，連続的戦略空間のかなり多くのゲームで生じ，また，ゲーム理論の初心者に多大な苦痛を与える技術的問題を例示している．不法妨害訴訟Ⅱの均衡は弱ナッシュ均衡でしかない．原告は $s = \gamma x + d$ を提示し，被

---

2) あらかじめ支払われた弁護料が返還されないことは伝統的に許容されてきた．しかし，ニューヨーク裁判所が最近それは倫理的でないと判示した．裁判所は，そうした料金は顧客が弁護士をやめさせる権限を不当に制限していると考えた．これはゲーム理論を知らないことがいかに混乱した判決に導く可能性があるかを示した例である．"先払いの返還できない弁護料は倫理に反する"『ウォールストリートジャーナル』，1993年1月29日，p. B3（ブルックリン，最高裁判所控訴部第2法務部門の Edward M. Cooperman の事件 90-00429 を引用して）．

告は受け入れようと拒否しようと同じ利得を得る．しかし，無差別であるにもかかわらず，均衡において被告は確率1でその申し出を受け入れる．これは恣意的であるし，馬鹿げているようにさえ見える．原告は，被告にその申し出を受け入れさせ，トライアルに行くリスクを避けさせるための強いインセンティブを与えるために，少し低い和解額を提示すべきではないのか？ 例えば，もし$s = \gamma x + d = 60$となるパラメータとしたとき，原告は59を申し出，被告が受け入れる強いインセンティブを与えることができる．拒否されてトライアルで何も受け取れない可能性があるのになぜ60を申し出，そうしたリスクを被ろうとするのであろうか？

第1の答えは$s = 60$以外に均衡は存在しないからというものである．59を申し出ることは均衡の一部ではない．なぜならそれは例えば59.9の申し出によって支配されるからである．59.9の申し出は，59.99の申し出によって支配される，等々．これはよく知られた**開集合問題**である．被告が強く受け入れたい申し出の集合は開集合であり，最大値が存在しない．それは60で上限があるが，集合が最大値を持つためには有界（有限で閉集合 – 訳者注）でなければならない．我々は被告が60の支払いを受け入れるナッシュ均衡をただ選んでいるのではない．ナッシュ均衡だけを選んでいるのである．

第2の答えは合理性とナッシュ均衡の仮定のもとでは，原告は$s = 60$を申し出ることでなんのリスクも負担していないため，異議の前提そのものが間違っているというものである．ナッシュ均衡にとって各プレイヤーは相手が均衡行動に従っていると信じていることが基本である．こうして，もし均衡戦略プロファイルが$s \leq 60$を受け入れるであろうと言っているのであれば，原告は60を申し出，それが受け入れられると信じることができるのである．これが実際，弱ナッシュ均衡がなおナッシュ均衡であるということそのものであり，混合戦略との関連で3章において強調されたところである．

第3の答えは連続的戦略空間のモデルを使っているという人工性にあり，もし戦略空間が離散的であればこの問題は解消されるというものである．もしsが0.01の倍数の値だけをとることができ，従って，59.0, 59.01, 59.02などをとるが，59.001や59.002はとることができないとする．このゲームの和解部分はこのとき2つの完全均衡を持つであろう．強均衡E_1では$s = 59.99$で被告は$s < 60$のいかなる申し出も受け入れる．弱均衡E_2では$s = 60$で$s \leq 60$の

どんな申し出も受け入れる．違いは取るに足らないものであるため，離散的戦略空間は余分の洞察なしにモデルをより複雑なものにしてしまったことになる[3]．

　どのように和解が正しく決定されるかという問題を避けるために，より複雑な交渉ゲームを特定化することもできる．ここでは和解は原告によって提案されず，和解区間の半分の値がただ生じるものとし，それで $s=\gamma x+(d/2)$ となる．これは十分合理的であり，余分の複雑さという負担をほとんどかけずにモデルにちょっとした余分のリアリズムを付け加えたのである．ただ，s がどのようにして決まるかを明らかにすることを避けることによって開集合問題を回避したのである．この種のモデル化を**ブラックボックス化**と呼ぼう．というのは，あたかもゲームのある点で，いくつかの値を持つ変数が，あるブラックボックスに入り，外生的プロセスで決まる値となって他の側から出てくるようであるからである．ブラックボックス化はモデルが重要とする点をはぐらかしたり，あいまいにしない限り完全に受け入れられるものである．不法妨害訴訟Ⅲはこの方法を示している．

　しかし，基本的には留意すべき点は，ゲームはモデルであって現実ではないということである．モデルは現実の状況の重要でない詳細を削り，本質的な部分にまで簡単化することを意味する．あるモデルはある疑問に答えようとするのであるから，その疑問への解答だけに焦点を当てるべきである．ここでは不法妨害訴訟はなぜもたらされるのかという疑問である．それで交渉の詳細を排除することは，もしそれが解答に重要でないならば適切であろう．原告が59.99 を申し出るか 60 を申し出るか，合理的な人が 0.99 の確率で申し出を受け入れるかあるいは 1.00 の確率で受け入れるかは，重要でない詳細の一部であろう．どんなアプローチがもっとも簡単かということが検討されるべきである．もしモデル設計者が実際これらが重要であると思っているならば，実際にモデル化できるが，しかしこの文脈では重要ではない．

---

[3] 離散的貨幣価値と逐次合理性の考えに関するよい例は Robert Louis Stevenson の 1893 年の話である．"びんの小鬼"（Stevenson [1987]）．小鬼はびんの持ち主の希望を叶えてやるが，持ち主がびんを持ったまま死んだら魂を取ってしまうという．びんを譲ることはできないけれども，買ったときの値段より低い価格でならば売ることができる．

開集合問題への関心の1つの源泉は，利得が全く現実的ではないということであると思われることである．というのはプレイヤーは"不公正"なプレイヤーを傷つけることから効用を得るとしているからである。もし原告が60の和解申し出をするならば，訴訟を避けることによって彼にとっての全体の蓄えを保持することができるが，日常生活の経験からすれば被告はその申し出を憤然として拒否すると言えるであろう．Guth, Schmittberger, & Schwarze (1982) は，実験によって，期待通り人々は不公正と思った交渉の申し出を断ることを示した．もし憤慨が本当に重要であるならばそれは利得に明示的に組み込まれうるし，もしそれがなされれば，開集合問題が戻ることになる．憤慨は，人がなんと言おうと無際限でない．ある和解の申し出を受け入れることが，被告が原告に x の不効用を与える以上に原告に便益を与えるとしよう．というのは不公正に取り扱われていることによる憤慨のためである．このとき，原告が正確に $60-x$ の和解を申し出るとしよう．そうすれば均衡はなお弱いもので被告はその申し出を受け入れるか拒否するかなお無差別となるであろう．こうして現実的な感情がモデルに加えられても，開集合問題は持続する．

開集合問題にかなりの時間を費やしたのはそれが重要であるからではなく，その問題がしばしば発生し，また，モデル化に慣れていない人々にとって何か引っかかりとなるからである．我々がすでに遭遇した他の基礎的問題と違って，これは，熟達したモデル設計者を悩ませる問題——例えばナッシュ均衡はプレイヤー間でどうやって共有知識になるのかという問題——ではないが，それがなぜ重要でないかを理解することは重要である．

不法妨害訴訟Ⅲ：悪意

ゲーム理論についてもっともよくある誤解の1つは，経済学についてもそうではあるが，非合理的な動機や非金銭的動機を無視しているというものである．ゲーム理論はプレイヤーの基本的動機をモデルに外生的なものとしているが，動機は成果に必須のものであり，また，利得は常に数値によって与えられるけれども，動機が金銭的なものではないことはよくある．ゲーム理論はお金よりレジャーを好む人や世界の独裁者になるという野望で動機付けられている人を非合理的とは呼ばない．行動と成果がプレイヤーの効用にどのように影響するかを正確に決定するために，プレイヤーの感情を注意深く測定する必要が

ある.

　感情は訴訟にとってしばしば重要であり，法学の教授は，自分達が学ぶ事件はあまりにもつまらない係争であって法廷に持ち込まれるに値しないものが含まれているように見えるときには，実際の動機は感情的なものと推測できると学生に述べる．感情は異なった仕方で様々に入ってくる．原告は単に訴訟好きかもしれない．それは $p<0$ の値で表されうる．これは多くの刑事事件でそうであろう．というのは，検察官は新聞報道に関心を持ち，様々な犯罪を起訴することによって世間的な評判を得ることを望むからである．1992年と1993年のロドニー・キング事件はこの多様さを持っていた．ロドニー・キングを殴打した警察官に対する事件の理非を争点にしたにもかかわらず，検察官は大衆の怒りを満足させるために起訴することを望んだ．州の検察官が1審で敗訴したとき，連邦政府は2審での訴訟に持ち込まれるための費用を受け取ってご機嫌であった．別の動機は，原告が金銭的な報酬とは全く別に，その事件に勝つという事実から効用を得るかもしれないというものである．というのは自分が正しいという公的な証明書を望んでいるからである．これは名誉毀損裁判を持ち込む動機であり，また汚名をそそぎたい刑事被告にとっての動機である．

　トライアルに行きたいという別の感情的な動機は被告に損害を与えたいという欲求であり，この動機を"悪意"と呼ぼう．これは"正義の怒り"と不正確に呼ばれることがある．この場合，d が彼の効用関数の正の成分として入る．これに関して，不法妨害訴訟Ⅲと呼ばれるモデルを構築しよう．$\gamma=0.1$，$c=3$，$p=14$，$x=100$ とする．原告は被告の0.1倍の追加的効用を得るとする．また，ブラックボックス化の技術を使って和解額 s は和解範囲の真ん中になると仮定しよう．訴訟に持ち込まれることを条件として利得は次のようになる．

$$\pi_{原告}(被告が受け入れる)=s-c+0.1s=1.1s-3 \tag{4.2}$$

$$\pi_{被告}(トライアルに行く)=\gamma x-c-p+0.1(d+\gamma x)$$
$$=10-3-14+6=-1 \tag{4.3}$$

さて，逐次合理性に従って終わりから戻っていくと，諦めることによる原告の利得は -3 であるから，もし被告が和解の申し出を拒否すれば原告はトライアルに行くであろう．訴訟の持ち込みからトライアルに至るまでの全体の利得はなお -1 であり，これは最初に訴訟に持ち込まないことによる利得0より悪

い．しかし，もし s が十分高ければ訴訟に持ち込み和解するときの利得はなお高いであろう．もし s が 1.82（$((-1+3)/1.1$ の近似値）より大きいならば，原告はトライアルより和解を好むし，もし s が 2.73（$((0+3)/1.1$ の近似値）以上であれば，訴訟に持ち込まないより和解を好む．

和解の範囲を決める際に重要な利得は，訴訟に持ち込まれてからの期待される追加的利得である．原告は $s \geq 1.82$ ならどの値に対しても和解するであろうし，また，被告は $s \leq \gamma x + d = 60$ のどんな値に対しても和解するであろう．従って，和解範囲は [1.82, 60] であり，和解額 $s = 30.91$ となる．和解申し出はもはやプレイヤーの最大化選択ではなく，従って，均衡の記述においては以下のような成果になる．

原告：提訴する，トライアルに行く
被告：$s \leq 60$ なら受け入れる
成果：原告は提訴し，申し出は $s = 30.91$ となり，被告は和解を受け入れる．

被告は決して和解しないと脅しをかけ，それを信じさせたいであろうから，完全性はここでは重要である．原告はトライアルに行くために訴訟に持ち込むことから，期待利得 -1 を所与とすれば訴訟に持ち込まないであろう．従って，信用できる脅しは効率的になるであろう．しかしそうした脅しは信用できない．いったん原告が訴訟に持ち込んだら，残りのサブゲームでの唯一のナッシュ均衡は被告が和解を受け入れるというものである．こうして，トライアルに行きたいにもかかわらず原告は法廷外和解に終わるというのは興味深い．この場合のように情報が対称的であるとき，均衡が効率的である傾向はある．原告は被告を傷つけることを望むけれども，またそのための費用を低くしておきたい．こうして，もし和解が彼自身のリーガルコストを節約できるならば原告は被告をあまり傷つけないことを望むのである．

これらのモデルの分析を終える前に指摘したい点は，モデル化の利点の多くはゲームのルールを設定することから発生しているということであり，そのことはある状況で何が重要であるかを示すのに役に立つのである．不法妨害訴訟モデルの設定で生じる問題の１つは"不法妨害訴訟"とは何であるかを明確にすることにある．不法妨害訴訟ゲームでは，それは期待損害が原告のトライア

ルに行く費用を上回らない訴訟として定義されてきた．しかし，明確に定義しなければならないということは不法妨害訴訟の問題と呼ばれるかもしれない別の問題をもたらすことになる．すなわち，裁判所が間違いをしない限り，原告は勝訴しないであろうと知ったうえで訴訟に持ち込む問題である．裁判所は非常に高い確率で間違いをするかもしれないなら，上記のゲームは適切なモデルではないであろう．パラメータ γ は高いであろう．そのため問題は原告のトライアルからの期待利得が低いことではなく，むしろ高いことなのである．これはまた重要な問題であるが，これを見るためにはまた異なったモデルを構築しなければならない．

4.4　ゲームにおけるパレート支配均衡への再協調：パレート完全性

1章で述べた均衡の簡単な精緻化の1つは，ナッシュ均衡によってパレート支配される戦略プロファイルを締め出すことである．こうして，ランクのある協調ゲームでは，劣ったナッシュ均衡は受け入れられる均衡から締め出されるであろう．この背後にある考えはあまりモデル化されない仕方ではあるが，プレイヤー達は自分達の状況を議論し，劣ったナッシュ均衡を避けるように協調しているというものである．唯一のナッシュ均衡が議論されるから，プレイヤー達の合意は自己拘束的であり，これはプレイヤーが拘束的な合意に関する協力ゲームの理論でのアプローチよりも限定的な示唆である．

　協調の考えはいろんな仕方でさらに進めることができる．1つは望ましい均衡を協調するようにプレイヤー間で提携することについて考えることである．その場合，2人のプレイヤーは第3のプレイヤーが嫌っているとしてもある均衡に関して協調するかもしれない．Bernheim, Peleg, & Whinston (1987) と Bernheim & Whinston (1987) は，どんなプレイヤー間の提携でもそれから逸脱する自己拘束的合意を形成できないものを**提携防止ナッシュ均衡**としてナッシュ戦略プロファイルを定義している．彼らはその考えより逐次合理性の考えを重く見ることによってさらなる考えを導出している．その自然な方法はどんな連携も将来のサブゲームで逸脱しないと要求することである．この概念は，**再交渉防止**とか**再協調**（例えば，Laffont & Tirole [1993], p. 460）や**パレート完**

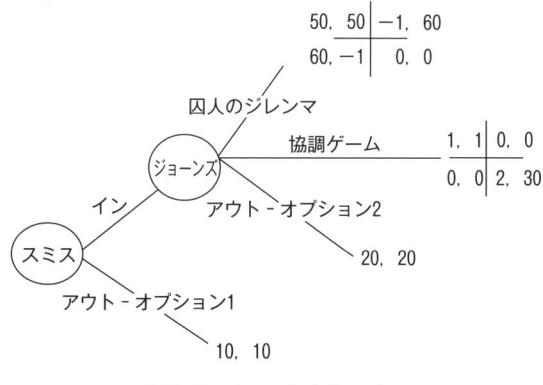

```
                          50, 50 │ -1, 60
                          60, -1 │  0,  0
               囚人のジレンマ
          ┌ジョーンズ┐   協調ゲーム     1, 1 │ 0,  0
          │         │                   0, 0 │ 2, 30
       イン│         │
    ┌スミス┐       アウト-オプション2
    │                      20, 20
アウト-オプション1
      10, 10
```

図 4.5 パレート完全パズル

全性（例えば，Fudenberg & Tirole [1991a], p. 175）など，いろんな名前が付けられている．その考えは無限繰り返しゲームの分析において広汎に使われてきており，特に複数均衡の問題を持っている．Abreu, Pearce, & Stachetti (1986) はこの文献の 1 例である．どのような名前が付けられようと，その考えは 8 章で使われる再交渉問題とは異なる．後者は新しい拘束的契約をするために，以前の拘束的な契約を書き換える問題である．

パレート完全性の考えを示すもっともよい方法はパレート完全パズルという 1 例を挙げることである．これは図 4.5 の展開形で示されている．このゲームではスミスがインかアウト - オプション 1 かを選ぶ．アウト - オプション 1 は各プレイヤーに 20 の利得を与える．そしてジョーンズがアウト - オプション 2 を選べば各プレイヤーに 20 の利得が与えられる．また他に協調ゲームあるいは囚人のジレンマゲームを選ぶことができる．図 4.5 では展開形における完全なサブゲームを記述しないで，サブゲームの利得行列を加えている．

パレート完全パズルは完全性とパレート支配性との間の複雑なプレイを示している．パレート支配戦略プロファイルは，(イン，囚人のジレンマ | イン，協調ゲームでは任意の行動，囚人のジレンマサブゲームでは (50, 50) の利得となる行動）である．誰もこの戦略プロファイルが均衡であるとは予測できないであろう．というのはこれは完全でもナッシュでもないからである．完全性はもし囚人のジレンマサブゲームに到達したら，利得は (0, 0) になり，もし

協調サブゲームに到達したら，利得は (1, 1) か (2, 30) であることを示している．このことから，パレート完全パズルの完全均衡は

E_1 : （イン，アウト - オプション 2｜イン，協調サブゲームでは (1, 1) をもたらす行動，囚人のジレンマサブゲームでは (0, 0) をもたらす行動），利得は (20, 20)．

E_2 : （アウト - オプション 1，協調ゲーム｜イン，協調サブゲームでは (2, 30) をもたらす行動，囚人のジレンマサブゲームでは (0, 0) をもたらす行動），利得は (10, 10)．

　もし完全性なしでパレート支配性を適用すると，E_1 は，両プレイヤーがそれを好むので，均衡である．もしプレイヤーがどの点でも再協調し，その期待を変えることができるならば，プレイヤーは (2, 30) をもたらす行動に再協調するであろう．こうしてパレート完全性は E_1 を均衡から排除するのである．それはまた (50, 50) をもたらすパレート支配戦略プロファイルを均衡から締め出すだけでなく，(20, 20) をもたらすパレート支配戦略プロファイルを均衡から締め出すことになる．むしろ利得は (10, 10) である．こうして，パレート完全性はパレート支配完全戦略プロファイルをただ選んだものとは同じではない．

　どの均衡がここでベストであるかということは難しい．これは抽象的ゲームであり，モデルを精緻化するために現実世界からの詳細な事柄を利用することはできない．均衡の精緻化の議論に適用するアプローチは精緻化の背後の直感を利用することと同じ程度には結果をもたらさないであろう．ここでの直感は，プレイヤーはパレート支配均衡をめぐって何か協調するであろうというものであり，そのためオープンな議論が手助けとなるであろうということである．もしパレート完全パズルを使って学生のプレイヤーに実験をさせると，どんなコミュニケーションが許されるかによって異なった均衡に到達するのではないかと予測できる．もしプレイヤーがゲームをスタートさせる前にのみ話すことが許されるならば，E_1 が均衡となりそうである．プレイヤー達がそれをプレイすることに同意でき，また，後で明示的に再協調をする機会を持たないであろうからである．もしゲームが進むにつれてプレイヤー間で話をすることができるようになれば，E_2 はよりありそうになる．現実の世界の状況は多く

の様々なコミュニケーション技術とともに生じているのであるから，1つの正しい解などはない．

ノート

N4.1 サブゲーム完全性
- "perfectness（完全性）"は"perfection"と呼ばれることもある．Selten (1965) はその均衡概念をドイツ語の論文で提起した．"perfectness"という用語はSelten (1975) の中で使われており，どちらかといえば完備という印象を持つものになっており，"perfection"という用語が持つ優良という印象に比べてその均衡概念によりふさわしい．しかし，"perfection"がより多く使われている．
- サブゲームの定義にもとのゲームを含むべきかどうかは議論の余地がある．例えばGibbon (1992, p. 122) は含んでない．モデルの設計者達は，通常，会話の中では含んでいない．
- 完全性が，例えば（非参入，共謀）のような弱ナッシュ均衡を排除する方法として唯一のものだというわけではない．参入阻止ゲームIにおいて，（参入，共謀）は既存企業にとって，弱い意味で支配される戦略になっているのであるから，唯一の反復支配均衡である．
- 完全均衡と非完全ナッシュ均衡との違いは動的計画における**閉ループ**と**開ループ**の軌道との違いのようなものである．閉ループ（**フィードバック**）軌道は完全均衡のようにスタート後に変更されうるが，開ループ軌道は，状態変数に依存するかもしれないが，完全にあらかじめ決まっている．動的計画において，あらかじめ決まった戦略は他のプレイヤーの行動を変化させないから，その違いはそれほど重要ではない．例えば，どんな脅しもロケットに対する月の引力を変えることはないであろう．
- サブゲームの長さが無限になることはありうる，そのようなゲームは完全性を持たない均衡を保有する可能性を持っている．囚人のジレンマの無限繰り返しゲームなどがその例として挙げられるけれども，そこではあらゆるサブゲームが全体ゲームとなんら変わるところのない構造を持っているのであって，ただ開始時間のみが異なっているにすぎない．
- **マクロ経済学における逐次合理性**．マクロ経済学における**動学的整合性**ないしは**時間的整合性**の要請は完全性と類似の事柄であるといってよい．これらの用語は完全性の定義ほど厳密に定められてはいないものの，通常，それらは均衡経路上の節からスタートする部分ゲームにおいて，当該戦略が最適反応戦略になっていることのみを要求している．この解釈に基づくならば，時間的整合性というものは完全性の要求ほど厳格な条件になっているとは言いがたい．

　連邦準備制度理事会（Fed）が経済を刺激するためにインフレを発生させたいとして

も，経済が活性化するのはインフレが予測されない場合に限られる．インフレが予測されるならば，その効果でよいことは何もない．Fed が自分達を騙したいということを人々は知っているから，インフレは生じないであろうという Fed の主張を人々は信じない（Kydland & Prescott［1977］を見よ）．同様に，政府は，名目国債の発行を望んでおり，インフレを低く抑えておくと貸し手に約束しても，いったん国債が発行されれば，政府はその実質価値をインフレによりゼロにしてしまうインセンティブを持つ．Fed が議会と独立に設定されている理由の1つはこの問題を減じるためである．

- しばしば，非合理性――戦略的というより自動的――は利点を持つ．映画『博士の異常な愛情』の皆殺し装置はその1例である．より豊かな米国との合理的軍拡競争に勝てないので，誰かが核爆弾を爆破させると世界全体を自動的に吹っ飛ばしてしまう爆弾をつくるとソビエト連邦は決定する．また，その映画は決定的に重要な詳細部分を描いており，この兵器の存在を告げる人がいなければその非合理性は無駄よりももっとたちの悪いものとなるのである．すなわち，その皆殺し装置を持つことの他の側面を言わねばならない．

  伝えられるところでは，ニクソン大統領は，次の戦略のより複雑なものに従っていたハルドマン補佐官に対して語ったということである．"ボブ，これを狂人理論と呼ぶことにしよう．この戦争を終結させるなんらかの行動を取りうるところに私が到達したいということを，北ベトナムの人々に確信させたい．さらに，次のように付け加えたい．ニクソンが共産主義にどれだけ悩まされているか，後生だからわかってほしい．彼は核ボタンの上に手をのせており，ひとたび怒れば制止することはできない．ホーチミンが2日以内にパリに出向いて和平を申し出てくるだろう"（H. R. Haldeman & Joseph DiMona［1978］, *The Ends of Power*, 1978, p. 83）．4 人のギャング・モデルは 6.4 節でこのような状況をモデル化しようとしたものである．

- いわゆる"ロックアップ協定"は信用できる脅しの1例である．この脅しとは，乗っ取りから企業を守るために自社を破滅させるという脅しのことであって，これが合法的に拘束力を持っている．Macey & NcCesney（1985），p. 33 を見よ．

- 逐次合理性に関する有名なパラドックスは"金曜日クイズのパラドックス"である．あなたは来週クイズに出ることが予定されている．しかし私はクイズの日の選択によってあなたを驚かせるつもりである．もし木曜日までクイズがなければ，あなたはクイズが金曜日に違いないと思い驚かない．同様の議論は水曜日に対しても適用され，結局，全ての日が締め出されてしまう．Quine（1953）から Schick（2003, ch. 5）に至る哲学者がこの問題に取り組んでいる．

N4.2 完全均衡の具体例：参入阻止ゲーム I

- 複占ゲームでのシュタッケルベルグ均衡（3.4節）は1人のプレイヤーが先手となるように修正されたクールノーゲーム（参入阻止ゲーム I と類似のゲームになる）の完全

均衡と見ることができる．先手プレイヤーはシュタッケルベルグ先手であり，後手プレイヤーはシュタッケルベルグ後手である．後手は，より大なる産出高の生産をするように脅すことはできるが，先手が先に高い産出水準を実現してしまえば，この脅しを実行しようとはしないであろう．

- 生物学的ゲームでは完全性はそれほど望ましい均衡概念であるとは言いがたい．手番の順序が問題となる理由は，合理的最適反応はゲームが到達した節に依存するからである．多くの生物学的ゲームではプレイヤーが本能的に行動し，非思考的行動が非現実的ではない．
- Reinganum & Stokey（1985）は，自然資源の採取の例を使って，完全性とコミットメントの意味することを明確に示している．

問　題

4.1：繰り返し参入阻止（初級向け）

4.2 節の参入阻止ゲーム I を 2 回繰り返す場合を考えてみよう．ただし，割引率は導入しないこととし，参入企業は 1 社であり，参入の対象となる 2 市場に関して逐次的に参入するかどうかを決定する．また，どちらの市場においても同一の既存企業であると仮定する．

(a) このゲームの展開形を描け．
(b) 参入企業の戦略集合の 16 の要素を示せ．
(c) サブゲーム完全均衡はどれか．
(d) ナッシュ均衡ではあるが完全均衡ではないようなものを見つけよ．

4.2：3 方向の決闘（中級向け）（Shubik [1954] にちなんで）

拳銃を持った 3 人のギャングのアル，ボブ，クーリーは 12 万ドルの入ったスーツケースを持ってある部屋にいる．アルは標的となった者を殺す確率は 20 ％でもっとも精度が低い．ボブは 40 ％である．クーリーは拳銃使いが遅いがもっとも確実で，確率 70 ％で相手を倒すことができる．それぞれにとって，自分自身の命の価値はどんな金額よりも上回っているとする．決闘で生き残ったものがその金を山分けする．

(a) 各人は 1 発しか弾を持たない．撃つ順番はまずアル，次にボブ，そしてクーリーである．また，各ギャングは自分の番になれば誰かを撃たなければならないとする．このとき，均衡戦略プロファイルは何であるか，また，その均衡で各人が死ぬ確率はいくらか．
ヒント：ゲームツリーを描かないで考えよ．
(b) いま，各ギャングにとって追加的なオプションとして天井に向かって撃つというこ

とがあるとする．その場合には2階の誰かが死ぬかもしれないが，ギャングの利得には直接影響はない．このとき，(a)で見出した均衡での戦略プロファイルはやはり均衡であるか．
(c) 3人のギャングを3つの会社，アペックス，ブライドックス，コストコに置き換える．これらはわずかに異なる製品をつくって競争している．広告戦略についてあなたはどのようなストーリーをつくることができるか．
(d) 米国では，大統領選挙の前に，候補者が自分の党の指名を勝ち取らなければならない．彼らは，民主党にせよ共和党にせよ，党の指名競争で先行者と見られることを好まないとしばしば言われている．これに対して，大統領選においては，彼らは相手の党のライバルより先行していると見られることを気にしないと言う．なぜであろうか．
(e) 1920年代に，レーニンが死んだ後7人がソ連の権力に対して争っていた．最初，スターリンとジノヴィエフが組んでトロツキーに向かった．次にスターリンとブハーリンが組んでジノヴィエフに向かった．そしてスターリンはブハーリンに向かった．この話をクーリー，ボブ，アルの話に関連させよ．

4.3：プリニーの提案と解放奴隷裁判（初級向け）（Piny [105] "To Aristo", Riker [1986, pp. 78-88]）

アフラニウス・デクスターは疑惑のある死に方をした．自殺か，解放奴隷によって殺されたか，彼の命令で解放奴隷によって殺されたか．その解放奴隷はローマ元老院の前で裁判を受けた．上院の45%は釈放（A）を望み，35%は追放（B）を望み，20%が死刑執行（E）を望んだ．そしてその3つのグループでの選好ランキングはそれぞれ $A>B>E$，$B>A>E$，$E>B>A$ であった．また，各グループにはリーダーがいて，ブロックとして投票するものとする．

(a) 現代の法手続きは裁判所がまず有罪かどうかを決定し，もし有罪ならば量刑を決める．出来事の系列をゲームツリーで表せ（これは，プレイヤーのグループの行動を表すのであって，個人を表すわけではないので，ゲームツリーではない．完全均衡での成果はなんであるか）．
(b) 釈放ブロックは，第1回目で有罪が勝てば，第2回目でどのように投票するか，をあらかじめ決めておくことができるとする．このとき，彼らはどのように決めるか．また何が起こるか．死刑執行ブロックが釈放ブロックの第2回目の投票をコントロールできるとすれば，死刑執行ブロックはどうするであろうか．
(c) ローマの法手続きは死刑執行するかどうかの投票をし，もし死刑執行が多数を占めなければ，第2回目に死刑執行以外について投票をする．これをゲームツリーで表せ．この場合何が起こるか．
(d) プリニーは，元老院議員を，釈放，追放，死刑執行のどれを支持したかによって3

つのグループに分け，もっとも多い投票の者が勝つとするように提案した．しかし，この提案は抗議の嵐を受けた．彼はなぜそれを提案したのか．
(e) プリニーは自分の提案した投票手続きで自分が望んだ結果を得ることができなかった．なぜか．
(f) 個人的な考慮によって，たとえある成果のために自分の選好を犠牲にしなければならなかったとしても，自分の立場を投票で示すことが元老院議員にとってもっとも重要なこととなったとしよう．もし，伝統的なローマ法手続きとプリニーの手続きのどちらを使うかの投票があるとすれば，誰がプリニーに投票するであろうか．その解放奴隷はどうなるであろうか．

4.4：ゴミ収集事業に参入（中級向け）

ターナーはある大きな都市でゴミ収集事業をすることを考えている．現在，カットライト・エンタープライズがその市場を独占しており，市が要求した40のルートに対して4,000万ドルを稼いでいる．ターナーはカットライトから好きなだけ多くのルートを取り上げて，1ルートごとに150万ドル得ることができると思っている．ただ，そうすればカットライトが失われたルートを取り戻すため自分を暗殺するのではないかと心配している．ターナーは8,000万ドルの利益のためなら暗殺されてもよいと考えており，また，暗殺は，期待されるリーガルコストと禁固刑による600万ドルの損失をカットライトに与えるであろう．

このとき，ターナーはカットライトからどれだけのルートを取り上げるべきであろうか．

4.5：投票サイクル（中級向け）

アン，ドゥ，トロワが，あるプロジェクトの予算を増やすべきか，現状のままか，減らすべきかについての投票をする3名である．様々な成果に対する彼らの利得は表4.2に与えられており，予算の大きさに単調にはなっていない．アンは予算が増えればもっとも利益を得，そうでなければよくないと思っている．ドゥはより予算の少ないことを望んでいる．トロワは現状の予算を好んでいる．

3人の投票者は最初の選択を書き入れる．もしある政策が投票の過半数を得れば，それが勝つ．そうでなければ現状が選ばれるとする．

(a) （現状，現状，現状）がナッシュ均衡であることを示せ．しかし，この均衡が道理に合わない理由を述べよ．
(b) （増加，現状，現状）もナッシュ均衡であることを示せ．
(c) もし各プレイヤーに独立の小さな確率 ε で"震え"が起こり，間違った選択がなされるとすると，（現状，現状，現状）と（増加，現状，現状）はもはや均衡ではないことを示せ．

表4.2 異なった政策の利得

	アン	ドゥ	トロワ
増加	100	2	4
現状	3	6	9
減少	9	8	1

(d) (減少, 減少, 現状) は，各プレイヤーに独立の小さな確率 ε で "震え" が起こり，間違った選択がなされても生き残るナッシュ均衡であることを示せ．

(e) (d)は，もしアンとドゥが減少を選ぶと期待されると，トロワは，彼らが震えるかもしれないと予想できれば，増加ではなく現状を選択するであろうことを示したものである．それに代わって，トロワが先に投票し，公開されるとしよう．トロワが増加を選ぶサブゲーム完全均衡を構成せよ．いまやあなたは震えることについて思い悩むことはない．

(f) 次のような投票手続きを考えよう．まず，3人が増加と現状の間で投票し，第2回目でその勝った政策と減少との間での投票を3人が行い，第3回目で増加と第2回目で勝った政策との間での投票をする．
このとき何が生じるか（この質問にはトリックがあることに注意！）．

(g) 利得が各プレイヤーにとっての支払い意思額で表されており，プレイヤーは投票の売買に対して拘束的合意ができるとすれば何が生じるか検討せよ．このとき，どの政策が実現し，どの投票がいくらで買われるかについて，何か言うことができるか．

US 航空の身売り：クラスルームゲーム 4

1995 年 10 月 2 日，当時米国で 5 番目に大きな航空会社であった US 航空はユナイテッド航空とアメリカン航空に買収を持ちかけられたことを公表した．ユナイテッドとアメリカンは米国の 2 大航空会社で，両社は競争が激しい航空市場の成長に関心があり，何をするべきかを考えている．

ユナイテッドとアメリカンの財務アナリストは戦略的入札コンサルタントの求めに応じ，考えられる全てのシナリオについての計画を立てた．彼らはユナイテッドとアメリカンは同じ強い立場から始まるが，どちらがこのオークションに勝つかによって，その立場は変化しうると述べている．

以下の 3 つの結果が起こりうる．

1　どちらの企業の入札額も US 航空が受け入れるほど十分な金額ではない．ユナイテッドとアメリカンの両企業とも強い立場を維持し，両社とも 500 億ドルの将来利益が期待できる．

2　航空会社の勝利．勝利した航空会社は市場での支配的な企業となり，800 億ドルの将来利益が期待できる．しかしながら，純利益を計算するためにはこれから US 航空の買収費用を差し引かなければならない．従って，勝利入札 $B_{勝利}$ をした企業の利得は

$$利得_{勝者} = 80 - B_{勝利}. \tag{4.4}$$

US 航空が受け入れる最低限の価格は 100 億ドルである．

3　我々の航空会社の敗北．負けた企業はより大きなネットワークを持つ勝者と競争するのが困難になる．なぜなら，大きな航空会社はバラエティ豊かなフライトを提供できるからである．しかしながら，勝者が US 航空買収に多く支払えば支払うほど敗者にとって有利になる．なぜならば，勝者が買収に支払ったキャッシュフローは新規の設備に投資するのに利用できないし，金融機関は新たに大きくなった企業に融資しようと思わなくなるからである．アナリスト達は，敗れた企業の利得はおよそ以下のようになると言っている．

$$利得_{敗者} = 30 + 0.25 * B_{勝利}. \tag{4.5}$$

具体的には，もし勝者が US 航空にちょうど 100 億ドル支払ったとき，敗者の利益は 325 億ドルとなる．

2 つのオークションルール（競り上げと第 1 価格）を検討しよう．

1　第1価格オークションルール：US航空は入札に関心がある者に入札額を求め，全ての入札を集めるとそれらの入札を公開する．もし，入札が1つだけであれば，その入札が100億ドル以上であれば，その入札者の勝利となる．もし，入札でなければ，US航空は独立した企業として継続する．もし，2つの入札があって，そのうち少なくとも1つが100億ドル以上であれば，勝者はUS航空を買収し，タイの場合はコインを投げて決める．

2　競り上げオークションルール：US航空は最初の入札額をユナイテッドとアメリカンに求める．まず最初の入札者をランダムに決め，その入札者の入札額をもう一方に入札額を書かせる前に公にアナウンスする．もし，100億ドル以上の入札額でなければ，US航空は独立した企業として継続する．もし，少なくとも1つの入札額が100億ドル以上であれば，US航空は対抗するオファーを認め，競り上げオークションを始める．勝者がUS航空を買収する．

　学生諸君はUS航空とユナイテッドとアメリカンの3つのグループに分かれる．第1価格または競り上げのオークションをプレイするためにグループをペアにする．最初に，全てのペアが第1価格ルールでプレイし，その後，競り上げルールでプレイする．

第5章 対称情報を持つ評判と繰り返しゲーム

5.1 有限繰り返しゲームとチェーンストア・パラドックス

4章は時間とともに逐次的な手番を持つゲーム，いわゆる動学ゲームにおいて意味のある均衡を見つけるために，ナッシュ均衡の概念を精緻化する仕方を示した．動学ゲームにおいて重要なものは繰り返しゲームである．そこではプレイヤーは同じ環境のもとで同じ意思決定を繰り返し行う．5章ではそうしたゲームを取り上げる．ゲームのルールは各回で変わらないが，変わるのは時間が進むにつれて増えていく"歴史"である．繰り返しが有限であれば，ゲームの終わりへの接近の程度も変わる．また，繰り返しゲームでは時間とともに情報の非対称性が変化する可能性がある．プレイヤーの手番がその私的情報を運んでくる可能性があるからである．しかし，5章は対称情報のゲームに限定する．

5.1節では，参入阻止と囚人のジレンマにおける繰り返しは予想に反して重要でないということを示す．これはチェーンストア・パラドックスとして知られた現象である．割引も，ゲーム終了期日の不確定性も，無限繰り返しも，さらにはあらかじめのコミットメントもチェーンストア・パラドックスから満足できる形で逃れることができない．これは5.2節でフォーク定理として要約される．5.2節では繰り返しゲームで協力をしなかったプレイヤーを罰する戦略についても議論する．過酷な戦略，しっぺ返し戦略やミニマックス戦略がそれである．5.3節では囚人のジレンマをベースにした評判モデルの枠組みを構築し，5.4節では繰り返しモデルの具体例として，製品の品質をめぐるクライン=レフラーモデルが示される．5.5節では顧客のスイッチング費用の重複世代モデルを取り扱い，本章を終わる．このモデルでは均衡の数を狭めるためにマルコフ戦略という概念を使うことになる．

チェーンストア・パラドックス

参入阻止ゲームIを20回繰り返すことを考えてみよう．この状況は，20の市場にアウトレットを持つチェーンストアが，それらの市場への他企業の参入を阻止しようとしているケースである．1つの市場しかない場合には参入を阻止できないけれども，繰り返しの場合には，残り19の市場への参入を食い止めるためにチェーンストアは最初の参入企業と戦うであろうから，結局，20の市場の場合，結果が異なってくるということが予想されうる．

繰り返しゲームは，繰り返しを伴わない**ワンショットゲーム**よりもはるかに複雑である．たしかに，プレイヤーの取る行動は，従来と同様に，参入企業にとっての"参入"および"非参入"であり，既存企業にとっては"戦う"および"共謀"であるのだが，プレイヤーの戦略は，以前の各期における両プレイヤーの行動が何であったかに依存する形で，どの行動を選択すべきかを示すものという非常に複雑なルールになっているのである．例えば，囚人のジレンマをたった5回繰り返すだけでも各プレイヤーは20億を超える戦略を持つことになるのであって，戦略プロファイルの数にいたってはほとんど気の遠くなるほどの数になることが知られている（Sugden [1986], p. 108）．

このゲームを解く際に，ただちに思いつく方法は，ゲームを最初から考えていくことである．この方法によれば，戦略を左右する過去の（ゲームの）歴史は，たしかに最少にとどめられるが，実は，いずれ大変な作業と直面しなければならなくなる．そこで，"人生は後ろ向きにしか理解できないが，前向きにしか生きられない"というキルケゴールの言葉に従うことにしよう．実際，プレイヤーが最初の行動を取るときは，その行動が将来の各期に対して持つ意味を前もって見通すものであるので，多期間ゲームの最終期の分析から始めるのがもっとも容易なのである．

いま，19の市場がすでに参入企業の参入を受けているものとしよう．このとき，最後の市場では，2つの企業はワンショットの参入阻止ゲームIと同様のサブゲームに直面することになるから，参入企業は過去の歴史が何であろうとも参入し，チェーンストアは共謀するはずである．次に，最後から2番目の市場を考えてみれば，最後の参入企業に対してチェーンストアが共謀で応ずるということがすでに共有知識となっているために，チェーンストアにとって，

自らが残忍であるという評判を形成しても得るところはない．そういうわけで，既存企業は 19 番目の市場においても共謀を選択するのはもっともなことである．18 番目の市場においても同様の議論が成立するが，この後ろ向きの帰納法を進めていけば，結局，最初の市場を含む全ての市場においても同じことが言えると結論されよう．このことは Selten (1978) にちなんで**チェーンストア・パラドックス**として知られている．

以上の後ろ向き帰納法は，その結果として得られる戦略プロファイルがサブゲーム完全均衡戦略であることを保証する．なお，これ以外のナッシュ均衡があるが——例えば（常に戦う，決して参入しない）——，それらはチェーンストア・パラドックスのために完全性を保有していない．

繰り返し囚人のジレンマ

囚人のジレンマは参入阻止ゲーム I と類似している．囚人のジレンマでは，どちらの囚人も否認することにコミットしたいのであるが，コミットメントできないので，自白するのである．このとき，ゲームの繰り返しがなんらの協力的行動も誘発しないということを示すのにチェーンストア・パラドックスが適用される．実際，どちらの囚人も，繰り返しの最終期には自白することになるのを知るのであって，このことは，結局，19 期の結果に関係なく 20 期には共に自白するという結果がもたらされることを確認させることに繋がっている．このことから，19 期において，どちらの囚人も自白することになる．さらに，評判を形成することは，20 期にそれが何も重要でないのであるから，無意味であることは言うまでもない．以上の帰納的な推論を進めていけば，各期において両囚人の自白が実現することも理解され，それが唯一の完全均衡成果になっていることも明らかとなる．

実際には，ワンショットの囚人のジレンマは支配戦略均衡を持っているのであるから，自白は，繰り返し囚人のジレンマにおける唯一のナッシュ均衡成果であり，同時に，それ以外のナッシュ均衡経路が存在しないことも確認されるのである．ただし，これまでの議論だけでは，自白が唯一のナッシュ均衡であることを示したとは言えない．ここで，サブゲーム完全性を言う際には，次第に長くなるサブゲームを利用して，最終期から辿って議論する論法が取られたのであったが，自白することが唯一のナッシュ均衡経路になることを示すにあ

たっては，もはやサブゲームに注目することはなく，ナッシュ均衡になる戦略から一連の戦略を除外していく方向で議論が進められるのである．いま，均衡経路に直接に関係する戦略の一部，すなわち実現される利得に直結する部分を考えることにしよう．この場合，最終期に黙秘を要求するような戦略はナッシュ均衡戦略とはなりえないことがわかる．というのは，その部分の戦略を黙秘ではなく自白に変えたものがもとの戦略を支配するためである．また，両方のプレイヤー（囚人）が最終期に自白する戦略を取ったとすれば，最終期の1期前に自白を要求しないような戦略もまたナッシュ均衡にはならないが，それは，そのような戦略にあっては，一方の囚人が最終期の1期前における黙秘行動を自白行動に変えるという逸脱を起こすと考えられることによっている．この議論は1期まで進めていけるが，その結果，均衡経路を辿る限りにおいては，どの期にあっても自白以外の行動を要求するような戦略というものがナッシュ均衡戦略からことごとく除外されることになるのである．

各期において自白するという戦略は，ワンショットゲームにあっては支配戦略であるが，ここでの多期間ゲームの場合には支配戦略にならないことに注目すべきである．実際，相手プレイヤーが自白するまでは黙秘するが，相手プレイヤーの自白の後はゲームの最終期に至るまで自白するというような最適でない戦略に対して，各期における自白を要求する戦略は最適反応戦略になりえない．さらに，ここで言うところの均衡戦略の一意性は均衡経路上に限って成立するものであることに注意すべきである．つまり，完全性を持たないナッシュ均衡戦略が，均衡経路から外れた節において黙秘を要求することが起こりうることを忘れてはならない．ただし，それらの節は実際には実現されないものである．もし，ロウが（各期において自白する）という戦略を選択したとすれば，コラムの最適反応戦略は，例えば，（ロウが10期間にわたって黙秘を続けた後でなければ決して黙秘しないが，仮にそれを確認したとすれば，それ以後の10期間は全て黙秘する）のような構造になっているのである．

5.2 無限繰り返しゲーム，ミニマックス罰，フォーク定理

チェーンストア・パラドックスと，実際の社会行動として我々が考えているものとの間に横たわる矛盾をうまく解決する方法としては，6章に見られるよ

うに，モデルに不完備情報を盛り込むことが挙げられよう．しかし，不完備情報に進む前に，それ以外の解決方法を探ることにする．この場合，1つの考え方として，囚人のジレンマを有限回ではなく無限に繰り返すということが挙げられる．無限繰り返しとすれば，最終期はないのであるから，チェーンストア・パラドックスを導いた帰納的推論はもはや成立の根拠を失う．

　実際，囚人のジレンマの無限繰り返しゲームにあっては，両方のプレイヤーが共に協力するという簡明な完全均衡経路の存在を確認することが可能である．この経路は，両方のプレイヤーが，次に示されるような過酷な戦略を採用することによって実現される．

過酷な戦略

1　1期は黙秘する．
2　他のプレイヤーが自白するまで黙秘し続けるが，他プレイヤーの自白があった場合は，それ以後必ず自白する．

　この過酷な戦略は，あるプレイヤーが最初に逸脱し，自白を選んだら，それ以降は彼自身も永遠に自白を選び続けることに注意しよう．

　いま，コラムが過酷な戦略を用いるとすれば，実は，ロウにとっても過酷な戦略が（弱い意味での）最適反応戦略になっていることがわかる．実際，ロウが黙秘するとすれば，彼は（黙秘，黙秘）による高い利得を永久に獲得し続けるのであるが，逆に自白するならば，たしかに1度は（自白，黙秘）によって高い利得を手に入れはするものの，それ以降については，（自白，自白）からもたらされる利得以上のものを期待することができないのである．

　ただし，その無限繰り返しゲームにおいても，黙秘はただちに生じるわけではなく，自白を罰するあらゆる戦略が完全というわけではない．その有名な例はしっぺ返し戦略である．

しっぺ返し

1　最初は黙秘を選択せよ．
2　それ以後，$n-1$期に他のプレイヤーが選択した行動をn期に選べ．

　もしコラムがしっぺ返し戦略を取るとき，ロウは相手より先に裏切る誘因を

持たない．それは，コラムが黙秘する限り，彼は（黙秘，黙秘）から得られる高い利得を手に入れることができるからであって，もし彼が自白すれば，その後しっぺ返し戦略に戻ったとしても（自白，黙秘）と（黙秘，黙秘）を繰り返すことになるのである．これらの交互の繰り返しから得られるロウの平均利得は，（黙秘，黙秘）に固執した場合のそれよりも低いものとなるだけでなく，最初の自白による1期限りの利得増を帳消しにしてなお余りあるものとなっている．この事実は，しっぺ返し戦略の完全均衡性を示しているかのようであるが，実はしっぺ返し戦略は割引のない無限繰り返し囚人のジレンマではほとんどの場合必ずしも完全ではない．その理由は，ロウの最初の自白をコラムが罰することの非合理性にある．しっぺ返し戦略に基づく罰則に固執することは交互の自白という悲惨な結果をもたらすだけであって，コラムにとっては，むしろ，ロウの最初の自白を無視してかかった方が得策であろう．この逸脱は黙秘するという均衡経路上の行動からではなく，自白に対する自白という均衡経路外での行動ルールから生じている．こうして，しっぺ返しは，過酷な戦略と異なり，サブゲーム完全ではない（この点については Kalai, Samet, & Stanford [1988] と問題5.5を参照）．

定理5.1（フォーク定理）

各々の繰り返しにおける有限行動集合を持つ無限繰り返し n 人ゲームでは，有限繰り返し期間に観察される行動の組は全て，ある部分ゲーム完全均衡経路に対応する唯一の経路になっている．ただし，このとき，次の条件1～3が満足されているものとする．

条件1：時間選好率が0であるか，あるいは十分小さい正数である．
条件2：繰り返しの各期においてゲームが終了する確率は0であるか，あるいは十分小さい正数である．
条件3：混合戦略の範囲で見たときのワンショットゲームのミニマックス利得のプロファイルを厳密にパレート支配する利得のプロファイルの集合は n 次元である．

フォーク定理が意味するものは，特定の行動が完全均衡において生じることを要求することは，無限繰り返しゲームにおいては無意味なものであるという

ことである．このことは，囚人のジレンマゲームに限らず，条件1～3を満たすようなゲーム全てについて成立する．言い換えるならば，ゲームの残り期間が無限である場合には，他のプレイヤーを罰してより有利な将来利得を得るような方法は常に存在するということであって，このような罰が一時的には，罰せられる側と同様に，罰する側のプレイヤーにとっても損失をもたらすとしても，それは決定的な支障にはならないということである．いかなる有限期間も無限期間に比べれば取るに足らないものである．従って，将来の報復の脅しが，必要な罰を実行することを思いとどまらせることになる．

上記の条件について議論しよう．

条件1：割引

フォーク定理は，将来利得の割引が，いわゆる最終期に関する難問の影響を減少させるかどうかという問題への解答の手助けとなる．それとは全く反対に，割引のあるケースでは，自白による現在の利得増は高く評価され，協調からの将来利得は低く評価されるから，割引率が相当に大であるときには，全体ゲームはほとんどワンショットのゲームに集約されてしまうと考えられる．例えば，実質利率1,000％のとき，次年度の支払いは100年後の支払いよりよいとはほとんど言えず，次年度は事実上問題にならない．非常に長い繰り返し期間に依存するモデルは，割引率があまり高くないことをまた仮定している．

それでも，割引率0の場合との不連続性がないことを示すために，小さな割引率を認めることは重要である．実際，多くの均衡を持つ割引のない無限繰り返しゲームの場合には，小さな割引率を導入したとしても均衡の数は減少しないことをフォーク定理は教えている．これは，繰り返し回数は大きいが有限となるようにモデルを変える場合への影響と対照的である．その場合にはチェーンストア・パラドックスを誘発することにより，1つの例外を除いて全ての成果がしばしば排除されることになる．

割引率0の場合は多くの完全均衡を許容するが，大きな割引率のもとでは，唯一の均衡成果は永久に繰り返される自白のみである．そこで，与えられたパラメータの値に対して，均衡成果が唯一になるかどうかの限界的な割引率の値を算出することができる．このとき，前述の過酷な戦略は，考えられる限りにおいてもっとも重い罰（逸脱行動に対する）を科している．さて，次節の表

5.2a に示された囚人のジレンマゲームでの利得を使えば，過酷な戦略に基づく均衡利得は，現在における利得 (5) とゲームの残り期間から得られる利得の現在価値 ($5/r$) の合計ということになる．ここで，もし，ロウが自白によって逸脱したとすると，その時点で利得10を得るが，その後は全期間にわたって利得0の状態に追いこまれる．以上のことより，限界的な割引値は $5 + 5/r = 10 + 0$ を解くことによって得られ，それは $r = 1$ となる．すなわち割引率100％が限界値になっているのであり，割引因子で言えば，それは $\delta = 0.5$ に相当する．結局のところ，プレイヤーがよほど短気でもない限り，自白はそれほどの誘惑ではない．

条件2：偶然のゲーム終了

時間選好はかなりわかりやすいものであるが，驚くべきことに，ゲームが各期において確率 θ で終了すると仮定することは劇的な違いをもたらさない．θ が大きくなりすぎない限り，θ の値が時間とともに変化すると仮定することを認めてもなんら差し支えない．$\theta > 0$ の場合には，確率1で有限期間でゲームは終わる．このことは，あまり劇的でない言い方をすれば，期待繰り返し回数は有限であるが，それでもなお，ゲームは割引のある無限繰り返しゲームと本質的な違いを持っていないということである．というのも，すでに終了したゲームの繰り返し回数（期間）がいかに大であろうとも，その後に期待される繰り返し回数は依然として常に大きいからである．そのゲームはなお最終期を持っていないのであり，仮に最終期を持ったとした場合には，たとえそれが期待される繰り返し期間をはるかに超えるものであったとしても，事態は劇的に変化するであろう．

次の2つの状況は互いに異なっている．

"1　ゲームは T 期までには終了するが，実際どの期で終了するかは不確実である．"

"2　ゲームが各期において一定の確率で終了する．"

1のもとでは，時の経過とともに，残り繰り返し期間の最大値が確実に減少して0に近付くことから，ゲームは有限繰り返しゲームの特質を持つのに対し

て，2のもとでは，ゲームは確かに T 期までに終了する可能性が高くても，現実に T 期まで続けば，ゲームは 1 期を迎えたときと同じ状況に置かれてしまうことになる．賛美歌"アメイジング・グレース"の第 4 編はこの"定常性"を非常によく表している（これが $\theta=0$ のゲームに当てはまると私は期待している）．

> 何万年経とうとも
> 太陽のように光り輝き
> 最初に歌い始めたとき以上に
> 神の恵みを歌い讃え続けることだろう

条件3：次元性

定理 5.1 に示されている"ミニマックス利得"とは，プレイヤー i に対し全ての他のプレイヤー i が罰することに専念するなかで，可能な限り自分の利得の減少をくいとめた場合に彼が獲得する利得のことである．

プレイヤー i がどのように対応しようとも，i 以外の全てのプレイヤーによって i の利得をできるだけ低くするように選ばれる $n-1$ 個の戦略プロファイル s^*_{-i} を $n-1$ **ミニマックス戦略**と言う．

$$\underset{s_{-i}}{\text{Minimize}} \ \underset{s_i}{\text{Maximum}} \ \pi_i(s_i, s_{-i}) \tag{5.1}$$

プレイヤー i の**ミニマックス利得**，**ミニマックス値**，あるいは，**保証値**とは (5.1) から得られる彼の利得である．

この次元条件は 3 人以上のプレイヤーで構成されるゲームについてのみ必要となる条件であって，各プレイヤーにとって自分のミニマックス利得を超える利得をもたらす利得の組が存在しており，そこでの利得が他の全てのプレイヤーの利得と異なっているなら，この条件は満たされる．図 5.1 はこの条件が，この段落の数ページ先にある 2 人の囚人のジレンマ（表 5.2a）に対して満たされ，2 人のランクのある協調ゲームに対して満たされないことを示している．n 人の囚人のジレンマを例に取れば，この条件は，単独の自白者が，協調を続ける他の全ての仲間の囚人よりも高い利得を得るような場合に満足され

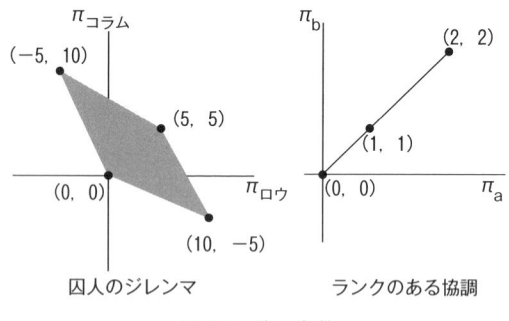

図5.1 次元条件

る。しかし n 人のランクのある協調ゲームにおいては，全てのプレイヤーが同一の利得を得ることになっているからこの条件は満たされていない。この条件が必要である理由は，望まれる行動を確立することは，他のプレイヤー達が，自らを罰することなく，逸脱するプレイヤーを罰することが可能であるような方法を要求するというところに求められる．

フォーク定理における次元条件に代わる次のような条件がある．

条件 3′

繰り返しゲームは次のような"望ましい"サブゲーム完全均衡を持っている。すなわち，その均衡での各期に行われるある戦略プロファイル $\bar{s}$ は，各プレイヤー i に対して，他のあるサブゲーム完全な"罰則"均衡によって各期に行われる戦略プロファイル $\underline{s}^i$ による利得より大きな利得を与える．

$\exists \bar{s} : \forall i, \exists \underline{s}^i : \pi_i(\underline{s}^i) < \pi_i(\bar{s})$ を満たす．

条件 3′ はいくつかの完全均衡を見出すことをしばしば容易にするので有益である。望ましい行動パターンを実行させるためにはアメとしてその望ましい均衡を，また，自己拘束的ムチとして"罰則"均衡を使えということである（Rasmusen [1992a] 参照）．

ミニマックスとマクシミン

協調を実行させる戦略に関する議論において，罰則戦略の最大の厳しさについての疑問が頻繁に持ち上がる．こうして，ミニマックス戦略の考えが——これはもし攻撃者が自分の罰則に協力しないなら，考えられるもっとも厳しい制裁であるが——フォーク定理の命題の中に入った．攻撃者が罰則から自分を守ろうとするときに対応する戦略はマクシミン戦略である．

> 戦略 s_i^* がプレイヤー i にとって**マクシミン戦略**であるとは，他のプレイヤーができるだけ i の利得を低くする戦略を選ぶ場合に，s_i^* が i に最大可能な利得をもたらすようなものである．
>
> s_i^* は次のようにして解かれる．

$$\underset{s_i}{\text{Maximize}} \ \underset{s_{-i}}{\text{Minimum}} \ \pi_i(s_i, s_{-i}) \tag{5.2}$$

例えば，2人ゲームにおいて i を1とするケースを考えるならば，

プレイヤー1のマクシミン戦略：$\underset{s_1}{\text{Maximize}} \ \underset{s_2}{\text{Minimum}} \ \pi_1(s_1, s_2)$

プレイヤー2のミニマックス戦略：$\underset{s_2}{\text{Minimize}} \ \underset{s_1}{\text{Maximum}} \ \pi_1(s_1, s_2)$

囚人のジレンマにおいては，ミニマックス戦略もマクシミン戦略も自白になる．福祉ゲーム（表3.1）は混合戦略ナッシュ均衡を持っているだけであるが，仮に純粋戦略に限定するならば，貧困者のマクシミン戦略は職探しをするであり，この戦略は彼に少なくとも1の利得を保証することになる．一方，彼のミニマックス戦略は怠けることであって，それは政府の利益が0を超えることを妨げる．

ミニマックス戦略を取る場合，プレイヤー2は悪意に満ちていると考えられるが，このとき，彼は最初に手番となるのでなければならない（少なくとも混合確率を選択することについて）．そうでなければ，プレイヤー1に対して最大の苦痛を与えることができないからである．他方，マクシミン戦略においては，プレイヤー1の手番が最初に来ることになる．ここでは，プレイヤー1の

行動は，プレイヤー2が自分をやっつけることしか考えていないという信念に基づいていると言ってよい．非ゼロ和ゲームでは，ミニマックスはサディスト的であり，マクシミンは被害妄想的であると言えよう．ただ，ゼロ和ゲームにあっては，ここでの行動基準は，単にプレイヤーが極度に神経質であるということを示すにすぎないと言ってよく，そのとき，ミニマックスはオプティミストの行動，マクシミンはペシミストの行動と言うことができる．

マクシミン戦略は一意であるとは限らず，また混合戦略でもありうる．マクシミン行動は，起こりうる最大損失を最小化しようとする行動であると見ることができるから，意思決定理論家はこのような対応策を**ミニマックス規準**と呼んでいるが，なかなか印象的な命名である (Luce & Raiffa [1987] p. 279)．

そこで，均衡概念の基礎としてマクシミン戦略を使うことが魅力的に見える．**マクシミン均衡**は各プレイヤーのマクシミン戦略からなる．各プレイヤーが起こりうる最大の損害を防いだことから，そのような戦略は，もっともらしく見えるかもしれない．しかし，合理的なプレイヤーにとってはマクシミン戦略を正当化する根拠はそれほど強力であるわけではない．しかも，それは，危険回避的なプレイヤーにとって最適戦略になっているとすら言えない．というのは，危険回避は効用利得において説明されるからである．また，このようなプレイヤーの暗黙のうちの信念が，マクシミン均衡で実現されるものと整合的である保証はないのであるが，そのくせプレイヤーは，彼のゲームの相手が，もしマクシミン行動が合理的であるとすれば自己利益のためにというよりむしろ悪意から，最悪の戦略を選択するであろうと信じなければならないからである．

ミニマックス戦略とマクシミン戦略の有用性は最適戦略を直接予測することにあるのではなく，定理5.1の条件3のように戦略が利得に与える影響に制限をすることにある．

ミニマックスとマクシミン戦略は常に純粋戦略であるわけではないということを思い出すことは重要である．Fudenberg & Tirole (1991a, p. 150) から取り込んだ表5.1のミニマックスゲーム例において，ロウは下を選んで0の利得を確保でき，それがマクシミン戦略である．しかしコラムは純粋ミニマックス戦略を使うことによってロウの利得を0にすることはできない．もし，コラムが左を選べば，ロウは中を選び利得1を得る．また，コラムが右を選べば，ロウ

表5.1 ミニマックスゲーム例

		コラム	
		左	右
ロウ	上	-2, [2]	[1], -1
	中	[1], -2	-2, [2]
	下	0, [1]	0, [1]

利得：(ロウ，コラム)．最適反応利得は囲まれている．

は上を選び1を得ることができる．しかし，コラムはミニマックス混合戦略（確率0.5で左，確率0.5で右）を選ぶことによってコラムの利得を0にすることができる．そのとき，ロウは下で対応し，ミニマックス利得0を得る．なぜなら，上も，中も，その2つの混合も彼に$-0.5(=0.5(-2)+0.5(1))$の利得を与えるであろうからである．

コラムのマクシミンとミニマックス戦略はまた計算できる．コラムをミニマックス化するロウの戦略は（確率0.5で左，確率0.5で右）であり，コラムのマクシミン戦略は（確率0.5で左，確率0.5で右）であり，コラムのミニマックス利得は0である．

2人ゼロ和ゲームではミニマックス戦略とマクシミン戦略は，プレイヤー1がプレイヤー2の利得を減らすときには，自分の利得を増やしているから，より直接的に有用である．これは有名な**ミニマックス定理**（von Neumann [1928]）の起源であり，それは，ミニマックス均衡は全ての2人ゼロ和ゲームにおいて純粋戦略か混合戦略で存在し，それがマクシミン均衡と一致するということを示したものである．不幸にして，応用で使われるゲームは通常ゼロ和ゲームではないのでミニマックス定理はあまり適用されない．

事前のコミットメント

ゲームの開始時点において，それ以後の戦略についてプレイヤーが前もってコミットすることを認める，いわゆるメタ戦略を採用して，これまでの完全均衡の考え方を放棄してしまえばどのようなことになるであろうか．ただ，そのときでも，拘束的約束（binding promise）は認めないとすることによってゲームを非協力的にしておきたいであろう．しかしながら，それを同時手番ゲーム

か，あるいは，逐次的に1つの手番が起こるゲームとしてモデル化することができる．

　事前のコミットメント戦略が同時に選ばれれば，有限繰り返し囚人のジレンマの均衡成果は常に自白となる．コミットメントを認めるということは均衡の非完全性をも認めるということであるが，このケースでは，すでに示したように，唯一のナッシュ均衡は自白のみで構成されることになるのである．

　プレイヤーが，逐次的に戦略へのコミットメントを行っていくときには異なる結果がもたらされる．実際にどのような結果になるかはパラメータの値に依存するのであるが，1つの可能な均衡は次のようなものである．すなわち，ロウが先手で（コラムが自白するまで黙秘し，その後は自白する）という戦略を，後手のコラムが（この戦略の最終期まで黙秘し，その後，自白する）という戦略を取るケースである．この場合，観察される結果は，最終期に至るまで全て黙秘となる．しかし，ロウがその後も黙秘するのに対して，コラムは第2回目の開始時点で裏切ってしまう．もしもロウが裏切る時期を早くするならば，コラムも同様の戦略変更を行うであろうから，結局，ロウはこの状況に満足せざるを得ないのである．このゲームは後手有利である．

5.3　評判：一方的な囚人のジレンマ

　本書の第2部はモラル・ハザードと逆選択を取り扱っている．モラル・ハザードのもとでは，プレイヤーは高い努力水準をコミットしたが，実際には信用できる形でそうすることができない．また，逆選択の場合には，自分の高い能力を伝えたいにもかかわらず，プレイヤーはそれができない．どちらにしても，共通して言えることは，嘘をつくことに対しての罰則が不十分であるということである．評判（reputation）はこの問題の解決に1つの手がかりを与えるかもしれない．たしかに，関係が繰り返されてくれば，当初のうち誠実に行動しておくことが，そのプレイヤーが誠実であるという評判を形成することに繋がり，ゲーム後半を有利にプレイできる結果をもたらすこともあるかもしれない．

　また，処罰するという脅しを信用できるものにする際に，評判は同様の役割を持っているように思われる．通常，処罰は処罰される側にとっても処罰する

側にとってもコストがかかることである．従って，そのような犠牲を払ってまでどうして罰を与えようとするのか，過去は過去として水に流すべきでない理由は何かということなどが必ずしも判然としない．例えば，ソビエトは1988年になってやっとスイスに対する70年前の債務を精算したが，これは，両国とも恩恵をこうむるような新しい盟約の発効をスイスが拒絶しないことを願ってのものであった（"ソビエトが帝政時代の債務の支払いに同意する"，『ウォールストリートジャーナル』，1988年1月19日号, p.60）．スイスがそこまでの報復をレーニンに対して行ったのはなぜであろうか．

　プレイヤーが罰則を断固として行い，うやむやに終わらせないのはどうしてかという問題は，実のところ，繰り返しが無限である場合に限って協力が発生しうるという，繰り返し囚人のジレンマで起こった問題と同じものである．それは，評判を考えるときの重大な問題である．いったい，プレイヤーが抜けがけをするであろうとか，まじめにはやらないだろうとか，あるいは最終期には借金を踏み倒すだろうということを全員が知っているというのに，現時点で評判を形成すべきかどうか思い悩むであろうと，なぜ想定するのであろうか．なぜ過去の行動が将来の行動に対するなんらかの指針になるべきなのであろうか．

　全ての評判問題が囚人のジレンマと全く同じというわけではないが，同じような感じがする．複占やもともとの囚人のジレンマのように，両プレイヤーが同じ戦略集合を持ち，利得が対称的であるという意味で**双方的な**ゲームもあれば，製品品質ゲームのように，囚人のジレンマによく似た性質を持っているが，非対称であるので通常の定義には当てはまらない，**一方的な囚人のジレンマ**と呼ばれるものもある．表5.2は通常の囚人のジレンマと一方的なジレンマの標準形を示している[1]．重要な違いは，一方的な囚人のジレンマでは少なくとも1人のプレイヤーは実際（黙秘，黙秘）——表5.2では（高品質，購入）であるが——の成果を他のものより好むということである．彼が自白するの

---

1) 正確には表1.1の囚人のジレンマとは異なった数字であるが，順位はもとと同じである．表5.2にあるような数字は比較的よく使われる．というのは（自白，自白）の利得を（0, 0）に基準化し，たいていの値を負よりも正にすることは便利がよいからである．

表 5.2　囚人のジレンマ
(a) 双方的（通常のもの）

	コラム	
	黙秘	自白
ロウ　黙秘	5, 5　→	−5, 10
	↓	↓
自白	10, −5　→	0, 0

利得：(ロウ, スミス). 矢印はプレイヤーの効用が増加する方向を示す.

(b) 一方的

	消費者（コラム）	
	購入	ボイコット
販売者（ロウ）　高品質	5, 5　←	0, 0
	↓	↑
低品質	10, −5　→	0, 0

利得（販売者, 消費者). 矢印はプレイヤーの効用が増加する方向を示す.

は，相手を攻撃するためというよりもむしろ自己の防御のためであって，利得 (0, 0) は，この場合，相手プレイヤーとの接触を拒否した結果と解釈することもできるであろう．例えば，クライスラー社がかつて走行距離計を偽造したことを知っている自動車マニアが，同社の車の購入を拒否するなどのケースである．表 5.3 には，一方的および双方的な囚人のジレンマの例が示されている．

　一方的な囚人のジレンマにおけるナッシュ均衡で，しかも反復支配戦略均衡は依然として（自白，自白）ではあるけれども，それは支配戦略均衡にはなっていない．実は，コラムは支配戦略を持っていない．というのは，ロウが黙秘を選択すれば，コラムも利得 5 を得ようとして黙秘を選択しようと思うであろうが，コラムが逆に裏切りを選択するならば，ロウもやはり自白を選んで利得 0 を入手しようとするであろうからである．コラムにとって，自白は弱支配戦略になっており，そのことが（自白，自白）を反復支配戦略均衡たらしめているのである．もちろん，どちらのゲームでも，各プレイヤーは相手が協力するように説得したいと思わないはずはない．なお，そのとき，一方的なゲームにおいて協力という結果を引き出すような工夫は，双方的なゲームにあっても通

表5.3 評判が重要な意味を持つ繰り返しゲーム

実 際 例	特徴	プレイヤー	行　　動
囚人のジレンマ	双方的	ロウ コラム	黙秘/自白 黙秘/自白
複占	双方的	企業 企業	高価格/低価格 高価格/低価格
雇用者/労働者	双方的	雇用者 労働者	賞与/賞与なし 働く/怠ける
製品品質	一方的	消費者 企業	購入/ボイコット 高品質/低品質
参入阻止	一方的	既存企業 参入企業	低価格/高価格 参入/非参入
財務情報公開	一方的	企業 投資家	真実を告げる/偽る 投資する/控える
貸借	一方的	貸し手 借り手	貸与/拒否 返済/債務不履行

常やはり同様の結論を生み出すであろう．

5.4　無限繰り返しの製品品質ゲーム

　フォーク定理が教えていることは，無限繰り返しゲーム（しばしば**無限視野モデル**とも呼ばれる）の完全均衡のいくつかは，有限の期間で観察されるいかなる行動様式も生み出しうるということである．しかしながら，フォーク定理自体は数学上の産物にすぎないのであるから，特定の行動様式を生み出す戦略は不合理と見られることもないとは言えない．この定理の持つ意義は，無限繰り返しゲームの精密な分析を刺激したことにあり，モデル設計者は自分の主張する均衡が他のものに比して優れている根拠を示さなければならないこととなった点である．すなわち，完全均衡性を単に形式的に検証することで満足するのではなく，その他の論点からも当該戦略の妥当性を論証しなければならないということである．

製品品質ゲームについての簡単なモデルでは，販売する側は費用を十分にかけて高品質のものをつくることもできるし，費用をかけない粗悪品の生産も可能であるが，購入する側はそれらの品質について事前に知ることができないとされている．いま，販売者が，対称情報のもとでは高品質のものを生産するとすれば，表 5.2b にあるような一方的な囚人のジレンマが構成されていることになる．そこでは，販売者が高品質の生産を実行し，消費者がそれを買うというケースが，どちらのプレイヤーにとってもより望ましい状況になってはいるけれども，販売者にとってみれば低品質の生産が弱い意味での支配戦略になっているために，現実には消費者は購入しない．ここでのモデルは 7 章で取り上げられるモラル・ハザードに関する 1 例と見ることもできよう．

さて，以上の問題を解決する可能性を持つものとしてゲームの繰り返し化がある．すなわち，各繰り返し期において企業が品質を選択できるものとしてみるのであるが，そのとき，もしも，繰り返し期間が有限であれば，成果はチェーンストア・パラドックスのため変わらない．すなわち，繰り返しの最終期はワンショットゲームとなんら変わるところはないから企業は低品質を選択することになり，また，最終期の行動がその 1 期前の行動とは無関係に決定され，しかも，そのことが予見されるので，企業は最終期の前の期でも依然として低品質行動を取ることになる．この論法が 1 期にまで遡るものであることも容易に理解されよう．

ゲームが無限に繰り返されるときには，チェーンストア・パラドックスは発生せず，均衡には広い範囲の成果が観察されるということをフォーク定理は示している．Klein & Leffler (1981) は無限期間のモデルの均衡として納得いくようなものを提示した．彼らの最初の論文で得られた結論はゲーム理論の用語を使って記述されてはおらず，UCLA の伝統的な叙述形式に終始しているけれども，本書では Rasmusen (1989b) のようにこれを正式に再述してみたい．さて，均衡では，企業は高品質のものを生産しようとするであろう．というのは多期間にわたって高価格で売ることができるし，消費者は 1 度でも低品質のものをつかまされれば，その後は決して当該企業からの購入を考えなくなるであろうからである．この場合は，低品質のものをつくって高価格で売るという，一種のだましによるボロもうけの入手を企業に断念させるに足りるほどの高さに均衡価格はなっているであろう．これは，多数あるサブゲーム完全均衡

製品品質ゲーム

プレイヤー
無数の潜在的な企業と，消費者の連続体．

プレイの順序
1. n 社の企業が，F の参入費用のもとで，市場に参入を決意する．n は内生的である．
2. 参入した企業は自社の製品の品質について，高品質か低品質かを選択する．高品質については一定の限界費用 c が必要であり，低品質については 0 とする．なお，企業による品質の決定は購入するまで消費者によって観察されることはない．どちらの品質の場合も，価格 p を企業は設定する．
3. 消費者は，(もし参入があれば) どの企業から購入するかを決定するが，もしそれらが無差別であれば，そのときの決定はランダムに行われる．ここで，q_i は企業 i からの購入量を表すものとしておく．
4. 消費者は例外なく，その期に購入した全製品の品質を観察する．
5. ゲームは 2 に戻り，繰り返される．

利得
低品質の製品から得られる消費者の総利益は 0 であり，消費者は高品質と信用できる製品については $q(p) = \sum_{i=1}^{n} q_i$ だけの購入をするであろう．ここで，$dq/dp < 0$．企業が市場に参入しないとき，企業の利得は 0 である．
もし企業 i が市場に参入したら，ただちに $-F$ を得る．今期における企業 i の利得は，低品質のとき $q_i p$ であり，高品質のとき $q_i(p-c)$ となる．なお，割引率は $r > 0$ とする．

のうちの 1 例にすぎないが，それでも，消費者の行動についていえば，わかりやすく，しかも合理的であると言ってよい．均衡からの逸脱が消費者にとって有利にならないことは明らかである．

ここで，企業が低品質の製品を限界費用 0 で生産可能とすることの非現実性は言うまでもないが，これは簡単化のための仮定にすぎない．低品質の生産の費用を 0 に基準化することによって，結果に影響を与えることなしに余分な変数を分析に持ち込むことを避けることにする．

さて，フォーク定理が明らかにしていることの中には，例えば（高品質，高品質，低品質，高品質，高品質，低品質，…）などという移り気とも言えるような品質のパターンをも含む広い範囲の完全均衡をゲームが許容するということがあった．しかし，仮に，全ての企業による同一の行動，従って同一の品質を伴う定常的な経路を出現せしめる純粋戦略均衡に限定して考えるならば，低品質および高品質という2つの成果だけが残されることになる．低品質の場合には，それがワンショットゲームにおける均衡になっていることから，その均衡性はただちに明らかである．一方，高品質も，割引率さえ十分に低いならば，やはり均衡成果であり，本節では，これに焦点を絞った分析を試みることとしよう．そこで，いま，次のような戦略プロファイルを考察する．

企業：$\bar{n}$個の企業が参入する．各企業は高品質の製品を生産し，価格$\bar{p}$で販売する．これから逸脱する企業があるとすれば，その企業はこれ以後，低品質を価格$\bar{p}$で販売する．$\bar{p}$およびnの値は(5.4)および(5.8)によって与えられるものとする．

購買者：購買者は$\bar{p}$を要求する企業の中から，1つの企業をランダムに選択する．そして，価格および品質に変化がない限り，その企業からの購入を続けるが，仮に変更があったならば，価格および品質を不変に保った企業の中から再びランダムに購入する企業を選択し，購入先をその企業に切り替える．

この戦略プロファイルは完全均衡になっている．各企業は高品質の製品を生産し，価格切り下げを手控えることをいとわない．さもなければ，その企業は顧客の全てを失うことになるからである．もし，当該企業が逸脱をしてしまうと，どのみち顧客を失うことになるのであるから，品質などはどうでもよく，結局，低品質の製品の生産を行うことになるであろう．ただ，1度でも低品質の製品をつくるならば，その企業はその後ずっと低品質行動を続けることを購買者は知っているので，その企業からの購入はその後発生しないし，価格切り下げについても，それが低品質化を意味することから，同様に当該企業からの購入は発生しないであろう．しかし，これが事実であるためには，均衡は3つの制約条件を満足せねばならない．すなわち，誘因両立，競争および需給一致の3条件（7.3節で，さらに詳しく説明されることになっている）である．

誘因両立条件は，各企業が高品質の生産をしたいと思うための条件である．購買者の戦略を所与として，企業が低品質の製品を1度でも生産したとすれば，この企業は1回限りの濡れ手に粟の利得を入手する代わりに，将来の利得を失うことになる．このトレードオフ関係が制約条件式 (5.3) によって示され，これは割引率が十分低ければ満たされる．

$$\frac{q_i p}{1+r} \leq \frac{q_i(p-c)}{r} \quad （誘因両立条件）. \tag{5.3}$$

不等式 (5.3) は価格の下限をも決定することになり，次のように表される．

$$p \geq (1+r)c. \tag{5.4}$$

品質保障価格 $\bar{p}$ よりも高い価格を要求しようとする企業は顧客を全て失うため，条件 (5.4) 式は等式で満たされるであろう．

第2の制約は，競争が利潤0をもたらし，企業にとって参入と非参入が無差別になるということに対応するものである．

$$\frac{q_i(p-c)}{r} = F \quad （競争条件）. \tag{5.5}$$

(5.3) を等式と見て，(5.5) 式の p に代入すれば，

$$q_i = \frac{F}{c}. \tag{5.6}$$

以上によって p と q_i は決定されたことになり，n だけが決定されねばならないものとして残されることになるが，これも需給一致によって確定する．非対称情報を持つモデルにおいては，市場における需給が不一致であることも起こりうるし (Stiglitz [1987] 参照)，本節でのモデルにあっても，各企業は，均衡価格で均衡産出量を超えるものを販売したいと思うかもしれない．しかしながら，市場産出高は市場からの需要量に等しくならねばならない．

$$nq_i = q(p) \quad （需給一致条件）. \tag{5.7}$$

(5.3)，(5.6) および (5.7) から，

$$\tilde{n} = \frac{cq(1+r)c}{F}. \tag{5.8}$$

が得られる．以上によって均衡値が算出されるのであるけれども，このとき，標準的な存在問題と比して，企業数の整数であるという条件によってもたらされる困難があることを忘れてはならない（ノートN5.4を参照）．

Fは外生的に与えられ，需要は完全に非弾力的ではないのであるから，均衡価格が固定されるので企業数を確定することになる．参入費用は存在しないけれども需要が依然として弾力的であるならば，均衡価格は(5.3)によって一意であり，市場からの需要は$q(p)$によって決定されるが，Fおよびq_iは確定することができない．しかし，仮に高品質の製品を生産する可能性を持つ企業が全て，外性的な散在費用Fを支払ったと信じているとすれば，均衡は連続的に変化することになる．この場合，$\tilde{n}$社の企業がFを支払って，価格$\tilde{p}$のもとで高品質の製品を生産することが企業側の最適反応戦略となり，$\tilde{n}$はFの関数としてゼロ利潤条件から定まることになる．クライン＝レフラーは，この不決定性に注目し，ある種のブランド特殊な資本によって利潤が食いつぶされている可能性を示唆した．これは，特に情報の非対称性があるときもっともであると思われる．それで企業は長期間市場にいたいということのシグナルに対して資本支出を使用したいかもしれない．Rasmusen & Perri（2001）はこれをモデル化する方法を示している．評判によって企業が高利潤を得ることの別のよい説明は，産業の歴史にある．Schmalensee（1982）は，新しいブランドの質を調べることに対する消費者の熱意のなさのために，最初のブランドが大きな市場シェアをいかに永く保持しうるかを示している．

製品品質に対する評判の繰り返しゲームモデルはまた多くのいろんな種類の評判をモデル化するために使うことができる．Klein & Leffler（1981）以前でさえ，Telserは1980年の論文"A Theory of Self-Enforcing Agreements"において繰り返しの行動が抜けがけからの短期的な利益を協力による長期的な利益でバランスをとる数多くの事例を取り上げた．本書の後の8.1節でその考えを"効率賃金"の考えの一部として見るであろう．

しかし，評判は2つの別の方法でモデル化されることを明記したい．我々のここでのモデルでは，よい評判を持つ企業は評判を失うことを避けたいため高

品質の製品を生産する．これは，分析の焦点がプレイヤーの行動選択にあるのでモラル・ハザードモデルである．もう1つはよい評判を持つ企業はたとえ低品質の製品を生産したとしても悪い結果がないにもかかわらず，そうしないことを示した企業であるようなモデルであり，これは，分析の焦点がプレイヤーのタイプであるから逆選択モデルと言われる．評判の1つは高品質の製品を生産しようと決定する場合であり，もう1つは高品質の製品を生産するプレイヤーを自然が選択する場合である．後に見るように6章の4人のギャングモデルはその2つをミックスしたものである．

*5.5　マルコフ均衡と重複世代：顧客のスイッチング費用

次のモデルは**重複世代モデル**（overlapping generations model）と呼ばれる一般的なモデル化の技術と新しい均衡概念，マルコフ均衡を示している．重複世代モデルは，重複する"生存期間"を持ち，その他の点では同一であるような一群のプレイヤーがゲームに参加したり退出したりしていくもので，もっともよく知られたモデルとしては，Samuelson（1958）の消費者ローンモデルが挙げられる．このモデルは，マクロ経済学において多用されているが，ミクロ経済学においても同様に有用なモデルになりうる．Klemperer（1987）は，売り手先を変えるにはコストがかかる顧客にかなりの関心を持たせるに至った．本節で，Farrell & Shapiro（1988）のモデルが使われる．

このような無限期間ゲームの完全ナッシュ均衡をことごとく見つけることは難しいから，Farrell & Shapiro に従って完全マルコフ均衡を発見することに限定して分析を進めよう．実際，これは容易であって，しかもそのような均衡は1つしかないのである．

> **マルコフ戦略**とは，各節において，直前の行動を除いて，ゲームの過去の歴史とは独立の行動を選択する戦略であり，また，同時手番のときにはそのときの行動に依存するものである．

ここで企業のマルコフ戦略は，ゲームの歴史全体に依存した関数としてではなく，既存企業であるか参入企業であるかで決まる関数としての価格である．

企業のマルコフ戦略を使う方法は2つある．(1)マルコフ戦略を使う均衡を

顧客のスイッチング費用

プレイヤー

企業アペックスとブライドックス,一群の顧客.顧客各々は最初ヤングと呼ばれ,その後,オールドと呼ばれる.

プレイの順序

1a ブライドックスが最初の既存企業で,既存価格 p_t^i を選ぶ.
1b アペックスが最初の参入企業で,参入価格 p_t^e を選ぶ.
1c オールドが企業を選ぶ.
1d ヤングが企業を選ぶ.
1e ヤングを獲得した企業が既存企業となる.
1f オールドは死に,ヤングが老人となる.
2a 既存企業と参入企業も,おそらく,変わって 1a に戻る.

利得

割引因子は δ である.顧客の留保価格は R で,スイッチング費用は c である.t 期の 1 期あたりの利得は $j = (i, e)$ について,

$$\pi_{\text{企業}j} = \begin{cases} 0 & \text{どの顧客も獲得しなかったとき} \\ p_t^j & \text{オールドまたはヤングを獲得したとき} \\ 2p_t^j & \text{オールドとヤングの両方を獲得したとき} \end{cases}$$

$$\pi_{\text{オールド}} = \begin{cases} R - p_t^i & \text{既存企業から購入したとき} \\ R - p_t^e - c & \text{参入企業にスイッチしたとき} \end{cases}$$

$$\pi_{\text{ヤング}} = \begin{cases} R - p_t^i & \text{既存企業から購入したとき} \\ R - p_t^e - c & \text{参入企業から購入したとき} \end{cases}$$

ただ見つけることと,(2) マルコフ戦略以外の戦略を認めないで,均衡を求めるというものである.第1の方法はマルコフ戦略以外の戦略も認められるので,均衡ではどんなプレイヤーも,マルコフ戦略であろうとなかろうと,他の戦略を使っても逸脱することを望まないものでなければならない.これはマルコフ戦略以外のものを使う均衡を破棄することによって可能な複数均衡を排除する1つの方法である.これに対して,第2の方法は随分説明しにくい方法である.というのはこの方法は,たとえそれが最適反応であっても,マルコフ戦

略以外のものを使わないことをプレイヤーに要求しているからである．**完全マルコフ均衡**は第 1 のアプローチを採用している．すなわち，それはマルコフ戦略だけを使って生じる完全均衡である．

最初の既存企業であるブライドックスが最初の手番で，p^i を十分低くし，その結果アペックスが $p^e < p^i - c$ を選んでオールドを惹き付けようとは思わないようにする．すると，アペックスの利得は，$p^e = p^i$ のとき p^i で，このとき，ヤングのみに製品が購入される．また，$p^e = p^i - c$ のとき $2(p^i - c)$ で，このときはヤングとオールドの両方を獲得することになる．ブライドックスはアペックスがこれら 2 つの選択について無差別となるような価格 p^i を設定することから，

$$p^i = 2(p^i - c) \tag{5.9}$$

および，

$$p^i = p^e = 2c \tag{5.10}$$

となる．均衡では，アペックスとブライドックスは交互に既存企業となり，同一の価格を設定することになる．

ゲームは永久に続き，均衡戦略はマルコフ戦略であるから，動的計画法の手法に基づいて参入企業および既存企業になることから得られる利得を計算することができる．例えば，現在の参入企業の均衡利得は，ただちに求められる p^e と次期において既存企業となることから得られる利得の割引値の和からなる．

$$\pi_e^* = p^e + \delta \pi_i^*. \tag{5.11}$$

既存企業の利得についても，同様に，ただちに得られる p^i と次期に参入企業として入手する利得の割引値の和，

$$\pi_i^* = p^i + \delta \pi_e^* \tag{5.12}$$

として算出することができる．(5.10) を使って p^e と p^i を消去すれば，(5.11) と (5.12) は 2 つの未知数 π_i^* および π_e^* に対する 2 つの方程式になる．利得を計算する簡単な方法は，均衡においては参入企業も既存企業も同一

の価格で同一の数量を販売するのであるから $\pi_i^* = \pi_e^*$ になるということに気付くことである．そうすれば，(5.12) から，

$$\pi_i^* = 2c + \delta \pi_i^* \tag{5.13}$$

が得られ，これから，

$$\pi_i^* = \pi_e^* = \frac{2c}{1 - \delta} \tag{5.14}$$

となる．価格と総利得がスイッチング費用 c について増加関数であるのは，スイッチング費用が既存企業に市場パワーを与えていて，通常のベルトラン競争が起こるのを阻止しているからである．また，総利得が δ について増加であるのは，特にゲーム理論との関連はなく，ごく一般的な理由に基づくものであって，δ が1に近付くにつれて将来の支払いの現在価値は上昇することになる．

*5.6 進化的均衡：タカ-ハトゲーム

　本書の大部分ではナッシュ均衡の概念あるいは情報と逐次性に基礎を置いたその精緻化の概念を使用している．しかし，生物学では，そのような概念は不適当であることがしばしば起こる．より下等な動物は人間がゲームの各段階で自分の敵の戦略について考えるほどには考えるとは思えない．彼らの戦略はプログラム化されておりその戦略集合はビジネスマンのそれよりかなり制限されている（場合によっては彼の顧客の戦略集合より制限されていないかもしれないが）．そのうえ，行動は進化していくのであるから，どんな均衡も時々起こる突然変異を原因とする奇妙な行動の可能性を説明しなければならない．この場合，均衡は共有知識であるということ，あるいは，プレイヤーが戦略にあらかじめ拘束されないということは絶対の仮定ではない．こうしてゲーム理論が合理的プレイヤーをモデル化するときと比べ，ナッシュ均衡と逐次合理性の概念はあまり有益なものとはならない．

　ゲーム理論は生物学においてかなり重要なものになってきたが，そのスタイルは経済学の場合とかなり異なる．目標はプレイヤーがある状況でどのようにして合理的に行動を取るかということを説明することでなく，外生的ショック

のもとで行動が時間とともにどのように進化し，持続していくかを説明することである．両者ともある意味で最適戦略である戦略プロファイルとして均衡を定義することになるのであるが，生物学者は均衡の安定性や戦略が時間とともにどのように相互作用し合うかについて，より多くの関心を払う．3.5 節においてクールノー均衡の安定性について簡単に触れたが，経済学者は均衡を正当化するための性質としてより，均衡の好ましい副産物として，安定性を考えている．生物学者にとっては，安定性は分析の要である．

1 組ずつの競争をする同質のプレイヤーのゲームを考えよう．新しい戦略を持ったどんなプレイヤーももはやその環境に入って（**侵略**），古いプレイヤーより高い期待利得を受け取ることができないような戦略プロファイルを均衡と考えることが有益である．しかも，その侵略戦略がたとえ有限の確率でなされても事態はうまく進み，その侵略は重要なものになるほど増えていくことが決してできない．生物学でもっともよく使われるモデルでは，全てのプレイヤーは進化的安定戦略と呼ばれる同一戦略を選ぶ．J. M. スミスがこの考えをもともと着想したのであるが，それはただ 1 人のプレイヤーの戦略ではなく，1 組の戦略プロファイルを持つ均衡を目指しているために多少の混乱があった．しかし，1 組ごとの相互作用と同一のプレイヤーを持つゲームにとって，進化的安定戦略が均衡概念を定義するために使われる．

ある戦略 s^* は次の条件を満たすとき**進化的安定戦略**（ESS）であると言う．相手が s_{-i} を使い，プレイヤー i が s_i を使うときの利得を $\pi(s_i, s_{-i})$ と表すとして，全ての他の戦略 s' に対して，

$$\pi(s^*, s^*) > \pi(s', s^*) \tag{5.15}$$

あるいは，

$$\text{(a)} \quad \pi(s^*, s^*) = \pi(s', s^*), \quad \text{かつ，(b)} \quad \pi(s^*, s') > \pi(s', s'). \tag{5.16}$$

条件 (5.15) が成り立てば，s^* を使うプレイヤーの集団は s' を使う逸脱者によって侵略されえない．もし (5.16) が成り立てば，s' は s^* に対して有利になるが，同じ s' に対して不利になり，もし 1 人以上のプレイヤーが s^* を使う集団を侵略するために s' を使おうとすれば，侵略は失敗する．

ESSはナッシュ均衡の概念によって解釈できる．条件 (5.15) は，s^* は強ナッシュ均衡である（全ての強ナッシュ均衡が ESS というわけではないが）ということを示している．条件 (5.16) はもし s^* が弱ナッシュ均衡戦略でありさえすれば，弱い代替戦略 s' は s' 自身に対して最適反応ではないことを示している．ESS は最適反応であるだけでなく，全ての戦略の中でもっとも高い利得を持ち（非対称利得を持つ均衡を排除したとして），かつ，自分自身に対して最適反応であるということを要求されているので，ESS はナッシュ均衡の精緻化の1つである．

この2つの均衡概念の背後にある動機は全く異なるが，モデル設計者がナッシュ均衡より ESS を好むとしても，ESS を発見するためにナッシュ戦略から始めることができるので両者の類似性は有益である．

(a)の例として，両性の闘いを考えよう．そこでは，混合戦略均衡が ESS である．というのはそれを使うプレイヤーは他の全てのプレイヤーと同じ利得を持つからである．けれども1つの純粋戦略均衡は ESS を構成しない．なぜならそのどれにおいても一方のプレイヤーの利得は他方のプレイヤーの利得より高くなるからである．これをランクのある協調ゲームと比較しよう．その場合には2つの純粋戦略均衡と混合戦略均衡は全て ESS を構成する（それにもかかわらず支配される均衡戦略は ESS である．というのは他のプレイヤーがそれを使っているとすれば，誰も逸脱することによって利益を得ることはないからである）．

(b)の例として，表 5.4 のユートピア交換経済ゲームを考えよう．これは Gintis (2000) の問題 7.5 から採用されている．ユートピアでは各市民はそれぞれ 1 単位あるいは 2 単位の財を生産できる．彼はそれらを持って市場に行き，他の市民と出会う．もし彼らのいずれもが 1 単位だけ生産していたならば，交換は彼らの利得を増加させない．しかし，両者とも 2 単位生産すれば，彼らは 1 単位に対して 1 単位を交換して両者とも消費のバラエティが増加し利益を得ることになる．

このゲームは 3 つのナッシュ均衡を持ち，そのうちの 1 つは混合戦略である．高生産以外の全ての戦略は弱支配されており，それだけが ESS である．低生産は条件 (5.16b) を満たさない．というのは，それは自分自身に対する強い最適反応にはならないからである．もし全ての市民が低生産を選ぶことで

表5.4 ユートピア交換経済ゲーム

		ジョーンズ		
		低生産		高生産
	低生産	1, 1	↔	1, 1
スミス		↕		↓
	高生産	1, 1	→	2, 2

利得：(スミス，ジョーンズ)．矢印はプレイヤーの効用が増加する方向を示す．

経済がスタートすれば，高生産へスミスが逸脱したら，彼は特に利益を得ることはないであろうが，もし2人とも高生産に逸脱すれば，彼らはお互いに出会って (2, 2) の利得を受け取るであろうから，利益を得ると期待するであろう．

ESSの例：タカ‐ハトゲーム

ESSのもっとも知られた例はタカ‐ハトゲームである．ある鳥の集団を考えよう．集団の鳥はタカのように攻撃的に振る舞うことも，ハトのように平和的に振る舞うこともできる．ランダムに選ばれた2羽の鳥を考えてみよう．鳥1と鳥2である．それぞれは相手と出会うときどのような行動をするかを決めるとする．2羽の鳥が出会うと価値 $V=2$ の資源が喧嘩の種になる．もし両者が戦えば負けた方は $C=4$ の費用をこうむる．従って，2羽がタカであったら，このとき，それぞれは $-1(=0.5[2]+0.5[-4])$ の期待利得を得ることになる．ハト同士が出会ったら，戦わずに，資源を折半し，それぞれ1の利得を得る．また，タカとハトが出会うと，ハトは逃げ，利得0となり，タカは2の利得を得る．表5.5は以上のことを要約している．

これらの利得はしばしば生物学的ゲームにおいては異なって表される．2人のプレイヤーは同一であり，行のプレイヤーだけの利得を示す表を使って利得を表すことができる．これをタカ‐ハトゲームに適用して表5.6ができる．

タカ‐ハトゲームはいわば新しい羽毛を装ったチキン（弱虫）ゲームである．2つのゲームは，表5.5と表3.3を比較すればわかるように，同じ利得の順序を持っており，その均衡は混合するパラメータを除いて同じである．タカ‐ハトゲームにおいては，2つの非対称ナッシュ均衡ではタカの利得はハトの

表 5.5　タカ - ハトゲーム：経済学的記述

		鳥 2	
		タカ	ハト
鳥 1	タカ	−1, −1　→	2, 0
		↓	↑
	ハト	0, 2　←	1, 1

利得：(鳥1，鳥2)．矢印はプレイヤーの効用が増加する方向を示す．

表 5.6　タカ - ハトゲーム：生物学的記述

		鳥 2	
		タカ	ハト
鳥 1	タカ	−1	2
	ハト	0	1

利得：(鳥1)．

利得より大きいので，ハトはその集団から完全に消えてしまう．従って，純粋戦略の対称ナッシュ均衡，すなわち，純粋戦略の ESS を持たない．タカもハトも完全には環境を占有することができない．もしタカだけで集団が成り立っていたら，1羽のハトが侵入してタカとの間で0の利得を得ることができるが，タカは同じタカに対しては−1の利得を得る．また，もしハトだけで集団が成り立っていたら，1羽のタカが侵入してハトとの間で2の利得を得ることができるが，ハトは同じハトに対しては1の利得を得ることができる．

　混合戦略の ESS では，均衡戦略は確率 50 % でタカのように，確率 50 % でハトのように振る舞うことである．これは1つの集団の半分がタカで半分がハトであると解釈できる．混合戦略均衡について3章で計算したように，プレイヤーはこのとき自分達の戦略に関して無差別である．タカであることによる期待利得はハトと出会うことからくる利得 0.5(2) と別のタカと出会うことから得られる利得 0.5(−1) の和で，0.5 となる．ハトであることから得られる期待利得は別のハトに出会う場合の利得 0.5(1) とタカと出会うことから得られる利得 0.5(0) の和で，やはり 0.5 となる．しかも，均衡はクールノー均衡と同じような意味で安定的である．もし，集団の 60 % がタカであれば，ある鳥はハトとして振る舞えばよりよい結果になるであろう．もしよりよい結果がより

はやい再生産を意味するならば，ハトの数は増え，時間が経つにつれてタカの数は50％に戻るであろう．

　ESS はプレイヤーに許された戦略集合に依存する．もし2羽の鳥が，どの鳥がその餌に最初に到達したかというような共に観察できる偶然の出来事に自分の行動を基礎付けることができ，また，上記のように $V < C$ としたら，**ブルジョア戦略**と呼ばれる戦略が ESS である．ブルジョア戦略とは，善良なブルジョアのように財産権を尊重する戦略である．すなわち，到着の順序は偶然であるが，最初に到達したならタカのように振る舞い，後に到達したらハトのように振る舞うものである．このブルジョア戦略では同じものに出会うことによる期待利得1を得，到達の順序を無視する戦略に出会ったときには50：50の混合戦略家のように振る舞う．それで，50：50の混合戦略家の集団を首尾よく侵略できる．しかしブルジョア戦略は1つの相関戦略であり（3.3節を参照），2羽の同質の鳥のどちらがタカのように振る舞うかを決めるための方法として，到着の順序のようなものを要求しているわけである．

　ESS は，全てのプレイヤーが同質で，1対1で相互行動するゲームに適している．悪賢いか大きいかのいずれかの狼と，足が速いか強いかのいずれかの鹿というような同質でないプレイヤーを持つゲームには適用されない．その場合には異なった，しかし似たような均衡概念が考えられる．そのアプローチは次の3つの段階を持っている．第1段階で，初期の個体数比と相互行動する確率を特定化し，第2段階で，ペアごとの相互行動を特定化し，第3段階で，より大きな利得を持つプレイヤーが集団の中で数をどのように増すかというダイナミクスを特定化しなければならない．経済ゲームは一般に戦略と1回の相互行動からの利得を記述する第2段階のみを使っている．

　第3段階，すなわち，進化ダイナミックスは経済学には特に馴染みがない．ダイナミックスを特定化する際に，プレイヤーの子孫の数が異なるからであろうと，彼らが時間とともに戦略を変えるようになるからであろうと，使われる戦略が相互行動を通じてどのように変わるかを記述しうる差分方程式（離散時間の場合）あるいは微分方程式（連続時間の場合）をモデル設計者は特定化しなければならない．経済学的ゲームにおいて，調整過程は通常省略されており，プレイヤーはただちに均衡に到達するものとされる．生物学的ゲームでは，調整過程はよりゆっくりとしており，理論から導き出されるものではな

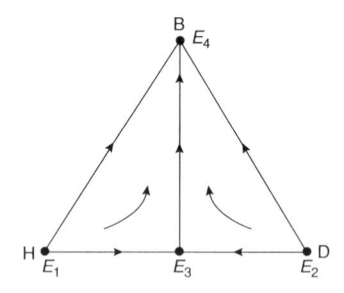

図 5.2 タカ-ハト-ブルジョアゲームにおける進化ダイナミックス

い．タカの数がハトに比べてどれだけ急速に増加するかは鳥の新陳代謝と 1 世代の寿命の長さに依存する．

緩やかなダイナミックスでは，その調整が瞬間の場合と異なり，ゲームの出発点がどこにあるかが重要になる．David Friedman（1991）の図 5.2 はタカ戦略，ハト戦略，そしてブルジョア戦略の 3 つ全てが使われるゲームでの進化の様子を図示している．三角形の中の 1 点はその 3 つの戦略の割合を表している．例えば，E_3 点では半数の鳥がタカ戦略を使い，また半数がハト戦略を使い，どの鳥もブルジョア戦略は使わないが，E_4 点では全ての鳥はブルジョア戦略を使う．

図 5.2 はフリードマンによって特定化された関数に基づいたダイナミックス結果を示しており，他の 2 つの戦略に比べたある戦略での利得に基づくその戦略の割合の変化率を表している．点 E_1, E_2, E_3, E_4 は，その点から出発すれば割合は変化しないという意味で，不動点である．しかし，点 E_4 だけが進化的に安定であり，ブルジョア戦略を少しでも含んだ割合でゲームがスタートすれば，その割合は E_4 に向かっていく．ブルジョア戦略を排除したもとのタカ-ハトモデルはこの三角形の底辺 HD 上のゲームと見なすことができ，E_3 がその制限されたゲームにおいて進化的に安定なものである．

図 5.2 はまた生物学的ゲームでの突然変異の重要性を示している．もし鳥全体の 100 ％がハトであり，E_2 に位置しているならば，突然変異がないとすると，そこに留まったままである．初めにタカがいなければハトよりはやくタカが再生産するという前提はなんの役割も持たない．しかし，もしある 1 羽の鳥

が突然変異でタカを演じるとすれば，その行動は彼の子孫に伝わり，結局何羽かの鳥はその行動を演じることになり，突然変異の戦略が成功するであろう．突然変異の技術は究極の均衡がどのようになるかということに重要な影響を与えうる．タカ-ハトゲームよりも複雑なゲームでは，突然変異が，現在演じられているものに近い戦略への小さな偶然の移行で起こるのか，あるいは，任意の大きさで起こるのかは重要であり，後者の場合には，現在の戦略から全く異なった上位の戦略に到達するかもしれないのである．

　突然変異という考えは進化ダイナミックスの考えとは別ものである．互いに，一方の考えがなくても他方の考えを使うことができる．経済学のモデルでは，突然変異はあるゲームにおいて2人のプレイヤーの行動集合に新しい行動が出現したことに対応するであろう．これは，確率的な発見を引き起こす研究としてではなく，偶然の発見としてのイノベーションをモデル化する1つの方法である．モデル設計者は，発見された行動が進化ダイナミックスを通してゆっくりとプレイヤー達に利用されていくように特定化するか，あるいは，通常の経済学のスタイルのように瞬間的に利用されるようになるように特定化することもできる．こうした研究のスタイルは経済学にとって今後有益なものとなるであろうが，ダイナミックスと突然変異の技術への依存が大きいので，モデル設計者が自分自身を狭い文脈において，自分の技術が正しいかどうかを実証的に計測しない限り，信頼できる結果かどうかわからないので，ただ単にモデルを拡張していくという危険がある面を持っている．

ノ ー ト

N5.1　有限繰り返しゲームとチェーンストア・パラドックス
- チェーンストア・パラドックスは，参入阻止ゲームや囚人のジレンマには非常にうまく当てはまるけれども，だからといってどんなゲームについても適合すると考えてはいけない．ワンショットゲーム，つまり，各段階でのゲームが唯一のナッシュ均衡を持っているにすぎないならば，有限繰り返しゲームの完全均衡も唯一なのであるが，複数のナッシュ均衡をワンショットゲームが保有する場合には，有限繰り返しゲームの完全均衡は，ワンショットゲームの成果のみでなく，他にもあることが知られている．Benoit & Krishna (1985), Harrington (1987), および Moreaux (1985) を参照せよ．

- Bartlettの *Familliar Quotation* によれば，"Tit-ton-tat"はジョン・ヘイウッド（16世紀の英国劇作家）が初めて寓話の中で使用したもので，フランス語の"tan pour tan"から来ている．
- ゲームの戦略空間の現実的な拡大はチェーンストア・パラドックスを排除するかもしれない．Hirshleifer & Rasmusen (1989) は，例えば，複数人の有限繰り返し囚人のジレンマにおいてプレイヤー達が攻撃者を追放する戦略を許せば，たとえ協調し，追放されないプレイヤーの数の増加に対して規模の経済がある場合でさえ，協調を強いることができることを示している．同様に，ほんの少しの博愛主義がそのパラドックスを排除できる．
- 唯一のナッシュ均衡の特異性は，繰り返し囚人のジレンマに対してはSelten (1978) (Luce & Raiffa [1957], p. 99を見よ) のずっと以前から知られていたが，チェーンストア・パラドックスという用語はこの種の全ての解決していないゲームに対していまでは一般に使用されている．
- 戦略プロファイル s^* が ε 均衡であるとは，相手プレイヤーが逸脱しないとするとき，自分の戦略からの逸脱が ε を超える利得増をもたらさないことを意味するので，形式的には次のようになる．

$$\forall i, \ \pi_i(s_i^*, s_{-i}^*) \geq \pi_i(s_i', s_{-i}^*) - \varepsilon, \ \forall s_i' \in S_i. \tag{5.17}$$

Radner (1980) は，有限繰り返し囚人のジレンマにおいては，協力が ε 均衡を構成しうることを示した．また，Fudenberg & Levine (1986) は無限繰り返しゲームのナッシュ均衡と有限繰り返しゲームの ε 均衡を比較している．ナッシュ均衡以外の他の均衡概念も ε 均衡の考え方を使うことができる．

- 数理的に得られる結果が，無限のもたらすトリックなのかどうかを判定する一般的な方法は，さらに繰り返し期間の長い有限モデルに対する結果が，極限として同じ結論をもたらしているかどうかを調べることである．この方法をゲームに適用するならば，無限繰り返しゲームの均衡の中からどれを選択するかについてのよい基準は，繰り返し期間を延ばしていったときに，各々の有限繰り返しゲームの均衡の極限となっていることが確認できるものを選択するということになる．Fudenberg & Levine (1986) は，どのような条件があれば，この方法によって無限繰り返しゲームの均衡を特定化しうるかについて示した．囚人のジレンマの場合には，（常に自白する）があらゆる有限ゲームにおける唯一の均衡になっているのであるから，以上の基準を満たすものもまたこれ以外にはありえない．
- 無限期間続くゲームでの利得を定義すると，各期あたりのどんな正の支払いに対しても総利得が無限になるという問題が出てくる．1つの無限量を他の無限量と比較する方法には次のものがある．

    1 **追い越し基準**を使う．利得の流列 π が $\bar{\pi}$ よりも選好されるのは，ある期 T^* があ

り，$T \geq T^*$ である全ての T に対して，

$$\sum_{t=1}^{T} \delta^t \pi_t > \sum_{t=1}^{T} \delta^t \tilde{\pi}_t$$

となることである．

2　割引率を厳密に正値として，現在価値 π と $\tilde{\pi}$ を比較せよ．遠い将来の利得は小さく評価されるから，利得が割引率を超える速さで増大するのでない限り，割引価値は有限となる．同じことであるが，平均割引利得を比較せよ．これは総利得の $\rho/(1+\rho)$ を掛けたものとして定義される．もし x が永続すれば利得は x/ρ となり，平均割引利得は次のようになる．

$$\left(\frac{\rho}{1+\rho}\right)\left(\frac{x}{\rho}\right) = \frac{x}{1+\rho}.$$

3　π と $\tilde{\pi}$ も期間あたりの平均利得を考える．この場合，平均がとられる期間の数が無限に向かうにつれて，ある種の極限がとられなければならないことを考えると，これはトリッキーな方法である．

　どのアプローチにおいても，ゲーム理論家は利得関数が時間に関して**加法的に分離可能**であることを仮定している．このことは，総利得が1期のゲームについての和あるいは平均に基づいていることを意味するが，マクロ経済学者はこの想定に疑念を持っている．その理由は，この想定が例えば，ある生存レベル以下の利得をある期に受け取るようなプレイヤーを排除することになりはしないかということに求められる．分離可能性をめぐる問題は14章で再び議論され，そこでは耐久財独占が取り上げられる．

- 有限期間でゲームが終了する確率が1であるということは，時刻 t までにゲームが終了する確率が，t を無限大にするとき，1を極限値として持つということである．あるいは同じことだが，終期についての期待値が有限であるということであって，ゲームが無限の長さを持つということが正値の確率を持ちえないということを意味する．

N5.2　無限繰り返しゲーム，ミニマックス罰，フォーク定理

- フォーク定理に関する文献としては Aumann（1981），Fudenberg & Maskin（1986），および Rasmusen（1992a）などがある．様々な記述の中でもっとも多く引用されるフォーク定理は，条件1～3が満足されるとき，次のことが成り立つというものである．

　　　有限行動集合を持つ n 人ワンショットゲームにおける混合戦略の範囲でのミニマックス利得のプロファイルを厳密にパレート支配する利得のプロファイルは，

無限繰り返しゲームの特定の完全均衡の平均利得である.

- 進化的アプローチは繰り返し囚人のジレンマにも適用される. Boyd & Lorberbaum (1987) はしっぺ返し戦略を含む全ての純粋戦略は人口と相互行動を導入した囚人のジレンマにおいては進化的安定ではないことを示した. Hirshleifer & Martinez-Coll (1988) は, (a) より複雑な戦略がより高い計算費用を伴うならば, あるいは (b) 時々他のプレイヤーによって黙秘が自白と間違って見られるならば, しっぺ返し戦略が進化的な囚人のジレンマにおいて ESS の一部ですらないことを証明した. また, ある生物学者がしっぺ返し戦略を取る動物を発見した. Mikinski (1987) の"とげ魚"は有名であり, その魚が捕食魚を探索する際にずるをするかしないかの選択ができるのである.
- **トリガー戦略**は繰り返しゲームを考える際に重要な戦略である. 不確実な需要に直面する寡占企業 (例えば Stigler [1964] などを参照) について考えると, 彼は自分が直面している低い需要の原因が自然によるものなのか相手の企業による価格切り下げなのか判定できない. このような場合, 報復として彼が価格切り下げを断行する引き金 (trigger) となりうるものには 2 つの事柄がある. その 1 つは長期にわたる低い需要, また, もう 1 つは特定の期における異常に低い需要である. 最適なトリガー戦略を発見することは容易でない (Porter [1983a] を見よ). というのは, トリガー戦略は, 一般には, サブゲーム完全にはなっていないからであって, 無限繰り返しゲームの場合にはトリガー戦略が均衡戦略の一部である. 最近の研究では無限繰り返しゲームにおいてどんなトリガー戦略が各プレイヤーにとって可能で最適であるかが注意深く検討されている. Abreu, Pearce, & Staccheti (1990) を見よ. 多くの理論家はプレイヤーが互いの行動を完全には観察できないとき何が起こるかを検討してきている. サーベイとしては Kandori (2002) を見よ.

    トリガー戦略に関する実証的な研究としては Porter (1983b) などがあるが, 彼は 19 世紀における鉄道会社間の価格戦争を取り上げている. また, Slade (1987) はバンクーバーのガソリンスタンド間の価格戦争が小規模な逸脱に対して軽い罰を実行したと結論している.
- 終了確率が一定のゲームと無限繰り返しゲームの類似性に関するマクロ経済学者の研究ノートとしては Blanchard (1979) がある. そこでは投機的な計画の問題が議論されている.
- 繰り返し囚人のジレンマにおいて, 仮に終期が無限となる率が正値であって, 1 人のプレイヤーだけがそのことを知っているとすれば, 6.4 節の 4 人のギャング定理の推論と同様に考えれば, 協調 (cooperation) は可能である.
- ワンショットゲームでのどんなナッシュ均衡もまた有限あるいは無限の繰り返しゲームの完全均衡である.
- もし 1 人のプレイヤーが長く生き, もう 1 人が短く生きるプレイヤーの列であるとす

ればどうであろうか．Fudenberg & Tirole（1989）を見よ．

N5.3 評判：一方的な囚人のジレンマ

- 割引を伴わない無限繰り返しゲームはスーパーゲームと呼ばれる．"スーパーゲーム"と"サブゲーム（部分ゲーム）"にはなんらの関連もない．
- "一方的"および"双方的"な囚人のジレンマという用語は本書で初めて使われるものである．ノートN1.2の定義と一致する本来の囚人のジレンマは双方的なケースに分類される．
- 評判に関する実証的な研究は少ないが，注目すべき仕事としてJarrel & Peltzman（1985）を挙げることができる．そこでは，製品のリコールに必要な費用が，測定可能な運転費用を大幅に上回るという結論が得られている．また，社会学者Macaulay（1963）の論文も広く引用されている．この論文は他に類を見ない内容を持っており，評判というものが業務契約における書類上の細目よりもはるかに重要であるという示唆を行っている．
- **復讐と感謝**．こういった感情をほとんどのモデルは排除している（Jack Hirshleifer [1987] は例外的）けれども，これをモデル化することは可能であって，その場合次の2通りの考え方がある．

1 自白あるいは黙秘といった行動から得られるプレイヤーの現在の効用は，他のプレイヤーが過去においていかなる行動を取ってきたかに依存する．
2 あるプレイヤーの現在の効用は，現在の行動と，他のプレイヤーの過去の行動とともに変化する彼らの現在の効用に依存する．

これらの2つのアプローチは微妙に異なっていると解釈される．1のケースでは復讐の喜びは自白という行動にあると考えられるのに対して，2のケースでは，それは他のプレイヤーの当惑にあると見ることができるのである．特に，各プレイヤーが異なる利得関数を持つような場合，これら2つのアプローチは実際のところ異なった結果を生み出すことがありうる．

N5.4 無限繰り返しの製品品質ゲーム

- 製品品質ゲームはモラル・ハザード（7章を参照）に関するプリンシパル−エージェント・モデルと見ることもできる．売り手（エージェント）は品質を選択するという，買い手（プリンシパル）によっては観察されない行動を取るけれども，彼の行動は，当然，プリンシパルの利得を左右することになる．この解釈は，品質と価格の連動を取り扱ったStiglitz（1987）のサーベイ論文のいたるところに登場している．

クライン＝レフラーモデルの背後にある直感は，非自発的失業（8.1節）に関するShapiro & Stiglitz（1984）モデルに出てくる高賃金の説明に類似している．消費者が低

価格に直面したとき，それほどまでに低い価格の水準であれば企業は短期的利潤を確保するために品質を低下させざるをえないことを見てとることになる．高品質の生産を持続させようとする場合，企業には高い利潤が保証される必要があろう．

- Klein & Leffler（1981）に関連する内容を持つものとして Shapiro（1983）を挙げることができる．それは，企業が評判を形成するために費用を下回るような低価格を当分の間設定すると見ることによって，高価格と自由参入との関係をうまく説明している．例えば，最初の5期間のうちに高価格を付けてくるような企業というものは低品質の製品を生産しているが，それ以後において高価格を設定する企業は高品質のものを生産していると消費者が信じているような場合，企業はそれに従った行動を取り，その結果，消費者の信念はより確固たるものになるという事態が起こりうる．ここでの信念が自己確認的になっているということは，その信念の合理性の欠落を意味するものと考えられるかもしれないが，実はそうではなく，種々の均衡においては様々な信念が合理的でありうると見るのが正しい．

- 製品品質ゲームにおいて均衡が存在するのは，参入費用 F が（5.8）式の n を整数にするような値 F をとるケースに限られる．このとき，整数問題について知られている通常の仮定のうちどれかを利用することも考えてよいであろう．たとえば，歴史的な理由によってすでに n 企業が参入しているとか，企業が連続的な存在であって固定費用は参入した企業に一様に分布すると見るなどであるが，さらに，参入と非参入について潜在的な企業が無作為であることを許容するなども考えられる．

N5.5 顧客スイッチング費用ゲームにおけるマルコフ均衡と重複世代

- 本書では既存企業が最初に価格を選択すると仮定したが，逆の仮定をしても依然として既存企業の入れ替わりは発生する．価格が同時に選択されるというのが自然な仮定であるけれども，利得関数の不連続性のために，この場合サブゲームは純粋戦略均衡を持たない．

N5.6 進化的均衡：タカ-ハトゲーム

- Dugatkin & Reeve（1998）はゲーム理論を生物学へ応用した様々な例についてのサーベイ論文集である．Dawkins（1989）は進化的対立に関する格好のわかりやすい入門書である．囚人のジレンマを生物学へ応用した短い論文としては Axelrod & Hamilton（1981）を，また，サーベイのためには Hines（1987），単行本では Maynard Smith（1982）をそれぞれ見よ．J. Hirshleifer（1982）は経済学者と生物学者のアプローチの違いを比較した．Boyd & Richerson（1985）は純粋種の移行とは異なる文化的移行を検討するためにそれを使っている．

問　題

5.1：重複世代（中級向け）（Samuelson [1958] を見よ）

プレイヤーの長い列がある．1 人のプレイヤーが各 t 期に生まれ，t 期と $t+1$ 期だけ生存する．従って，各期において 2 人のプレイヤーが共存している．1 人はヤング世代，もう 1 人はオールド世代である．各プレイヤーは生まれるとき 1 個のチョコレートを持って生まれるとする．またそのチョコレートは次の期まで貯蔵できない．効用はチョコレートの消費量 C が多くなると増加する．特に，チョコレートが 0.3 単位より少ないと非常に不快に感じるとする．そこで，各期の各プレイヤーの効用関数は $C < 0.3$ ならば $U(C) = -1$ であり，$C \geq 0.3$ ならば $U(C) = (C) = C$ となるとしよう．プレイヤーはチョコレートを一部消費しないこともできるが，チョコレートが唯一の財なので，それを売ることはできない．そこで，プレイヤーはヤングのとき X だけチョコレートを消費し，$1-X$ をオールド世代に贈るとしよう．各人の前の期の行動が共有知識であり，その行動に依存した戦略を使うことができる．

(a) 有限の世代数だけあるとき，唯一のナッシュ均衡は何か．
(b) 無限の世代数があるとき，パレート順位付けができる 2 つの完全均衡は何か．
(c) 各期の消費が終わった後，異邦人が侵入し全てのチョコレートを奪ってしまう（従って，任意の X に対して人々は -1 の効用となる）確率が θ であるならば，$X = 0.5$ で均衡が生じる θ のもっとも高い値はいくらか．

5.2：訴訟と製品品質（中級向け）

5.4 節の製品品質ゲームを変更しよう．もし品質の誤表示があれば，集団訴訟の結果として販売量あたり $x \in (0, c]$ の損害を支払わなければならないとし，売り手は販売時に x を支払わなければならないとする．

(a) $\tilde{p}$ は x, F, c, r の関数としてどのようになるか．$x = 0$ のときより $\tilde{p}$ は大きくなるか．
(b) 1 企業あたりの均衡生産量はいくらか．それは $x = 0$ のときより大きいか．
(c) 企業の均衡数はいくらか．x の上昇による企業数への影響は確定しないことを示せ．
(d) 単位あたりの損害 x に代わって，売り手が無罪を勝ち取ってくれた法律事務所に X を支払うならば，インセンティブ両立条件はどのようになるか．

5.3：繰り返しゲーム（上級向け）（Benoit & Krishna [1985] を見よ）

プレイヤーであるブノワとクリシュナは表 5.7 のゲームを割引のもとで 3 回繰り返す．

表5.7 ブノワ-クリシュナゲーム

		クリシュナ		
		黙秘	軽口	自白
	黙秘	10, 10	−1, −12	−1, 15
ブノワ	軽口	−12, −1	8, 8	−1, −1
	自白	15, 1	−1, −1	0, 0

利得：（ブノワ，クリシュナ）．

(a) なぜ3期全てでプレイヤーが黙秘する均衡は存在しないのか．
(b) 両プレイヤーが最初の2期間に黙秘を選ぶ完全均衡を記述せよ．
(c) あなたの考える均衡を2期繰り返しゲームに応用せよ．
(d) あなたの考える均衡をT期繰り返しゲームに応用せよ．
(e) あなたの均衡が3期ゲームでなお成立する最大割引率を求めよ．

5.4：繰り返し参入阻止（中級向け）

参入阻止ゲームIが無限回繰り返され，割引率は非常に小さく，利得は各期の初めに受け取られるとする．また，たとえ参入者が以前に参入したとしても，各期に，参入者が参入か退出かを選ぶものとする．

(a) 各期に参入が起こる完全均衡はどのようなものか．
(b) なぜ（退出，戦う）は完全均衡でないのか．
(c) 参入が起こらない完全均衡はどのようなものか．
(d) (c)の戦略プロファイルが均衡である最大割引率はいくらか．

5.5：繰り返し囚人のジレンマ（中級向け）

表1.9の一般的囚人のジレンマで$P=0$とし，$2R > S+T$とする．

(a) 両プレイヤーが過酷な戦略を採用するとき，無限繰り返しゲームに対して完全均衡であることを示せ．過酷な戦略が均衡である場合の最大割引率を求めよ．
(b) しっぺ返しは割引なしの無限繰り返し囚人のジレンマでは完全均衡ではないことを示せ．

5.6：進化的安定戦略（中級向け）

学者のあるグループが，フットボールと経済学の話題が可能なランチでの会話に関する次のような協調ゲームを行うとする．t期にフットボール（F）と経済学（E）を話題とする人の数をそれぞれ$N_t(F)$と$N_t(E)$とする．また，θはフットボールを話題にす

る人の割合とする．ここで，$\theta = N(F)/(N(F+N(E))$ である．昼食の出席者とそのときの会話に関する政府規制があり，$\theta = 0.5$，$N_t(F) = 50,000$，$N_t(E) = 50,000$ とし，これは今年の規制緩和改革まで続くものとする．将来，ある人々は昼食を自宅でとるかもしれないし，また，会話の内容を変えるかもしれない．表5.8が利得を示している．

表5.8 進化的安定戦略

		学者2 フットボール(θ)	経済学($1-\theta$)
学者1	フットボール(θ)	1, 1	0, 0
	経済学($1-\theta$)	0, 0	5, 5

利得：(学者1，学者2)．

(a) このとき次の3つのナッシュ均衡がある．(フットボール，フットボール)，(経済学，経済学)，ある混合戦略．どれが進化的安定戦略であるか．

(b) t 期に特定の戦略 s を取る人の数を $N_t(s)$ とし，そのときの利得を $\pi_t(s)$ とする．期間ごとの人口ダイナミックスを表すマルコフ差分方程式 $N_{t+1}(s) = f(N_t(s), \pi_t(s))$ を求めよ．そのシステムを 100,000 の人口で，フットボールの会話と経済学の会話をする人々が半分ずつとなっている状態からスタートさせよ．表5.9を終了させるためにダイナミックスを使え．

表5.9 会話ダイナミックス

t	$N_t(F)$	$N_t(E)$	θ	$\pi_t(F)$	$\pi_t(E)$
-1	50,000	50,000	0.5	0.5	2.5
0					
1					
2					

(訳者注 - F はフットボール，E は経済学の意)

(c) 非マルコフダイナミックス $N_{t+1}(s) = f(N_t(s), \pi_t(s), \pi_{t-1}(s))$ を特定化して，(b)を繰り返せ．

5.7：ドルをつかめ（中級向け）

表 5.10 は"ドルをつかめ"の同時手番ゲームの利得を示している．1 ドル銀貨がスミスとジョーンズの間のテーブルに置かれている．もし一方がそれをつかめば，彼は 1 ドルを保持し，4 の利得を得る．もし両者がつかもうとすれば，どちらもそのドルを取れず，つらい思いをする．もし誰もつかもうとしなければ何かを得ることができる．

表 5.10　ドルをつかめ

		ジョーンズ	
		つかむ(θ)	待つ($1-\theta$)
スミス	つかむ(θ)	$-1, -1$	$4, 0$
	待つ($1-\theta$)	$1, 1$	$1, 1$

利得：(スミス，ジョーンズ)．

(a) 進化的安定戦略を求めよ．

(b) ある人口の中の各プレイヤーはある連続体の 1 点であるとして，プレイヤーの人口を 1 で，初期においてつかむと待つのプレイヤーが半分ずつとする．$N_t(s)$ がある特定の戦略 s を採用する人の数で，そのときの利得を $\pi_t(s)$ とする．人口ダイナミックスが次のとき，表 5.11 の空欄を埋めよ．

$$N_{t+1}(i) = (2N_t(i))\left(\frac{\pi_t(i)}{\sum_j \pi_t(j)}\right).$$

表 5.11　"ドルをつかめ"ダイナミックス

t	$N_t(G)$	$N_t(W)$	N_t(合計)	θ	$\pi_t(G)$	$\pi_t(w)$
0	0.5	0.5	1	0.5	1.5	0.5
1						
2						

(c) (b) を次のダイナミックスで繰り返せ．

$$N_{t+t}(s) = \left[1 + \frac{\pi_t(s)}{\sum_j \pi_t(j)}\right][2N_t(s)]$$

(d) 本書でこれまで出てきた 3 つのゲームでどれがドルをつかめに似ているか．

5.8：ミニマックス化（初級向け）

表5.12は混合されたミニマックス化の同時手番ゲームの利得を示している．混合したときにロウが北を選ぶ確率をθとし，コラムが西を選ぶ確率をγとする．

表5.12 混合されたミニマックス化

		コラム	
		西(γ)	東($1-\gamma$)
ロウ	北(θ)	1, 1	0, -2
	南($1-\theta$)	-2, 0	1, 1

利得：(ロウ，コラム)．

(a) 3つのナッシュ均衡を求めよ．
(b) 3つのナッシュ均衡でのコラムの利得はいくらか．
(c) もし両者が純粋戦略に限定されたら，ロウのミニマックス化に対してコラムの戦略がどうなるか．また，そのときロウのミニマックス利得はいくらになるか．
(d) 混合戦略が許されたら，ミニマックス化するロウに対してコラムの戦略はどうなるか．そのときロウのミニマックス利得はいくらになるか．
(e) もし両者が純粋戦略に限定されたとき，ロウのミニマックス戦略がどうなるか．そのときマクシミン利得はいくらになるか．
(f) もし混合戦略が許されればロウのマクシミン戦略はどうなるか．また，ロウのマクシミン利得はいくらになるか．

繰り返し囚人のジレンマ：クラスルームゲーム 5

次の囚人のジレンマを考える．表 5.13 は表 1.2 の利得にそれぞれ 8 を加えれば得られる．

表 5.13 囚人のジレンマ

		コラム	
		黙秘	自白
ロウ	黙秘	7, 7	2, 8
	自白	8, -2	0, 0

利得：(ロウ，コラム)．

学生諸君はペアを作り，同じペアで 1 つのゲームを 10 回繰り返す．目的はできるだけ高い割引なしの利得の合計を得ることである（ただ単に，クラスの他の人より高い利得の合計を得ることではない）．

第6章　非対称情報の動学ゲーム

6.1　完全ベイズ均衡：参入阻止ゲームⅡとⅢ

　非対称情報，そして，特に不完備情報はゲーム理論において極めて重要である．これは動学ゲームに対して特にそうである．というのはプレイヤー達が逐次的に何回か手番を持つ場合，先手プレイヤーの動きによって，後手プレイヤーの意思決定にとって重要な先手プレイヤーの私的情報が伝わるかもしれないからである．情報を開示したり隠したりすることは多くの戦略的行動の基礎であり，非戦略的な世界では非合理的な行動となるような行動を説明する方法として特に有益である．

　4章ではたとえ動学ゲームにおいては対称情報だとしても，モデル設計者が適切な予測をしたいならば，ナッシュ均衡はサブゲーム完全を使って精緻化される必要があるであろうということを示した．非対称情報があればサンクコストや信用できる脅しという考えを理解するためにやや異なった精緻化を必要とする．そこで，6.1節では完全ベイズ均衡の標準的な精緻化に取り組むことにする．また，6.2節ではそうした精緻化は一意性を保証する十分条件ではないことを示し，均衡の外の信念に基づいたさらなる精緻化について議論する．6.3節ではその考えを使って，無知であることがプレイヤーに対して利益をもたらす可能性があること，さらに，全てのプレイヤーがある事柄を知っているとしても，共有知識の欠如がなおゲームに大きな影響を与えることを示す．6.4節では繰り返し囚人のジレンマに不完備情報を導入し，5章のチェーンストア・パラドックスに対する4人のギャングモデルによる解を提示する．6.5節ではそのパラドックスの解決のための実験的なアプローチである有名なアクセルロッドのトーナメントについて記述し，6.6節ではDiamond（1989）のモデルを使って，信用価値の進化に対して不完備情報の動学ゲームの考えを適用

する.

サブゲーム完全では十分ではない

非対称情報のゲームでは，均衡であるためにはサブゲーム均衡であるだけではなく，ゲームツリーの単なる分岐はプレイヤーの意思決定にとって不適切であることを主張する．というのは，非対称情報ではゲームがどんな分岐を持っているかプレイヤーが知らないからである．スミスは，ジョーンズが高い生産コストであるか低い生産コストであるかに依存して2つの異なった節のどちらかに自分がいることを知っているが，正確にどの節にいるか知らないならば，それぞれの節からスタートする"サブゲーム"は彼の意思決定にとって適切なものではない．実際，それらは，スミスの情報集合を切断するのであるから，我々が定義したサブゲームでさえない．これが参入阻止ゲームⅠ（4.2節を見よ）の非対称情報版で見られるものである．参入阻止ゲームⅠでは既存企業は，いったん参入企業が参入したらその企業と共謀する方が戦うよりコストが低いから，参入企業と共謀する．ここで，参入企業について弱いタイプと強いタイプがあるとし，既存企業にとって弱い参入企業と戦うより強い参入企業と戦えばそれだけコストが大きくなることを意味しているとしよう．（戦う｜強い）からの既存企業の利得は前と同じで0とし，（戦う｜弱い）からの利得はXとし，ゲームの種類に応じてXは0（参入阻止ゲームⅠである）から300（参入阻止ゲームⅣとⅤである）までの値をとるものとしよう．

参入阻止ゲームⅡ，Ⅲ，Ⅳは図6.1で示された展開形の枠組みを共通に持っている．既存者の戦うことから得られる利得は50％の確率で参入阻止ゲームⅠの0ではなくXであるとし，そのゲームにおいて既存者は0とXとのどちらが実現したかわからないものとする．これは自然による初期手番としてモデル化され，自然は参入企業が弱いか強いかを選択し，既存企業はそのことを観察できないとするのである．

参入阻止ゲームⅡ：戦うことは決して得にならない

参入阻止ゲームⅡでは$X=1$であり，従って，情報は非常に非対称的というわけではない．既存者は自分の正確な利得が0であっても1であっても，戦うことから決して利益を得ないことは共有知識である．しかし，参入阻止ゲーム

図6.1 の内容:

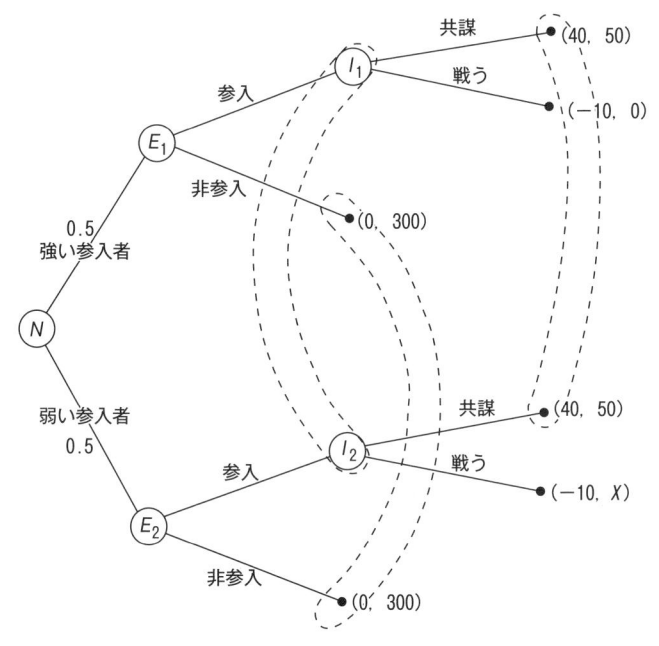

利得：(参入者，既存者)．

図6.1 参入阻止ゲームⅡ，Ⅲ，Ⅳ

Ⅰと違って，唯一のサブゲームは節 N から出発する全体のゲームであるから，サブゲーム完全によって参入阻止ゲームⅡのどんなナッシュ均衡も締め出すことはできない．節 E_1 と E_2 のどちらも情報分割における単一節ではないので，サブゲームはそれらの節から出発できないことになる．こうして，適切でないナッシュ均衡（非参入，戦う）は技術的な理由で排除することができなくなる．

不適切な均衡を排除するために均衡の概念が精緻化される必要がある．2つの一般的接近法が採用されうる．1つはゲームに小さな"摂動"を導入することであり，もう1つは戦略が合理的信念のもとで最適反応でなくてはならないことを要求することである．前者は"摂動完全均衡"を，後者は"完全ベイズ"均衡と"逐次"均衡の概念をもたらす．どちらの方法を取っても結果は類似している．

摂動完全

摂動完全は Selten (1975) によって導入された均衡概念である.これは均衡の一部をなす各プレイヤーの戦略は,他のプレイヤーが均衡から外れた戦略を取る(すなわち,"摂動"する)小さな可能性があるとしても依然として最適でなくてはならないことを要求する.

摂動完全均衡は有限の行動のゲームに対して次のように定義される.

> 戦略プロファイル s^* が**摂動完全均衡**であるとは任意の ε に対しある正のベクトル $(\delta_1, \ldots, \delta_n)$ と完全混合戦略のベクトル $(\sigma_1, \ldots, \sigma_n) \in [0, 1]$ があって,全ての戦略を $(1 - \delta_i)s_i + \delta_i \sigma_i$ で置き換えた摂動ゲームが s^* から ε の距離以内にあるナッシュ均衡戦略を持っているものである.

全ての摂動完全均衡はサブゲーム完全性である.実際,4.1 節において摂動に関する議論を使ってサブゲーム完全性を正当化した.しかし,この概念にはいくつかの難点がある.まず,ある戦略プロファイルが摂動完全であるかどうかを知ることが容易でないことがある.また,連続的戦略の混合化を取り扱うのは困難なので連続的戦略空間のゲームに対しては定義されない(ノート N3.1 参照).しかも,均衡はどのような摂動が選ばれたかに依存している.なぜ,ある摂動が他のものより選ばれるべきかを決定するのは困難であるかもしれない.

完全ベイズ均衡と逐次均衡

非対称情報に対する第 2 のアプローチは Harsanyi (1967) の考え方に従って Kreps & Wilson (1982b) によって導入された.それは,自然がプレイヤーのタイプを選ぶ確率に関して,全てのプレイヤーが共通の事前信念を持つということからゲームを出発させるものである.まず,何人かのプレイヤーは自然の手番を観察して彼らの信念を更新する.次に,その他のプレイヤーは情報を知ったプレイヤーの行動を観察し,演繹的に自分の信念を更新することができる.

信念を更新するために使われる演繹法は均衡によって特定化された行動をもとになされる.プレイヤーが自分の信念を更新するとき,彼らは他のプレイ

ヤーが均衡戦略に従っていると仮定している．しかし，戦略それ自身はその信念に依存しているから，均衡はもはや戦略だけに基づいて定義することはできない．非対称情報のもとでは均衡はある戦略プロファイルとそれらが最適反応であるような信念の組からなっている．

均衡経路上ではプレイヤーが彼らの信念を更新するために必要なものは彼らの事前信念とベイズ・ルールだけであるが，均衡経路を離れたところではこれだけでは不十分である．いま，均衡において参入者が常に参入してくるものとしよう．理由がなんであれ，ありえないことが起こって参入者が退出したとすれば，参入者が弱いタイプである確率について既存者はどのように考えるべきであろうか．この場合ベイズ・ルールは役に立たない．というのは，均衡においては決して起こらない非参入のような出来事については，確率ゼロなので，事後信念はベイズ・ルールを使って計算することはできない．すなわち，2.4節から，

$$Prob(弱い \mid 参入) = \frac{Prob(参入 \mid 弱い) \ Prob(弱い)}{Prob(参入)} \tag{6.1}$$

となるが，$Prob(弱い \mid 退出)$ はゼロで割ることになるので定義できない（分子がゼロになるとしても助けにならない――ノート N6.1 参照）．

均衡を定義する自然な方法は，均衡信念はベイズ・ルールに従い，均衡の外の信念はベイズ・ルールと矛盾しない特定のパターンに従うとしたとき，最適反応となっている戦略プロファイルとして定義することである．

完全ベイズ均衡とは次の条件を満たす戦略プロファイル s と信念の組 μ のことである．
(1) ゲームの各節においてそのゲームの後続部分での戦略は他のプレイヤーの信念と戦略が与えられたときナッシュ均衡となっている．
(2) ゲームの各節において情報集合での信念はゲームにおいて将来の行動を所与として合理的である（すなわち，各プレイヤーの信念は，他のプレイヤーが均衡にあると仮定したうえで彼らの観察された行動を所与として，可能な場合は，ベイズ・ルールによって更新された信念でなければならない）．

完全ベイズ均衡は常にサブゲーム完全である（条件(1)はそのことを意味する）．全ての摂動完全均衡はベイズ完全均衡である．

参入阻止ゲームIIに戻って

完全ベイズ均衡の概念を使って，参入阻止ゲームIIに対する適切な均衡を見出すことができる．

参入者：参入 | 弱い，参入 | 強い
既存者：共謀
信念：$Prob(強い | 非参入) = 0.4$

この均衡では参入者は弱いタイプでも強いタイプでも参入する．既存者の戦略は共謀であり，自然を観察できないのであるから，自然の手番に依存したものとはならない．参入者は自然の手番の如何にかかわらず参入するので，既存者は万一非参入を観察したら彼の均衡の外の信念が特定化されなければならない．そのため，この信念は，参入者が逸脱して非参入を選ぶことを既存者が観察したら，強い参入者であるという既存者の主観的確率は0.4であるというように，任意に選択される．この戦略プロファイルと均衡の外の信念が与えられると，どのプレイヤーもその戦略から逸脱する動機を持たない．

これに対し，参入者が非参入を選ぶような完全ベイズ均衡はありえない．戦うという反応は自然が確率1で弱いを選ぶというような最も楽観的な信念のもとでさえ，悪い反応である．完全ベイズ均衡はサブゲーム完全のように構造的に定義されるのではなく，最適反応によって定義される．これは，均衡の精緻化によって把握したいと思っている経済的直感に完全ベイズ均衡をより一層近付けることを可能にする．

あるゲームの完全ベイズ均衡を発見するには，ナッシュ均衡を発見する場合と同様に，知的推論が必要になる．ナッシュ均衡を発見するためには，モデルの設計者はモデルについて考察し，もっともな戦略プロファイルを取り上げ，そして，戦略が相互に最適反応かどうか検討する．それを完全ベイズ均衡にするためには，どの行動が均衡では取られないかを調べ，プレイヤー達がこれらの行動を解釈するために使う信念を特定化し，それから，各プレイヤーの戦略が各節においてその信念のもとで最適反応であるかどうかを調べることにな

る．特に，他のプレイヤーの均衡の外の信念と戦略をスタートさせるために，各プレイヤーが均衡と違う行動を取ることを望むかどうかを調べる．このプロセスはプレイヤーの信念が彼に利益を与えるかどうかをテストすることを含んではいない．というのは，プレイヤーは自分の信念を選ぶことはできないからである．つまり，事前確率や均衡の外の信念はモデル設計者によって外生的に特定化されるからである．

参入阻止ゲームIIにおいて信念がなぜ特定化されなければならないのか不思議に思うかもしれない．もし参入者が非参入を選ぶとしたらどんな違いが生じるだろうか．間違いなく自然は各タイプを確率0.5で選んでいる．だから，既存者がこの事前確率より他になんの情報も持たないならば，それが彼の信念となるであろう．しかし，参入者の行動が追加的な情報をもたらすかもしれない．完全ベイズ均衡の概念は，ベイズ・ルールに反しない限り，プレイヤーが追加的情報からどのように信念を形成するかという問題をモデル設計者の裁量に委ねるものである（しかし，モデル設計者が技術的には申し分のない信念を選んだとしても馬鹿げた前提を使ったものになっているかもしれない）．例えば，上の均衡においては，もし参入者が非参入を選べば既存者は自然が0.4の確率で強いを選び0.6の確率で弱いを選ぶものと信じられている．この信念は恣意的で馬鹿げてはいるが，ベイズ・ルールに矛盾するものではない．

参入阻止ゲームIIでは均衡の外の信念が重要でないし，重要であるはずがない．もし参入者が非参入を選べばゲームは終わりであり，既存者の信念はそのときなんら必要なものとはならない．完全ベイズ均衡は技術的問題から逃れる1つの方法として導入された．均衡の外の信念は，しかしどの戦略プロファイルが均衡であるかということに対して非常に重要であることを次節で示す．

6.2 参入阻止ゲームと PhD 許可ゲームにおける完全ベイズ均衡の精緻化

参入阻止ゲームIII：戦いは時々利益になる

参入阻止ゲームIIIにおいて $X=60$ であって，$X=1$ でないとしよう．これは，参入者が弱いとすると，既存者にとって戦うことが共謀より有利であるこ

とを意味する．前と同様に，参入者は自分が弱いかどうかを知ることになるが，既存者は知らない．均衡の外の行動を観察した後でも事前信念，ここでは $Prob(強い) = 0.5$ を変えないとき，この推量は信念を形成するための便利な方法であり，**消極的推量**と呼ばれる．次のものは消極的推量を使った完全ベイズ均衡である．

参入阻止ゲームIIIに対する適切な一括均衡

参入者：参入 | 弱い，参入 | 強い
既存者：共謀
均衡の外の信念：$Prob(強い | 非参入) = 0.5$

　参入するかどうか決める場合に，参入者は既存者の行動を予測しなければならない．もし参入者が弱いタイプである確率が0.5であれば，戦うを選ぶことから得られる期待利得は $30(= 0.5[0] + 0.5[60])$ で，これは共謀のときの利得50より少ない．それで，既存者は共謀し，参入者は参入する．参入者は既存者の利得が実際60であることを知っているかもしれないが，そのことは既存者の行動にとって無関係である．

　均衡の外の信念は，同じゲームの他の均衡において重要かもしれないが，この最初の均衡にとっては重要ではない．完全ベイズ均衡での信念はベイズ・ルールに従わねばならないが，均衡の外の行動をプレイヤーがどのように解釈するかということにはほとんどなんの制約も課さない．均衡の外の行動は"不可能"であるので，それが起こったときにはプレイヤーが反応すべき明らかな方法があるわけではない．しかし，ある信念は他のものより理にかなったように見えるかもしれない．参入阻止ゲームIIIは均衡経路の外であまり適切でない信念を要求する別の均衡を持っている．

参入阻止ゲームIIIに対する適切でない一括均衡

参入者：非参入 | 弱い，非参入 | 強い
既存者：戦う
均衡の外の信念：$Prob(強い | 参入)$

この場合は参入者が逸脱して参入すれば，既存者にとって戦うことによって得られる利得は $54(=0.1[0]+0.9[60])$ であり，これは共謀したときの利得 50 より大きいので，参入者は退出するであろう．

適切でない均衡での信念は異なっており，適切な均衡での信念ほど合理的ではない．その場合，その信念はベイズ・ルールに違反してはいないが，正当化できない．というのは，既存者は自分が戦うことを選ぶことにより利益を得るとき，弱い参入者が強い参入者に比べて 9 倍も誤って参入する可能性があるであろうという信念を持つとは考えにくいからである．

信念の合理性がここでは重要になる．というのは，既存者が消極的推量をすればこの不適切な均衡は不可能になるからである．消極的推量を使うと既存者の共謀からの期待利得が 50 より少なくなるので，彼の戦略を共謀に変更したくなるであろう．不適切な均衡は適切な均衡より信念の取り方に対して頑健ではない．つまり，それは正当化しがたい信念に依存しているのである．

あやふやな成果が完全ベイズ均衡であるかもしれないとしても，この概念はともかく他のあやふやな成果を締め出すという効果がある．例えば，参入者が参入するのは自身が強い場合に限り，弱い場合非参入を選ぶというような均衡は存在しない（それはプレイヤーのタイプを分離するので分離均衡と呼ばれるが）．そのような均衡はあるとしたら，次のようになっていなければならないであろう．

参入阻止ゲームIIIに対する推量分離均衡

参入者：非参入 | 弱い，参入 | 強い
既存者：共謀

均衡の外の信念はこの分離均衡では推量に対してなんの特定化もされていない．それらを特定化すべき均衡の外の行動がないからである．均衡で非参入か参入を観察できるから，既存者は自分の信念を形成するためにベイズ・ルールを常に使うであろう．そこで，非参入を選ぶ参入者は弱いに違いないし，参入する参入者は強いに違いないと信じるであろう．これは各プレイヤーが他のプレイヤーは均衡戦略に従っているであろうと仮定したうえで，反応の仕方を決定するナッシュ均衡の考えと一致している．ここでは，既存者の最適反応は，

自分の信念を所与として，共謀 | 参入であり，従って，それは提案されている均衡の後半部分である．参入すれば共謀があるということを知って，弱い参入者でさえ参入してくることになる．そのため，強い参入者だけが参入してくる均衡はありえない．こうしてそのような推量を拒否することができたことになる．

PhD 許可ゲーム

消極的推量は次の例が示すように常に申し分ない信念であるとは言えない．いま，人々の 90％ が経済学を嫌っており，PhD プログラムには不向きであり，10％ の人々は経済学が好きで，そのプログラムをやっていけるであろうという情報を大学が知っているものとしよう．また，大学は申請者のタイプを観察できないものとする．もし大学が申請を拒否すれば，大学自身の利得は 0 で，申請者の利得は申請に必要な費用により −1 となるとしよう．もし大学が経済学を嫌っている人の申請を許可するならば，大学自身の利得も本人の利得も −10 で，経済学が好きな人の申請を許可するならば，両者の利得は 20 であるとする．図 6.2 はこの展開形でこのゲームを示している．人口の割合は自然が経済学を好きな人か嫌いな人かを選ぶ節によって示されている．

PhD 許可ゲームは 11 章で見るシグナリングゲームの一種である．それは信念の取り方によって，いろんな完全ベイズ均衡を持っているが，均衡は，経済学の好きな人は申請し，嫌いな人は申請しないという**分離均衡**と，どのタイプの学生も申請しないという**一括均衡**との 2 つに分類できる．

PhD 許可ゲームの分離均衡

学生：申請する | 経済学が好き，申請しない | 経済学が嫌い
大学：許可する

分離均衡は均衡の外の信念を特定化する必要はない．というのは，2 つの可能な行動——申請すると申請しない——は均衡で起こりうるので，ベイズ・ルールが常に使えるからである．

図6.2 PhD 許可ゲーム

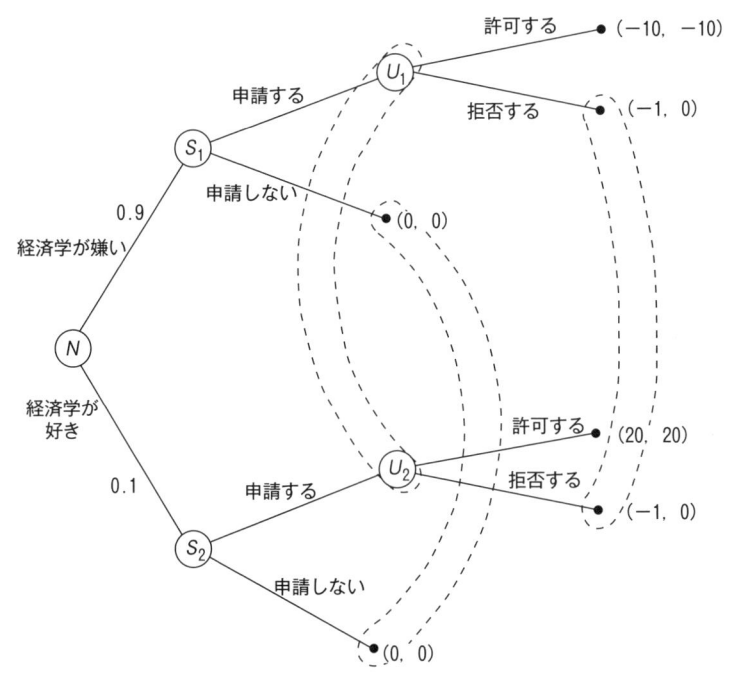

利得：(学生，大学当局).

PhD 許可ゲームの一括均衡

学生：申請しない｜経済学が好き，申請する｜経済学が嫌い
大学：拒否する
均衡の外の信念：$Prob$(経済学が嫌い｜申請する)＝0.9（消極的推量）

一括均衡は消極的推量によって支持される．その場合，もし申請すれば拒否され，-1 の利得を受け取るものと正しく推量するので，どちらの学生も申請しない．大学の方は，申請者は 90％の確率で経済学が嫌いな人であるという信念のもとで，愚かにも申請した学生を拒否するであろう．

完全ベイズ均衡の概念は均衡の外の信念になんの制約も課さないが，研究者達は均衡概念の一風変わった精緻化とでも呼べる考え方で対応してきた．さ

て，消極的推量に代わるものとしてどのような信念がPhD許可モデルにおいて一括均衡を支持するか考えてみよう．

消極的推量． $Prob$(経済学が嫌い | 申請する)＝0.9

これは，すでに述べたように，事前信念が均衡の外の行動によって変わらない信念である．この消極的推量の議論は，申請はミスであり，経済学を嫌いな人は人口の面で多いけれどもどのタイプも同様に誤りを犯すであろうということである．これは一括均衡を支持する．

直感的基準． $Prob$(経済学が嫌い | 申請する)＝0

Cho & Kreps（1987）の直感的基準（"均衡優越性"）によれば，情報を持たないプレイヤーによって持たれる信念がなんであれ，均衡の外の行動から損失を受ける，情報を持ったプレイヤーのタイプがあるなら，情報を持たないプレイヤーはそのタイプに対して，確率ゼロの信念を置くべきである．ここでは，経済学を嫌いな人は大学の持つ信念がなんであれ，申請することによって不利益を受けることであろう．従って，大学は申請者が経済学を嫌いな人であるという確率をゼロと置くことになる．もし大学がこの信念を持つなら，申請してくる人は誰でも受け入れたいであろうから，この議論は一括均衡を支持しない．

完全頑健性． $Prob$(経済学が嫌い | 申請する)＝m, $0 \leq m \leq 1$

このアプローチのもとで，均衡戦略プロファイルはどんな均衡の外の信念においても最適戦略であるものから成り立っていなければならない．参入阻止モデルIIの均衡はこの要請を満たしている．この完全頑健性はこのPhD許可モデルにおける一括均衡を排除している．というのは，$m=0$のような信念では申請者を受け入れることが最適反応になるから，その場合，経済学を好きな人だけが申請するであろう．推量一括均衡を分析する有益な第一歩はそれらが$m=0$や$m=1$のような極端な信念によって支持されるかどうかをテストすることである．

アドホックな特定化．Prob（経済学が嫌い｜申請）＝1

モデル設計者は特定のゲームの環境によって信念を正当化することができることもある．ここでは，大学が拒否することがわかっているのに申請をするほど馬鹿げた人なら，経済学を好むというよい趣味を持つことはありえないと主張することができるであろう．これはまた一括均衡を支持することになる．

均衡の外の信念の問題へのもう1つの接近法は，全ての結果が均衡において可能となるようなモデルをつくることによってその問題そのものを取り除くことである．というのはその場合異なったタイプのプレイヤーが異なった均衡行動をすることになるからである．PhD 許可ゲームにおいて，経済学を好みかつ申請をすることを望む学生は少数であると仮定できる．これらの学生は均衡において常に申請するであろうから，誰も申請しない一括均衡はありえないし，従って，ベイズ・ルールは常に使用される．均衡において，申請することは決して均衡の外の行動ではなく，常に申請者は経済学を好きな人であることを示しているので，大学は申請した人を何人か常に許可するであろう．もしモデル設計者が摂動の可能性を，技術的手段としてただ利用するのではなく，文字通り手の震えとして考えればこのアプローチは特に興味深いものとなる．

異なった信念に関する議論がまた参入阻止ゲームⅢに適用され，そこでは2つの異なった一括均衡があり，分離均衡がないことがわかった．我々は"適切な"均衡において消極的推量を使った．また，直感的基準は信念を決して制限しないであろうことがわかった．これは，既存者の信念が彼に共謀をさせようとするものであれば両タイプは参入するであろうし，またもしそれらの信念が既存者を戦わせるようなものであれば両タイプは非参入を選ぶであろうからである．これに対して，完全頑健性はタイプがなんであれ参入者が非参入を選ぶような均衡を締め出すであろう．というのは退出戦略の最適性はその信念に依存するが，それは参入者が参入し，均衡の外の信念は問題ではないといった戦略プロファイルを支持するであろうからである．

6.3　共有知識の重要性：参入阻止ゲームⅣ，Ⅴ

共有知識の重要性を示すために参入阻止ゲームの2つの変形を考えて，その

2つに対して消極的推量を使おう．参入阻止ゲームⅢにおいて，既存者は無知であることによって被害をこうむった．そこで，参入阻止ゲームⅣは彼が無知であることから利益を受け取ることを示し，参入阻止ゲームⅤは既存者と参入者が同じ情報を持っているがその情報が共有知識でないとき何が生じうるかを検討する．

参入阻止ゲームⅣ：無知による既存者の利益

参入阻止ゲームⅣを構成するために，図6.1において $X=300$ と仮定する．つまり，戦うことは参入阻止ゲームⅢにおけるよりもっと有利になるとし，その他は変わらないものとしよう．すなわち，参入者は自分のタイプを知るが，既存者は知らないとする．このとき，次のものは純粋戦略において唯一の完全ベイズ均衡である[1]．

参入阻止ゲームⅣでの均衡

参入者：非参入 | 弱い，非参入 | 強い
既存者：戦う
均衡の外の信念： $Prob$(強い | 参入) $=0.5$ （消極的推量）

この均衡は他の均衡の外の信念によっても支持されうるが，参入者が参入する均衡は不可能である．どちらのタイプの参入者も参入する一括均衡はありえない．というのは戦うことによる既存者の期待利得は150（$=0.5[0]+0.5[300]$）で，これは共謀による利得50より大きいからである．また，分離均衡は存在しない．というのは，もし強い参入者だけが参入し，それに既存者が常に共謀で応じれば，弱い参入者が強いタイプの真似をして参入をしようとするであろうからである．

参入阻止ゲームⅢと違って参入阻止ゲームⅣでは，既存者は自分の無知から

---

[1] また，適切な混合戦略均衡がある．それは，参入者は強ければ参入し，弱ければ確率 $m=0.2$ で参入，既存者は確率 $n=0.2$ で共謀するというものである．これによる利得は150でしかないから，もしその均衡が混合戦略での均衡であるならば，無知は手助けにはならないであろう．

利益を受ける．たとえ彼の利得が（彼はそれを知らないが）ちょうど0であっても参入に対しては常に戦うであろうからである．参入者は戦うことのもたらすコストを非常に知りたがるであろうが，既存者は参入者を信じようとしないので，参入は決して起こらない．

参入阻止ゲームV：無知についての共有知識の欠如

参入阻止ゲームVでは，参入者も既存者も（参入，戦う）からの利得を知っているが，参入者は，既存者がそれを知っているかどうかを知らない．つまり，その情報は両者に知られているが，共有知識ではない．

図6.3はこうしたやや複雑な状況を表している．ゲームは，前と同様に，自然が参入者に強いタイプもしくは弱いタイプを割り当てることで始まる．これは参入者によって観察されるが，既存者によっては観察されない．次に，再び自然が動いて，既存者に参入者のタイプを知らせるか，あるいは何も知らせないかが決まる．これは既存者によって観察されるが，参入者によっては観察されない．G_1からG_4までの4つの節で始まるゲームが（参入，戦う）と既存者の知識からの利得の異なったプロファイルを表している．参入者は既存者がどのくらいよく情報を持っているか知らないので，参入者の情報分割は $(\{G_1, G_2\}, \{G_3, G_4\})$ となる．

参入阻止ゲームVの均衡

参入者：非参入 | 弱い，非参入 | 強い
既存者：戦う | 自然が"弱い"と言う，共謀 | 自然が"強い"と言う，
　　　　戦う | 自然が何も言わない，
均衡の外の信念：$Prob$(強い | 参入，自然が何も言わない) = 0.5
　　　　　　（消極的推量）

参入者は既存者が知らないということに高い確率を与えているので，参入者は退出すべきであろう．というのは既存者は次の2つのうちどちらかの理由で戦うであろうからである．1つ目は，確率0.9で自然は何も言わなかったのであり，その場合戦うことによる期待利得は150であると既存者は計算するが，これは戦うを選ぶに十分高い値である．2つ目は，確率0.05(= 0.1[0.5])で，

```
                            ┌─知らせる── G₁  (−10, 300)のゲーム
                            │   0.1          (知らされた既存者)
                         N₂─┤
                   弱い参入者 └─知らせない─ G₂  (−10, 300)のゲーム
                    0.5          0.9          (知らされない既存者)
                N₁─┤
                   強い参入者 ┌─知らせる── G₃  (−10, 0)のゲーム
                    0.5    │   0.1          (知らされた既存者)
                         N₃─┤
                            └─知らせない─ G₄  (−10, 0)のゲーム
                                 0.9          (知らされない既存者)
```

図 6.3　参入阻止ゲームV

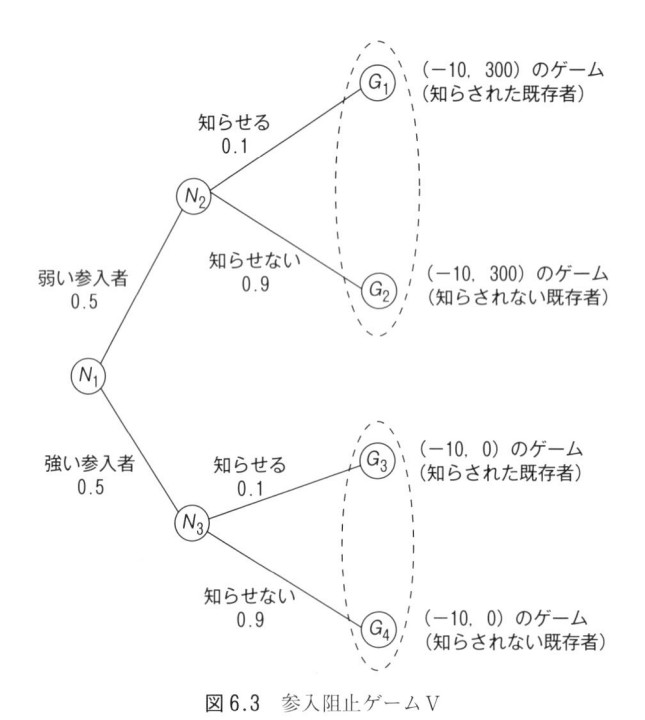

戦うことからの利得は 300 であると自然は既存者に言ったからである．0.05 の確率でのみ既存者は共謀を選ぶであろう．というのは参入者は実際強く，既存者はそのことを知っている．そのときでさえ，参入者は非参入を選ぶであろう．なぜならば，参入者は既存者が知っていることを知らないし，彼の観点から参入による期待利得は $-5(=[0.9][-10]+0.1[40])$ となるからである．

　参入者が強いということが共有知識であれば，参入者は参入し，既存者は共謀するであろう．しかし，それが両プレイヤーによって知られていても共有知識でなければ，参入した場合既存者は共謀するであろうとしても参入者は非参入を選ぶことになる．こうして，共有知識は重要な概念であることがわかる．

6.4　繰り返し囚人のジレンマにおける不完備情報：
　　4人のギャングモデル

　5章において，繰り返しゲームの解を見つけるためにチェーンストア・パラドックスという神シーラとフォーク定理という神カブリディスをめぐっていろいろな角度から分析を試みた（シーラとカブリディスはギリシャ神話上の神々 - 訳者注）．その結果，不確実性はその問題に対して大きな違いをもたらさないことがわかったが，不完備情報の問題が5章では検討されずに残された．確かに，もしプレイヤーが互いのタイプを知らなければその結果生じる混乱によって協調が生じるかもしれない．この点を検討するために，有限繰り返し囚人のジレンマゲーム（その利得は表6.1に繰り返されている）に不完備情報を追加し，完全ベイズ均衡を見つけてみよう．

　不完備情報を組み込む方法の1つは多数のプレイヤーが非合理的であるが，あるプレイヤーは他の全てのプレイヤーが非合理的なタイプであるかどうかを知らないと仮定することであろう．例えば，高い確率でロウはしっぺ返し戦略に盲目的に従うプレイヤーであると仮定しよう．もしコラムが自分はしっぺ返しプレイヤーに対抗してプレイしていると思っているならば，彼の最適戦略は最後の期に近付くまでは黙秘し（どれだけ近いかはそのパラメータに依存するが），その後，自白することである．一方，もしロウがこのことを確信をしてはいないが，しっぺ返しプレイヤーに直面しているという確率が高いならば，彼もまた同じ戦略を選ぶであろう．しかし，そのようなモデルは疑問を引き起こす．というのは，そのモデルを導出しているのは情報の不完備性ということではなく，あるプレイヤーがしっぺ返しプレイヤーであるという確率が高いということであるからである．しっぺ返しは合理的な戦略ではないし，たくさんのしっぺ返しプレイヤーを導入することはその問題を脇に置くことである．もっと驚くべき結果は，不完備情報が少ししかないのに成果に大きな違いをもたらすことがありうるということである[2]．

4人のギャングモデル

　評判についてもっとも重要な説明の1つはKreps, Milgrom, Roberts, & Wil-

表6.1 囚人のジレンマ

		コラム	
		黙秘	自白
ロウ	黙秘	5, 5	-5, 10
	自白	10, -5	0, 0

利得:(ロウ,コラム).

son (1982) のそれである．以下ではこれを4人のギャングモデルとして引用する．彼らのモデルでは，少数のプレイヤーがしっぺ返し以外の戦略をすることはほとんどできず，多くのプレイヤーは少数のプレイヤーのタイプのふりをすることができるというものである．このモデルの長所はそれが少ししか不完備情報を要求していないことである．すなわち，ロウがしっぺ返しプレイヤーである確率が小さいとしているのである．世界には少数のやや非合理的なしっぺ返しプレイヤーがいると想定することは不自然なことではない．そのような行動は，企業よりもあまり競争的な圧力のもとにない消費者の間においては特にありそうである．

非合理的プレイヤーの直接的影響は小さいが，他のプレイヤーが彼らを模倣するために重要な問題となるのである．ロウが高い確率で単にしっぺ返し的であるふりをするだけだということをコラムは知っていても，ロウがそのふりをし続ける限り真実がなんであるかはコラムにとって重要でない．偽善とは悪が善に対して与える賞賛であるばかりでなく，社会の秩序を維持するために都合のよいものである．

真の博愛主義と，全ての人々がうまく振る舞うとき生じる相互主義的博愛主義のこの見かけ上の同一性は，マタイによる福音書において見られるように，千年にもわたって知られてきた．

　だが，あなた方に告げるが，敵を愛し，のろう者を祝福し，虐待し迫害する者

---

2) しかし，モデル設計においてその質問を要請することはレトリックにおいてと同じ程度に正当性がないというわけではない．というのはそのことが，その質問がまず第1に空虚なものであることを示しているかもしれないからである．もし囚人のジレンマの利得が，我々がモデル化をしようとするたいていの人々の利得でないならば，チェーンストア・パラドックスは重要なものではないことになる．

達のために祈りなさい．あなた方が，天におられるあなた方の父の子供となるためだ．その方は，悪い者の上にも善い者の上にもご自分の太陽を昇らせ，正しい者の上にも正しくない者の上にも雨を降らせてくださるからだ．自分を愛してくれる者達を愛したからといって，あなた方になんの報いがあるだろうか．徴税人達も同じことをしているではないか．自分の友人達だけにあいさつしたからといって，あなた方は何の優れたことをしているのか．徴税人達も同じことをしているではないか．だから，あなた方の天の父が完全であられるように，あなた方も完全でありなさい（マタイによる福音書第5章44-8）．

4人のギャングはこれを定式化しているが，重要なことは世界の終わりが近付くにつれて徴税人達は自白を選び始めたということである．

定理 6.1（4人のギャング定理）

割引率なしでしっぺ返しプレイヤーの可能性を γ% 持つ T 段階繰り返し囚人のジレンマにおけるどんな完全ベイズ均衡においても，いずれかのプレイヤーが裏切りを選択する段階の数は，T でなく γ に依存するある数 M より少なくなる．

4人のギャング定理の意義は，プレイヤー達は最後の期が近付くにつれて裏切ろうとするが，そうする期間の数は全体の期間の数に独立であると言っていることである．もし $M = 2,500$ のような非常に大きな数の場合，$T = 2,500$ なら，全期間裏切ることになるかもしれないし，$T = 10,000$ なら裏切らない期間は 7,500 期間あることになる．応用問題を考えると，この定理は極めて印象深いものとなる．Wilson（未公刊）は参入者が非合理的である確率がわずか 0.008 であるけれども，最後から7期までは既存者が参入に対して戦う（これは上の黙秘に対応する）参入阻止モデルを考案した．

4人のギャング定理は均衡そのものより均衡結果を特徴付けるものである．完全ベイズ均衡を見つけることは，モデル設計者にとって均衡経路だけでなく均衡の外の全てのサブゲームを調べねばならないから，難しくまた手間のかかることである．モデル設計者は，通常，均衡戦略と利得についての重要な特徴を記述することで満足するものである．

定理 6.1 がなぜ正しいかということに対してある直感を得るために，最初の

自白まで黙秘を取り，その後はずっと自白を取る過酷な戦略をロウが採用する確率が 0.01 である 10,001 期間ゲームで何が起こるか考えてみよう．表 6.1 の利得を使えば，過酷な戦略を取ることが知られているプレイヤーに対するコラムの最適反応は，ロウが最初に自白を選ばない限り——その場合には自白で対応するが——最後の期だけ自白を選ぶというものである．そのとき，両プレイヤーは最後の期まで黙秘を選び，コラムの利得は 50,010 ($= (10,000)(5)+10$) となるであろう．ちょっとの間，ロウが過酷な戦略を取らず，より攻撃的になり，ずっと自白を選ぶとしよう．もしコラムが先ほどの戦略に従えば，成果は最初の期に（自白，黙秘）となり，その後（自白，自白）となり，コラムの利得は -5 ($= -5+(10,000)(0)$) となる．もし 2 つの成果の確率が 0.001 と 0.99 であれば，コラムのその戦略からの期待利得 495.15 となる．それに代わって彼が（全ての期間で自白）の戦略に従えば，期待利得はただ 0.1 ($= 0.01(10)+0.99(0)$) となる．従って，たとえロウが非常に攻撃的な戦略に従う確率が 0.99 であるとしても，ロウと協力するチャンスに賭ける方がコラムにとって明らかに有利になるのである．

しかし，コラムの戦略に対して攻撃的な戦略を取ることはロウの最適反応ではない．最適反応は最後から 2 期まではロウは黙秘を選び，その後は自白を選ぶというものである．コラムが初期の段階で協力するならば，ロウもまた協力するであろう．この議論は，ロウとコラムの前後反復が続きうるから，真のナッシュ均衡を記述していない．しかし，それは，コラムが黙秘を最初の期に選ぶ理由を示しており，まさに議論が必要とする梃子である．すなわち，もしロウが実際過酷な戦略プレイヤーであるなら利得が大変大きくなるので，コラムが 1 期間低い利得になるというリスクを持つことは価値があるからである．

4 人のギャング定理はチェーンストア・パラドックスから逃れる 1 つの方法を提供しているが，それは無限繰り返しゲームと同様に複数均衡の問題を起こしている．とりわけ，両プレイヤーがしっぺ返しプレイヤーであるといったように，非対称性が両方向にあれば，均衡は未決定となる．また，次のもう 1 つのフォーク定理は，ゲームの期間を十分長く取り，非合理性の程度を注意深く選択することによって，平均利得をどんな値にもすることができることを示している．

定理 6.2 不完備情報フォーク定理（Fudenberg & Maskin [1986] p. 547）

割引なしの 2 人繰り返しゲームにおいて，モデル設計者は，任意の確率 ε に対して次のような繰り返しのある有限の回数があるように非合理性の程度を選ぶことができる．すなわち，$1-\varepsilon$ の確率で 1 人のプレイヤーは合理的であり，また，ある逐次均衡での平均利得がミニマックス利得より大きな任意の望まれる利得に対して ε より近くなるような繰り返しである．

6.5 アクセルロッドのトーナメント

繰り返し囚人のジレンマに接近するもう 1 つの方法は政治学者ロバート・アクセルロッドが 1984 年の著作において記述した，総当たりトーナメントのような実験を利用することである．参加者は 200 回の繰り返しゲームに対して戦略を提案した．戦略はプレイの間は変更できなかったので，プレイヤー達の戦略は事前に拘束的であるが，戦略は好きなだけ複雑にすることができた．拘束のないプレイヤーのように，過去の歴史に適応することによってサブゲーム完全をシミュレートする戦略を特定化したいならば，そうすることは自由である．しかし，プレイヤーはしっぺ返しとかあるいは 2 回の裏切りに 1 回のしっぺ返しといった，もう少し寛大で不完全な戦略を提案することもできた．戦略は互いに競い合い，自動的にプレイされるコンピューターのプログラムの形式で提案された．アクセルロッドの最初のトーナメントでは，14 のプログラムが提案された．全てのプログラムが，他の全てのプログラムと競い合った．そして，勝者は全てのプレイの中で最も利得の和が大きいものとされた．勝者はアナトール・ラポポートであった．そして彼の戦略はしっぺ返し戦略であった．

このトーナメントは，ある与えられたパラメータを持つゲームにおいてどの戦略がその他の戦略に対して頑健であるかを示すのに役立った．そうしたトーナメントにおいては，何が均衡であるかは共有知識でないため，ナッシュ均衡を見つけようとすることとは全く違っている．その状況は，自然がプレイヤーの数，彼らの認識能力，さらに，それぞれのプレイヤーについての互いの信念を選択するという不完備情報ゲームの一種と見なされうる．

最初のトーナメントの結果がアナウンスされた後で，アクセルロッドはチェーンストア・パラドックスを避けるために各回を終わらせる確率として $\theta = 0.00346$ を追加して，2回目のトーナメントを進めた．62人の参加者の中で勝利者はやはりラポポートであった．彼は再びしっぺ返し戦略を使った．

ラポポートはこのトーナメント戦略を使う前に解析，実験，および，シミュレーションの観点から，囚人のジレンマに関する本を1冊書いていた（Rapoport & Chammah [1965]）．彼はなぜしっぺ返し戦略のような簡単な戦略を選んだのであろうか．アクセルロッドはしっぺ返し戦略が3つの利点を持っていることを指摘している．

1 裏切りを決して誘発しない（**良好性**）．
2 裏切りに対してただちにしっぺ返しをする（**挑発性**）．
3 協力に戻った裏切りを許す（**許容性**）．

こうした利点にもかかわらず，そのトーナメントの結果を解釈する際に注意しなければならないことがある．しっぺ返し戦略が最適戦略であることが示されたわけでもないし，また，協力行動が繰り返しゲームでは常に期待されるべきであるということが示されたわけでもない．

まず第1に，しっぺ返し戦略は1人対1人のコンテストにおいては他のどんな戦略も打ち負かすことはない．協力を通して点数を積み重ねることによってそのトーナメントに勝ったのであり，多くの高得点のプレイと非常に少ない低得点のプレイをもたらした．排除トーナメントでは，しっぺ返し戦略は高利得をもたらすが，決して最高の利得をもたらすものではないので，非常に早い時期に排除される．

第2に，他のプレイヤーの戦略もしっぺ返し戦略の成功にとって重要である．どんなトーナメントにおいてもしっぺ返し戦略はナッシュ均衡ではない．もし自分がどんな戦略に直面しているかを知っているならば，プレイヤーは自分の戦略を変更しようとするであろう．2回目のトーナメントにおいて提案された戦略のいくつかは最初のトーナメントを勝ったものだが，環境が変わったのでよい結果をもたらさなかった．その反対の戦略を探ろうと意図された他のプログラムは，学習の過程において非常に多くの（自白，自白）のエピソードに時間を費やしたが，もしゲームが1,000回繰り返されたならばもっとよい結

果が得られたかもしれない．

　第3に，プレイヤーがしばしば偶然に裏切ったゲームにおいては，しっぺ返し戦略を持った2人のプレイヤーが対戦した場合はひどい結果になるであろうということである．その戦略は自白するプレイヤーをただちに罰することになり，処罰の局面を終わらせるためのなんの対策も持たないのである．

　最適性はその環境に依存する．情報が完備で，その利得が共有知識であるならば，自白が唯一の均衡成果である．しかし，現実の世界では，情報はわずかであっても不完備であるので，協力がよりありそうなこととなる．ある環境のもとでは，しっぺ返し戦略は最適とはならないが，どんな環境のもとでも頑健であり，それがこの戦略の利点である．

*6.6　企業の信用と年齢：ダイアモンドのモデル

　評判を検討するためのもう1つの方法の例は信用期間についてのダグラス・ダイアモンドのモデルである．これは4人のギャングモデルと似たゲームを使って，なぜより定評のある企業の方がより安価に信用を得ることができるのかということの説明をしようとしている．Telser（1966）は，既存企業が参入者よりも安価に信用を得ることができるならば，略奪的価格付けは信頼できる脅しとなり，従って，破産する前に赤字になってもより多くの期間持ちこたえることができるということを示した．これが参入に対して有効な防衛手段であるかどうかわからないが（例えば，参入者が他の産業の大規模な伝統のある企業であればどうであろう），以下ではより定評のある企業がどのようにして安価に信用を得ることができるかということに焦点をおいて分析してみよう．

　Diamond（1989）の論文はなぜ伝統のある企業が新しい企業より返済の不履行をすることが少ないかを説明することを目的とした．彼のモデルでは企業はタイプごとに異なるので逆選択があり，さらに，隠れた行動をするのでモラル・ハザードがある．0期に"生まれた"3つのタイプの企業 R, S, RS が T 期間の各期首に事業のための資金を借り入れようとする．本来は企業の世代間の重複があり，各時点でいろんな年齢の企業が共存しているものと考えねばならないが，以下の分析では1世代だけの一生を考える．プレイヤーは全て危険中立的であるとする．タイプ RS は負の期待値を持つリスキーな事業と，正だ

が低い価値を持つ安全な事業を独立に選ぶことができるものとする．リスキーな事業は期待値においてあまりよくないが，もしその事業が成功すれば，安全なプロジェクトからの収益より高い収益が得られるとする．タイプRはリスキーな事業のみ行うものとする．また，タイプSは安全な事業のみ行うものとする．各期間の終わりに事業は終了し利潤が実現し借金は返済される．その後，新しい借り入れと事業が次の期間のために選ばれる．貸し手はどの事業が選ばれるかあるいは企業の経常利益がいくらであるか知ることができないが，借金が返されなければその企業の資産を没収できる．これはもしリスキーな事業を選んで失敗したら常に生じるであろう．

このゲームは本書で後に説明される2つの他のモデル——8.4節の再占有ゲームと9.6節のスティグリッツ＝ヴァイスのモデル——を暗示するものである．両者とも融資が返済されないことを心配している銀行のワンショットゲームである．このことは，再占有ゲームでは借り手が十分な努力を行わなかった場合，スティグリッツ＝ヴァイスのモデルでは借り手が返済できない望ましくないタイプである場合に起こるかもしれない．ダイアモンドのモデルは逆選択とモラル・ハザードをミックスしたものであり，借り手はタイプにおいて異なり，行動の選択をする借り手もいるのである．

このとき均衡経路は3つの部分からなる．RS企業はまずリスキーな事業を選ぶ．彼らのもっとも大きな下方への危険は破産ということになるが，事業が成功すれば企業は借金を返した後にたくさんの利潤を残す．リスキーな事業を行う企業（RSとR）の数は破産によって時とともに減少していくが，Sの数は変わらない．従って，利子率は下がっていくが貸し手はゼロ利潤のままである．利子率が下がるにつれて，安全投資による収益から利子支払いを差し引いた流列の価値はリスキーな事業による収益から利子支払いを差し引いた破産前の流列の価値に比べて上昇する．利子率がかなり下がるとゲームは第2の局面に進み，企業RSはある時期（t_1）に安全な事業に切り替える．R企業の少数かつ減少しつつあるグループだけがリスキーな事業を選び続ける．貸し手はR企業が切り替えることを知っているので，利子率はt_1で大きく下がる．こうして，古くなった企業はタイプRである可能性は少なくなり，より低い利子率が課せられる．図6.4では利子率の時間経路が示されている．

期間Tに向かって，安全な事業からの将来利潤の価値は下がっていくため，

図6.4 利子率の推移

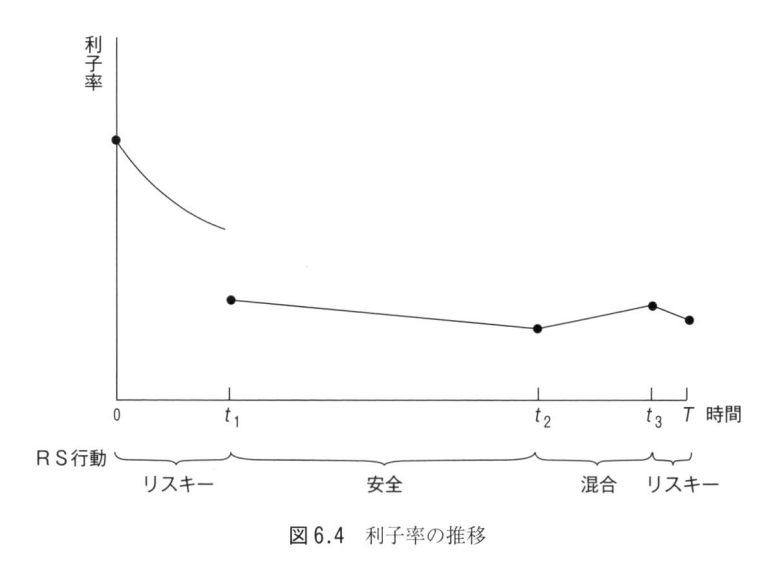

　ある低い利子率においてもSは再びリスキーな事業を選ぶ誘引を持つ．それらは期間 t_1 と違って，一度も切り替えない．期間 t_1 では，もし少数のRSが安全な事業に切り替えたならば，貸し手が利子率を低くすることを望んだであろう．それはまた切り替えをより魅力的なものにしたであろう．また，もし少数の企業がある時点 t_2 でリスキーな事業に切り替えるならば，利子率は上がり，リスキーな事業への切り替えはより魅力的なものになるであろう．これと同じ結果は9章のレモンモデルにおいても見られるであろう．t_2 と t_3 の間ではRSは混合戦略に従う．すなわち，時間の経過とともに彼らのより多くの部分はリスキーな事業を選ぶことになる．t_3 で利子率は高くなってゲームは終わりに近付き，RSはリスキーな事業を選ぶ純枠戦略に切り替える．この最終局面では，失敗したリスキーな事業によりRSの数は減少していき利子率は低下していく．

　例示によるモデル化という観点から見ると，読者はダイアモンドのモデルがなぜ2つではなく3つのタイプを持っているのか疑問を抱くかもしれない．タイプSとRSは明らかに必要であるが，Rはなぜ必要なのか．それは，3つのタイプの場合は失敗した企業はRであろうから，その場合，破産は決して均

衡の外の行動ではなく，従って，ベイズ・ルールは常に適用され，奇妙な信念や馬鹿げた完全ベイズ均衡を締め出す問題は除くことができる．ゲームの記述におけるほんの少しの追加によって均衡の簡単化が可能になるのである．

これは 4 人のギャングモデルであるが，これまでの例とは重要な点で異なる．ダイアモンドのモデルは定常的ではなく，時間とともにタイプ R と RS は破産していき，それによって貸し手の利得関数は変わっていく．このため厳密に言えばこのモデルは繰り返しゲームではない．

ノート

N6.1 完全ベイズ均衡：参入阻止ゲーム II と III

- 4.1 節はたとえ完全情報ゲームでさえ，全てのサブゲーム完全均衡は摂動完全とは言えないことを示した．しかし，完全情報ゲームではサブゲーム均衡は全て，均衡の外の信念が特定化される必要がないので，完全ベイズ均衡である．
- (6.1) のように，$y > 0$，$x = (0 \cdot y)/0$ とし，これを有効であると認めよう．そうすれば $(0 \cdot y)/0 = y$ となる．通常の計算によって $x \cdot 0 = ((0 \cdot y)/0) \cdot 0$．しかし，$0 = (0^2 \cdot y)/0 = (0 \cdot y)/0 = y$ となり，矛盾する．こうして分数の 0 を約分することはできない．
- Kreps & Wilson (1982) は逐次的均衡という均衡概念を導入するために上と同じ概念を使ったが，そのとき，彼らは信念をもう少し制限するために次の第 3 の条件を課した．その条件は離散的戦略を持つゲームにだけ定義される．

    (3) 信念は合理的信念の列の極限である．すなわち，(μ^*, s^*) が均衡評価であるときは，ある合理的信念と完全混合戦略の列があって，それが均衡評価に収束する．ある列 (μ^*, s^*) に対して，

    $$(\mu^*, s^*) = Lim_{n \to \infty}(\mu^n, s^n). \quad (\{\mu, s\} におけるある列 (\mu^n, s^n) に対して)．$$

この第 3 の条件は全く道理にかなったものであり，逐次的均衡を摂動完全均衡に近付けるものであるが，この条件を導入することによって，その取り扱いは困難なものになっている．もしプレイヤーが完全混合戦略の列を使っているならば，全ての行動はある正の確率で取られている．それで，行動が観察された後，ベイズ・ルールは信念を形成するために適用される．条件(3)は均衡評価がそうした列のある部分列の極限（全ての列の極限ではないが）でなければならないことを示している．

N6.2 完全ベイズ均衡の精緻化：PhD 許可ゲーム

- Fudenberg & Tirole (1991b) は完全ベイズ均衡を定義する際に生じる問題を注意深く

分析している.

- 6.2 節は消極的推量あるいは均衡支配のように,信念を制限する仕方という議論の余地のある問題について検討している.しかし,議論の余地の少ない制限の方が時々有益であることがある.3 人ゲームで,スミスとジョーンズはブラウンについて不完備情報を持っていて,そしてジョーンズが逸脱するとき何が起こるかを考えてみよう.もし逸脱したのがブラウン自身であったのであれば,他のプレイヤー達がブラウンのタイプについて何か情報を引き出したのかもしれないと人は思うであろう.しかし,ジョーンズが逸脱したからといって彼らはブラウンの事前分布を更新すべきであろうか.特に,ただ自分自身が逸脱したからといってジョーンズは自分の信念を更新すべきであろうか.消極的推量の方が随分と道理にかなって見える.

    もし,第 2 の可能性を考えるために,ブラウン自身が逸脱するならば,スミスとジョーンズがブラウンについての信念を異なった仕方で更新するように均衡の外の信念を特定化することは道理にかなっているであろうか.人々は同じ事前信念からスタートするというハーサニ原理の観点から,これは疑わしく見える.

    他方,均衡の外の手番についての摂動的解釈を考えてみよう.おそらく,もしジョーンズが震えて間違った戦略を選んだとするならば,それは実際ブラウンのタイプについて何か言っていることになる.例えば,もしブラウンのタイプが弱い場合より強い場合の方が,ジョーンズはより頻繁に震えるかもしれない.ジョーンズ自身,自分の震えから学習するであろう.いったん我々が非ベイズ的信念の領域にいれば,現実世界の文脈なしに何をすべきか知ることは困難になる.

    ナッシュ均衡を締め出すために使われる支配性と摂動の議論は過去,現在(同時手番ゲームにおいては),そして未来の行動に適用される.信念の議論だけが過去の行動に依存する.というのは行動を観察しそして解釈する,情報を持たないプレイヤーに依存しているからである.こうして,例えば,摂動と支配性の議論は行動 2 ではなく行動 1 を取るべきであると言うかもしれない.彼らの利得は等しいけれども,他のプレイヤーが後で震えて両者を傷つける,意図しない行動を選んだら,行動 2 は非常に低い利得に導くかもしれないからである.信念に基づく議論はそうしたゲームにおいては機能しないであろう.

- いろんな均衡概念の評価をめぐる議論のためには,交渉については Rubinstein (1985b),グリーンメールについては Shleifer & Vishny (1986),テンダーオファーについては D. Hirshleifer & Titman (1990) を見よ.

- **風変わりな精緻化**.完全ベイズ均衡は,最適反応,後ろ向き帰納法,合理的信念の考えを結合させたもので,ナッシュ均衡の論理的拡張である.おそらく議論の余地のないさらなる精緻化は,均衡の外の手番を観察したら同一のプレイヤーは同じような仕方で信念を更新することを要求するようなものであろう.しかし,追加される複雑さのため,そうした精緻化がスタンダードになるほどには有益なものとはならなかった.

均衡の外の信念で道理にかなっていないものを締め出すより議論の余地の多い方法が提案されてきた（例えば，直感的基準）が，どれも一般的に受け入れられなかった．Binmore（1990）と Kreps（1990b）は合理性と均衡の概念について書籍のような長い論文を書いている．*Handbook of Game Theory* の1つの章の Van Damme（2002）を参照．

- "燃える紙幣" あるいは "前向き帰納法" という変わった概念に関しては Kohlberg & Mertens（1986）あるいは Van Damme（1989）．

  前向き帰納法の要請：自己拘束的成果は，その成果を持つ全ての均衡で劣位の（すなわち，最適反応ではない）戦略が消去されるとき，自己拘束的でなければならない．

  そのロジックはこうである．複数均衡がある2人ゲームを考える．そこではプレイヤー1は均衡 X をもっとも好んでおり，また，ゲームの残りがプレイされる前に，もし望むなら彼は5ドル紙幣を焼いてしまうかもしれない．このとき，プレイヤー2が均衡 X をプレイするように影響できない限りプレイヤー1はその紙幣を焼く理由はない．それで，前向き帰納法は，プレイヤー2はプレイヤー1がそうするのを見たら，自分達が X をプレイするだろうとプレイヤー1が思っているとプレイヤー2は思うべきであると要請するものである．その場合プレイヤー1は X をプレイし，プレイヤー2の最適反応は X をプレイすることである．こうして，プレイヤー1が紙幣を焼くという悪ふざけは機能することになる．

  もしプレイヤー1がこうして，自分の望ましい均衡 X を得ることができるなら，そのときもしプレイヤー1が紙幣を焼かないならば，ともかく自分達は X をプレイするであろうとプレイヤー1が考えているとプレイヤー2は考えるべきであり，それでプレイヤー2は自分自身も X をプレイするというのは，居心地の悪い工夫である．こうして，紙幣を焼かないことを見ればまた信念を変えうるのである．"強い，何も言わないタイプ" の成功の鍵はプレイヤー1が費用のかかるメッセージを送るオプションを持っていることである．あなたが言うことではなく，あなたが言うことができるかどうかということが重要である．

  前向き帰納法は対称情報のゲームにおいてさえインパクトを持っていることに注意しよう．

- Cho & Kreps（1987）の**ビール-キッシュゲーム**．Cho & Kreps は直感的基準を例示するためにビール-キッシュゲームを使った．このゲームではプレイヤーIは決闘の能力で強いか弱いかのいずれかのタイプである．しかし，自分が勝つと思っている場合でも決闘を避ける方がよいと思っている．プレイヤーIIはプレイヤーIが弱いとき（その確率は 0.1 である）だけ決闘を望んでいる．プレイヤーIIはプレイヤーIのタイプを知らないが，プレイヤーIが朝食に何を食べたか観察できる．弱いタイプはキッシュを好み，強いタイプはビールを好むことをプレイヤーIIは知っている．利得は図6.5に示されている．

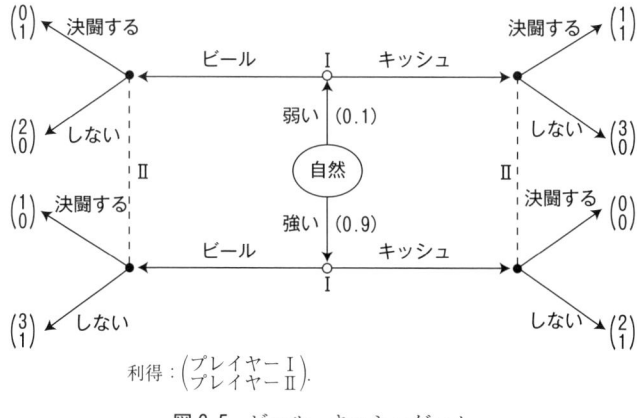

図6.5　ビール‐キッシュゲーム

図 6.5 は展開形を表す仕方について少々ひねりを入れている．図の真ん中の自然による強いと弱いの選択でゲームは始まる．プレイヤーIIの結節点は，もし同じ情報集合にあれば破線で結ばれている．プレイヤーIIは決闘をするかしないかを選択し，利得を受け取る．

このゲームは2つの完全ベイズ均衡成果を持っている．両方とも一括均衡である．E_1 ではプレイヤーIはタイプに関係なしに朝食にビールを飲み，プレイヤーIIは決闘を選択しない．これはキッシュを食べるプレイヤーIは確率0.5で弱いという，均衡の外の信念によって支持される．その場合，キッシュを観察したらプレイヤーIIは決闘を選択するであろう．E_2 では，プレイヤーIはタイプに関係なく朝食にビールを選び，プレイヤーIIは決闘をしないことを選択する．これはビールを飲むプレイヤーIは0.5以上の確率で弱いタイプであるという均衡の外の信念によって支持される．その場合，プレイヤーIIはビールを観察したら決闘を選択するであろう．

消極的推量と直感的基準は共に均衡 E_2 を排除する．直感的基準の推論に従って，プレイヤーIは次のような説得力のあるスピーチで決闘の恐れなくその均衡から逸脱するであろう．

"私は朝食にビールを選ぶつもりだ．これはあなたに対して私が強いということを納得させるであろう．ビールを選ぶことの私にとっての唯一の考えられる利点は，私が強いことから来ている．もし私が弱かったら，ビールを選ぶことは決してしなかったであろう．しかし，私は強く，このメッセージが説得的であるから，私は朝食にビールを選ぶことを好む．"

N6.5 アクセルロッドのトーナメント
- Hofstadter (1983) は，囚人のジレンマとアクセルロッドのトーナメントについての良質の議論をしている．彼は，経済学の知識を持たず，その訓練を受けていないコンピューター科学者である．この本は経済学入門のクラスには役に立つであろう．アクセルロッドの 1984 年の書物はこのトーナメントについてより完全な議論をしている．

問　題

6.1：費用についての不完備情報のクールノー複占（上級向け）
この問題は 3 章のクールノーモデルに不完備情報を加味したもので，プレイヤーのタイプの連続体を仮定する．

(a) 3 章のクールノーゲームでアペックスの平均費用を一定の c とし，ブライドックスの平均費用を 0 とする．もし費用が共有知識であれば各企業の生産量はどのように表されるか．$c = 10$ のとき生産量はいくらになるか．

(b) アペックスの費用 c は確率 θ で c_{max}，確率 $1 - \theta$ でゼロとする．従って，アペックスは 2 つのタイプのどちらかである．ブライドックスはアペックスのタイプを知らないとする．このとき各企業の生産量はいくらか．

(c) アペックスの費用 c は一様分布で区間 $[0, c_{max}]$ からとられるとする．従って，アペックスのタイプは連続体となっている．ブライドックスはアペックスのタイプを知らないとする．このとき各企業の生産量はいくらか．

(d) 3 章のゼロ費用ゲームで各企業の生産量は 40 である．(b) と (c) において $c_{max} = 0$ としたときの生産量を確認せよ．

(e) $c_{max} = 20$，$\theta = 0.5$ とする．従って，アペックスの平均費用の平均は (a)，(b)，(c) において 10 となる．各々の場合，アペックスの平均生産量はいくらになるか．

(f) (b) のモデルを $c_{max} = 20$，$\theta = 0.5$，$c = 30$ に変更する．このとき (b) で求めた式によれば生産量はいくらになるか．また，このことがうまくモデル化できるような状況はあるかないか．

6.2：価格制限（中級向け）（Milgrom & Roberts [1982a] 参照）
ある既存企業がある地域の自然独占のコンピュータ市場で操業しており，その企業しか生き残ることができないとする．この企業は操業費用 c を知っているが，c は確率 0.2 で 20，確率 0.8 で 30 である．

最初の期に，もし $c = 20$ ならば，既存企業は価格を低くすれば 40 の損失となり，価格を高くすれば損失がないとする．また，$c = 30$ ならば，価格を低くすれば 180 の損失となる（全ての消費者がその高い価格を留保価格としており，静学的な独占が，限界費用が

20であろうと30であろうとその価格を選ぶことを想起せよ).

　潜在的な参入企業は既存企業の費用に関するこの確率を知っているが，正確な値を知らない．2期において，参入企業は70の費用をかけて参入でき，その操業費用は25であることは共有知識である．もし，その市場に2つの企業があれば，各企業は50の直接的費用を支払うが，1つの企業が撤退すると，残った企業は200の独占収入を得て操業費用を支払う．なお，ここでは割引率rはゼロである．

(a) 既存企業が，その価格がなんであれ，高価格を選ぶ（一括均衡）完全ベイズ均衡はどのような均衡の外の信念によって支持されなければならないか．
(b) 既存企業が，その費用がなんであれ，同じ価格を常に設定する，一括完全均衡を求めよ．
(c) 高価格での一括均衡を支持しない均衡外の信念の組を求めよ．
(d) このゲームで分離均衡はどのようになるか．

6.3：対称情報と事前信念（中級向け）

　表6.2のお金のかかるトークゲームにおいては，両性の闘いの前に沈黙かトークかを男が選ぶコミュニケーション手番が来ている．トークは1ドルのコストをもたらし，自分は格闘技に行くという男による宣言がその内容である．しかしこの宣言は単なるトークであり，彼の行動を拘束するわけではない．

表6.2　お金のかかるトークゲームでのサブゲーム利得

		女 格闘技	女 バレエ
男	格闘技	3, 1	0, 0
男	バレエ	0, 0	1, 3

利得：(男，女)．

(a) このゲームに対して展開形を描け．同時手番サブゲームの前に男の手番を置け．
(b) そのゲームの戦略集合は何であるか（女の戦略集合を先に考えよ）．
(c) 観察された行動を使って，3つの完全純粋戦略均衡成果を求めよ（戦略は成果と同じではないことを思い出せ）．
(d) 男がトークを選ぶ完全均衡での均衡戦略を求めよ．
(e) 前向き帰納法の考えは，たとえ均衡において支配される戦略がゲームから排除され，その手続きが反復されても，均衡は均衡として残るべきであるというものである．この手続きは，沈黙を締め出し，両者がバレエを選択することを均衡成果とするこ

とを示せ.

6.4：共有知識の欠如（中級向け）

参入阻止ゲームVにおいてパラメータの値が変わったときどうなるかをこの問題は検討している.

(a) 6.3節において確率（強い | 参入，自然が何も言わない）= 0.95 は均衡を支持しないのはなぜか．
(b) 自然が既存企業に告げる確率が 0.7 であれば，なぜ 6.3 節の均衡は均衡にはならないのか．
(c) 自然が既存企業に告げる確率が 0.7 であるときの均衡を求めよ．この均衡はどのような均衡の外の信念によって支持されるか．

非対称情報下の繰り返し囚人のジレンマ：クラスルームゲーム6

表1.2の利得に8を加えて得られる表6.3の囚人のジレンマを考える（表5.10と同等）．

表6.3　囚人のジレンマ

		コラム	
		黙秘	自白
ロウ	黙秘	7, 7 →	-2, 8
		↓	↓
	自白	8, -2 →	0, 0

利得：（ロウ，コラム）

このゲームは5回繰り返される．あなたの目的はできるだけ高い割引なしの利得の合計を得ることである（ただ単に，クラスの他の人より高い利得の合計を得ることではない）．また，クラスには多くのロウとコラムの組がいるため，単に直接の対戦相手に勝つことが正しい勝ち抜き戦略ではないかもしれないことにも注意しよう．

インストラクターは3人の学生のグループを作り，それぞれをロウとし，また，1人の学生のグループも作り，コラムとする．それぞれのロウは複数のコラムとプレイすることになる．

5回の繰り返しゲームでコラムの振る舞い方は異なる．

ゲーム(i)　完全情報：コラムは表6.3に従って自分の利得を最大になるようにする．

ゲーム(ii)　80％しっぺ返し：20％の確率で，コラムは表6.3に従って自分の利得を最大になるようにする．80％の確率で，コラムは"しっぺ返しプレイヤー"となり"しっぺ返し"戦略を使わなければいけない．これは1回目では黙秘を取り，その後は前のラウンドでロウグループがやったことを真似る戦略である．

ゲーム(iii)　10％しっぺ返し：90％の確率で，コラムは表6.3に従って自分の利得を最大になるようにする．10％の確率で，コラムグループは"しっぺ返しプレイヤー"となり"しっぺ返し"戦略を使わなければならない．1回目では黙秘を取り，その後は前のラウンドでロウがやったことを真似る戦略であり，ゲーム(ii)と同じである．

確率は独立のため，ゲーム(ii)においては10のコラムプレイヤーのうち8のプレイヤーがしっぺ返しを使うのが最も起こりそうだが，7や9の可能性もあるし，ことによると0や10さえ起こりうる．

数学付録

　この付録には 3 つの目的がある．ある読者にはすでに理解している用語を思い出してもらい，他の読者には用語の意味することのアイデアを与え，そして，参考のために，いくつかの定理をリストにすることである．このような限られた目的に合わせて，境界点のようないくつかの用語は定義されないままになっている．より完全な解説は，実解析については Rudin (1964) を，経済学者のための数学については Debreu の *Theory of Value* (1959), Chiang (1984) および Takayama (1985) を参照せよ．Intriligator (1971) と Varian (1992) は優れた数学付録および最適化の議論に強く，Kamien & Schwartz (1991) は関数の選択による最大化をカバーしている．Border の 1985 年の本は全て不動点定理についてである．Stokey & Lucas (1989) は動的計画法についてである．Fudenberg & Tirole (1991a) はゲーム理論で用いられる数学的な定理に関する最良の情報源である．

　ウエブは数学的定義についてとても有用である．http://en.wikipedia.org, http://mathworld.wolfram.com, および http://planetmath.org を参照せよ．

*A.1　記　　号

Σ	和．$\sum_{i=1}^{3} x_i = x_1 + x_2 + x_3$.
Π	積．$\prod_{i=1}^{3} x_i = x_1 x_2 x_3$.
$\|x\|$	x の**絶対値**．もし $x \geq 0$ ならば $\|x\| = x$, そして，もし $x < 0$ ならば $\|x\| = -x$.
$\|$	"〜であるような．" "〜を与件とした" もしくは "〜の条件の下で"．$\{x \mid x < 3\}$ は 3 未満の実数の集合を表す．$Prob(x \mid y < 5)$ は y が 5 未満であることを与件とした x の確率を表す．

:	"であるような." $\{x : x < 3\}$ は3未満の実数の集合を表す．コロンは	と同義である．
$\mathbf{R}^n$	n 次元の**実数**（整数，分数，そして，任意のそれについての部分集合の最小上界）ベクトルの集合．
$\{x, y, z\}$	x, y, および z なる**要素の集合**．集合 $\{3, 5\}$ は要素3と5で構成される．
$\in$	"～は～の要素である." $a \in \{2, 5\}$ は a が 2 または 5 をとることを意味する．
$\subset$	**集合の包含**．もし $X = \{2, 3, 4\}$ かつ $Y = \{2, 4\}$ ならば，$Y \subset X$ である．なぜならば Y は X の部分集合だからである．
$[x, y]$	x と y を端点とする**閉区間**．区間 $[0, 1,000]$ は集合 $\{x \mid 0 \leq x \leq 1,000\}$ である．[ ] は区切り記号としても用いられる．
(x, y)	x と y を端点とする**開区間**．区間 $(0, 1,000)$ は集合 $\{x \mid 0 < x < 1,000\}$ である．$(0, 1,000]$ は半開区間であり，集合 $\{x \mid 0 < x \leq 1,000\}$ である．( ) は区切り記号としても用いられる．
$x!$	**x の階乗**．$x! = x(x-1)(x-2)\ldots(2)(1)$． $4! = 4(3)(2)(1) = 24$．
$\binom{a}{b}$	a の数の要素を持つ集合から b の数の要素をとるときの順序付けない組み合わせの数．$\binom{a}{b} = a!/b!(a-b)!$，であるから $\binom{4}{3} = 4!/3!(4-3)! = 24/6 = 4$（以下の**組み合わせ**と**順列**を参照せよ）．
$\times$	**カルテシアン積**．$X \times Y$ は点の組 $\{x, y\}$ である．ここで，$x \in X$ かつ $y \in Y$．
ε	**任意の小さい正の数**．もし私の左と右からの利得が等しく 10 ならば，私にとってこれらは無差別である．もし，私の左からの利得が $10 + \varepsilon$ に変化すると，私は左を選好する．
$\sim$	確率変数 X が分布 F に従って分布しているとき，$X \sim F$ と言う．
$\exists$	"～が存在して." $\exists x > 0 : 9 - x^2 = 0$．
$\forall$	"任意の～について." $\forall x \in [0, 3]$, $x^2 < 10$．
$\equiv$	"定義によって等しい．" "わかりやすく，以下でこの表現を

用いるために，平均所得 $x \equiv \theta^{w-1}/(a-1)^2 + b^2 + c$ と定義しよう."

$\rightarrow$	もし f が空間 X から空間 Y への**写像**ならば，$f: X \rightarrow Y$.
$\dfrac{df}{dx}, \dfrac{d^2f}{dx^2}$	関数の **1 階と 2 階の導関数**．もし，$f(x) = x^2$ ならば，$df/dx = 2x$ かつ $d^2f/dx^2 = 2$.
f', f''	関数の **1 階と 2 階の導関数**．もし，$f(x) = x^2$ ならば $f' = 2x$ および $f'' = 2$．プライムは（関数ではなく）変数にも他の目的で用いられる．すなわち，x' と x'' は x の 2 つの特定の値を定義しているかもしれない．
$\dfrac{\partial f}{\partial x}, \dfrac{\partial^2 f}{\partial x \partial y}$	関数の**偏導関数**．もし $f(x, y) = x^2 y$ ならば $\partial f/\partial x = 2xy$ かつ $\partial^2 f/\partial x \partial y = 2x$.
y_{-i}	集合 y から要素 i を引いたもの．もし $y = \{y_1, y_2, y_3\}$ ならば $y_{-2} = \{y_1, y_3\}$.
$Max(x, y)$	2 つの数 x と y の**最大値**．$Max(8, 24) = 24$.
$Min(x, y)$	2 つの数 x と y の**最小値**．$Min(5, 3) = 3$.
$\lceil x \rceil$	**Ceiling**(x)．もっとも近い整数へ繰り上げた数．$\lceil 4.2 \rceil = 5$．この表記は経済学ではあまり知られていない．
$\lfloor x \rfloor$	**Floor**(x)．もっとも近い整数へ切り捨てた数．$\lfloor 6.9 \rfloor = 6$．この表記は経済学ではあまり知られていない．
$Sup\ X$	集合 X の**上限（最小上界）**．もし $X = \{x \mid 0 \leq x < 1{,}000\}$ ならば $sup\ X = 1{,}000$．ここでの例のように，最大値が存在しないことがしばしばあるので，上界は有用である．
$Inf\ X$	集合 X の**下限（最大下界）**．もし $X = \{x \mid 0 \leq x < 1{,}000\}$ なら $inf\ X = 0$.
$Argmax$	関数を**最大にする独立変数の値**．もし $e^* = argmax\ EU(e)$ ならば e の値 e^* は関数 $EU(e)$ を最大にする．$argmax\ f(x) = x - x^2$ は $1/2$.
$Maximum$	関数がとることができる**最大値**．$x \geq 0$ に対して $Maximum(x - x^2)$ は $x = 0$ で $1/4$.
$Minimum$	関数がとることができる**最小値**．$Minimum(-5 + x^2)$ は $x = 0$ で -5.

*A.2　ギリシャ文字

A	α	アルファー	N	ν	ニュー
B	β	ベータ	Ξ	ξ	グザイ
Γ	γ	ガンマ	O	o	オミクロン
Δ	δ	デルタ	Π	π	パイ
E	ϵ または ε	イプシロン	P	ρ	ロー
Z	ζ	チェータ	Σ	σ	シグマ
H	η	イータ	T	τ	タウ
Θ	θ	シータ	Υ	υ	ウプシロン
I	ι	イオタ	Φ	φ	ファイ
K	κ	カッパ	X	χ	カイ
Λ	λ	ラムダ	Ψ	ψ	プサイ
M	μ	ミュー	Ω	ω	オメガ

*A.3　用　語

ほぼ常に　"ジェネリックに"を参照.

年金　リスクのない債権で，与えられた期間，毎年一定の金額が，慣習的にはそれぞれの年の終わりに支払われる.

閉　$\mathbf{R}^n$ 上の閉集合はその境界点を含む．集合 $\{x : 0 \leq x \leq 1,000\}$ は閉である.

組み合わせ　a の数の要素を持つ集合から b の数の要素をとる順序付けない集合の数は $\binom{a}{b} = a!/b!(a-b)!$ と定義される．もし2つの要素を集合 $A = \{w, x, y, z\}$ からとり集合を形成すると，可能性は $\{w, x\}, \{w, y\}, \{w, z\}, \{x, y\}, \{x, z\}, \{y, z\}$ である．このように $\binom{4}{2} = 4!/2!(4-2)! = 24/6 = 6$（順序付ける場合に関しては順列を参照）.

コンパクト　もし $\mathbf{R}^n$ 上の集合 X が閉かつ有界ならば X はコンパクトである．しかしながら，ユークリッド空間の外では集合が閉で有界であることはコンパクト性を保証しない.

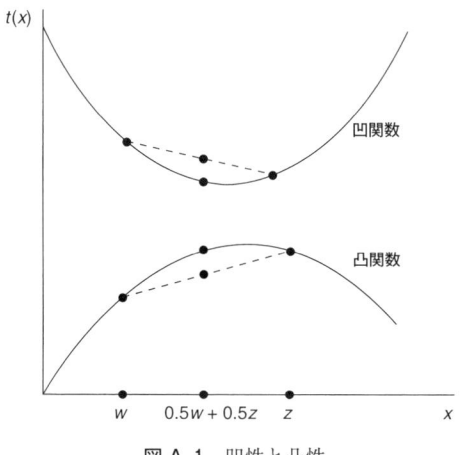

図 A.1 凹性と凸性

完備な距離空間 全ての可能なコーシー列の極限を含む測度空間．全てのコンパクトな距離空間と全てのユークリッド空間は完備である．

凹関数 区間 X 上で定義された連続関数 $f(x)$ が凹であるとは，X の全ての要素 w と z について，$f(0.5w+0.5z) \geq 0.5f(w)+0.5f(z)$ となるときである．もし f が $\mathbf{R}$ から $\mathbf{R}$ への写像であり，f が凹ならば $f'' \leq 0$．図 A.1 を見よ．

連続関数 $d(x, y)$ が 2 点 x と y の間の距離を表すとしよう．もし全ての $\varepsilon > 0$ について $d(x, y) < \delta(\varepsilon)$ となる，ある $\delta(\varepsilon) > 0$ が存在して $d(f(x), f(y)) < \varepsilon$ となるなら関数 f は連続である．

連続 連続とは実数直線の閉区間，もしくはそのような区間上に 1 対 1 に写像可能な集合のことである．

縮小 数 $c < 1$ が存在して，空間 X の距離 d が

$$d(f(x), f(y)) \leq c * d(x, y), \quad (\text{全ての } x, y \in X \text{ に対して}). \quad (A.1)$$

となるとき，写像 $f(x)$ が縮小すると言う．

凸関数 X の全ての要素 w と z について，$f(0.5w+0.5z) \leq 0.5f(w)+0.5f(z)$ となるとき，連続関数 $f(x)$ は凸である．図 A.1 を見よ．凸関数は凸集合と厳密な関係はない．

凸集合 集合 X が凸であるならば，その任意の要素 w と z と実数 $t: 0 \leq t \leq 1$ について，$tw+(1-t)z$ もまた X の要素となる．

対応 対応とは各点を1つかより多くの点にうつす写像であり，1点にだけうつす関数とは対照的である．

定義域 写像の定義域とはうつされる元の要素の集合であり，望むがままに変化する何か土地のようなものである（写像は定義域を値域へうつす）．

関数 もし f が X の各点を正確に Y の1点に写すならば，f は関数と呼ばれる．図 A.1 の2つの写像は関数であるが，図 A.2 の写像はそうではない．

ジェネリックに もし集合 X について事実がジェネリックに，"測度0の集合を除いては"とか，"ほとんど全て"真であるならば，それはその性質を持つ点の部分集合 Z についてのみ偽であり，もし，サポート X の密度関数を用いてランダムに選ばれるならば，Z の点が選ばれる確率は0である．これは，もし，その事実が $z \in \mathbf{R}^n$ で偽であり，ランダムな量 ε を加えることで z を摂動させると，事実は $z+\varepsilon$ においても確率1で真であることを意味している．

部分積分 これは積分を書き換えてより簡単に解くためのテクニックである．以下の公式を用いる．

$$\int_{z=a}^{b} g(z)h'(z)dz = g(z)h(z)\Big|_{z=a}^{b} - \int_{z=a}^{b} h(z)g'(z)dz. \tag{A.2}$$

これを導くには，$g(z)h(z)$ をチェーンルールを用いて微分し，式の両辺を積分して書き換えるとよい．

ラグランジュ乗数 ラグランジュ乗数 λ は最適化問題において，制約を緩和することの限界価値である．もし問題が，

$$\left\{ \underset{x}{Maximize}\ x^2\ (x \leq 5\ \text{のもとで}) \right\}, \quad \text{ならば，} \quad \lambda = 2x^* = 10.$$

束 束は半順序集合（順序 $\geq$ が定義されている）であって，任意の2つの要素 a と b について，値 $inf(a, b)$ と $sup(a, b)$ も集合に属しているものを言う．もし，その部分集合それぞれの下界と上界が束に属しているならば，束は完備である．

ライプニッツの積分法則 これは積分記号の下での微分法則である．

$$\frac{\partial}{\partial z}\int_{a(z)}^{b(z)} f(x,\ z)dx = f(b(z),\ z)\frac{\partial b(z)}{\partial z} - f(a(z),\ z)\frac{\partial a(z)}{\partial z}$$
$$+ \int_{a(z)}^{b(z)}\frac{\partial f(x,\ z)}{\partial z}dx. \tag{A.3}$$

リスト （または n - タプル） n の順序付けられた要素の集合．（上，下，上）はリストであるが，（下，上，上）や（上，下）は異なったリストである．**集合**および**多重集合**を参照せよ．

下半連続対応 対応 φ が x_0 で下半連続であるとは，

$$x_n \to x_0,\ y_0 \in \varphi(x_0),\ \text{ならば},\ \exists\ y_n \in \varphi(x_n) : y_n \to y_0, \tag{A.4}$$

これは数列 x が x_0 に収束するとき，対応した数列 y もその写像に収束することを意味している．図 A.2 を参照せよ．このアイデアは上半連続ほどには重要ではない．

maximand maximand は最大化されるものである．問題 "x を選択して $f(x,\ \theta)$ を最大化せよ"，では maximand は f である．

平均保持的分散 以下の節の**危険**を参照せよ．

測度 0 "ジェネリックに"を参照せよ．

距離 集合 X の要素上で定義される関数 $d(w,\ z)$ が距離であるとは，(1) $w \neq z$ のとき $d(w,\ z) > 0$ であり，そして，$w = z$ のとき，またそのときのみ $d(w,\ z) = 0$；(2) $d(w,\ z) = d(z,\ w)$；(3) 点 $w,\ y,\ z \in X$ について $d(w,\ z) \leq d(w,\ y) + d(y,\ z)$ のときを言う．

距離空間 集合 X が距離空間であるとは，その集合の任意の 2 つの要素間の距離が定義付けられているときを言う．

多重集合 n 要素の集合であり，リストの位置は問題ではないが，多重性がある．（上，下，上）は多重集合であり，（下，上，上）も同じ多重集合である．しかし，（上，下）は別の多重集合である．**リスト**と**集合**を参照せよ．

n - タプル （またはタプル） **リスト**を参照．

1 対 1 写像 $f : X \to Y$ が 1 対 1 であるとは集合 X の全ての点を集合 Y の異なった点にうつすときである．従って，$x_1 \neq x_2$ ならば，$f(x_1) \neq f(x_2)$ である．例えば，$X = [0,\ 1]$ と $Y = [0,\ 2]$ での $f(x) = x/2$.

上への 写像 $f : X \to Y$ が Y の上への写像であるとは，Y の全ての点が X の

ある点からの写像によりうつされているときである．例えば，$X = [-1, 1]$ と $Y = [0, 1]$ での $f(x) = x^2$．

開 空間 $\mathbf{R}^n$ において，開集合とは全ての境界点は含んでいないものである．集合 $\{x : 0 \leq x < 1,000\}$ は（境界点の1つを含んでいても）開である．より一般的な空間では，開集合はトポロジーに属する．

順列 a の要素を持つ集合から b の要素を抜き出すときのリスト（順序を持つ集合）の数．これは，$a!/(a-b)!$ と等しい．もし，集合 $A = \{w, x, y, z\}$ から2つの要素の集合をつくるならば，可能性は

$\{w, x\}, \{x, w\}, \{w, y\}, \{y, w\}, \{w, z\}, \{z, w\}, \{x, y\},$
$\{y, x\}, \{x, z\}, \{z, x\}, \{y, z\}, \{z, y\}$

である．これらの数は $4!/(4-2)! = 24/2 = 12$（順序を付けない場合については**組み合わせ**を参照せよ）．

終身年金 リスクがなく毎年一定の支払いが終身ある証券．通例，各年の終わりに支払われる．

準凹 連続関数 f が準凹であるとは，$w \neq z$ について，$f(0.5w + 0.5z) > min[f(w), f(z)]$ となるとき，もしくは，同値であるが，任意の数 b に対して集合 $\{x \in X \mid f(x) > b\}$ が凸であるときを言う．全ての凹関数は準凹関数であるが，全ての準凹関数は凹ではない．

準線形効用 効用関数が変数 w について準線形であるとは，単調変換によって w について線形にすることが可能で，効用関数の他の全ての変数から w が分離できるときを言う．$u(w, x) = w + \sqrt{x}$ および $u(w, x) = log(w + \sqrt{x})$ は準線形である．$u(w, x) = wx$ と $u(w, x) = log(w) + \sqrt{x}$ はそうではない．

値域 写像の値域とはうつした像の集合．アウトプットをはき出すことができるかどうかについての性質，のことである（写像は定義域から値域へうつす）．

危険 以下の節の**危険**を参照せよ．

集合 集合とはものの集まりであり，リストの場所や重複が問題とならないものである．$\{上, 下\}, \{下, 上\}$，そして $\{上, 下, 下\}$ は全て2つの要素の同一の集合である．**危険**と**多重集合**を参照せよ．

確率優位 以下の節の**危険**を参照せよ．

強 "強"という言葉は様々な文脈で用いられ，関係が等式で得られないか関係が破られるほど任意に近くないことを意味している．もし関数 f が凹で $f' > 0$ ならば $f'' \leq 0$ だが，もし f が強凹であれば，$f'' < 0$ である．"強"の反対は"弱"である．"強"という言葉が"厳密"の同義語としてしばしば用いられる．

スーパーモジュラー 以下の節の**スーパーモジュラリティ**を参照せよ．

サポート 確率分布関数 $F(x)$ のサポートとは密度が正となるような x の値の集合の閉包である．もし，各アウトプット 0 と 20 の間で正の確率密度を持ち，他のアウトプットが起きないとしたら，アウトプットの分布のサポートは $[0, 20]$ である．

位相 数学の分野を定義しているのに加え，位相は以下を含む"開集合"と呼ばれる空間の部分集合系である．(1)全空間と空集合，(2)有限個の開集合の積集合，(3)開集合の任意の数の和集合．距離空間では，距離は開集合を定義することによって位相を"導く"．空間に位相を定めることは要素が互いに近いかどうかを定義するようなものである．これは $\mathbf{R}^n$ については容易だが，全ての空間（例えば，関数やゲームツリーを構成する空間）については容易ではない．

上半連続対応 対応 $\varphi: X \to Y$ が点 x_0 で上半連続であるのは，

$$x_n \to x_0, \quad y_n \in \varphi(x_n), \quad y_n \to y_0, \quad \text{ならば}, \quad y_0 \in \varphi(x_0), \tag{A.5}$$

のときである．これは，$\varphi(x)$ の全ての点列が導かれた点も $\varphi(x)$ 上にあることを意味している．図 A.2 を参照せよ．Y がコンパクトなときのみ当てはまる他の定義としては，φ が上半連続であるのは，点の集合 $\{x, \varphi(x)\}$ が閉であるときであるというものである．

ベクトル ベクトルは特定の構造を持つリスト（順序を持つ集合）であり，ここではその特定の構造については説明しないけれども，例えば，実数のリスト，$\mathbf{R}^n$ 上の点はこれを満たしている．点 $(2.5, 3, -4)$ は $\mathbf{R}^3$ 上のベクトルである．

弱 "弱"という言葉は様々な文脈で用いられ，関係が等号で成り立つ，もしくは境界上にあるかもしれないことを意味している．もし f が凹で $f' > 0$ ならば，$f'' \leq 0$ だが，f は弱凹である．技術的にはなんらの意味を加えるも

278

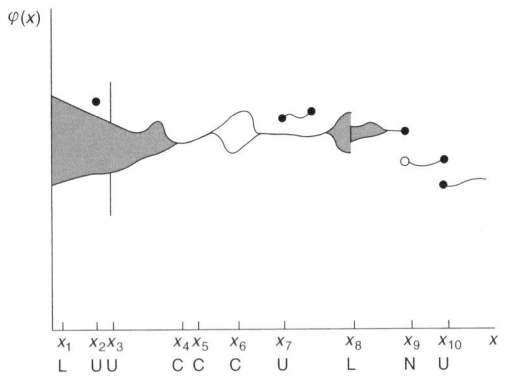

注：対応がただ上半連続である点はUで表し，ただ下半連続であるものはL，いずれでもあるものをC，そしていずれでもないものをNで表している．

図A.2　上半連続性

のではないが，あるもしくは全てのパラメータの下で，$f''=0$であることを強調しておこう．"弱" の反対は "厳密" もしくは "強" である．

*A.4　公式と関数

$log(xy) = log(x) + log(y)$.

$log(x^2) = 2log(x)$.

$a^x = (e^{log(a)})^x$.

$e^{rt} = (e^r)^t$.

$e^{a+b} = e^a e^b$.

$k < 0$ のとき，$a > b \Rightarrow ka < kb$.

2次方程式：$ax^2 + bx + c = 0$ とすると，$x = -b \pm \sqrt{b^2 - 4ac}/2a$.

導関数

$f(x)$	$f'(x)$
x^a	ax^{a-1}
$1/x$	$-\dfrac{1}{x^2}$
$\dfrac{1}{x^2}$	$-\dfrac{2}{x^3}$
e^x	e^x
e^{rx}	re^{rx}
$log(x)$	$\dfrac{1}{x}$
$log(ax)$	$\dfrac{1}{ax}a = \dfrac{1}{x}$
a^x	$a^x log(a)$
$f(g(x))$	$f'(g(x))g'(x)$

Lawrence Spector の 2006 年の "An Approach to Calculus," を見よ. http://www.themath-page.com/aCalc/exponential.htm

表 A.1 有益な関数形

$f(x)$	$f'(x)$	$f''(x)$	$x > 0$ での傾き	曲率
$log(x)$	$\dfrac{1}{x}$	$-\dfrac{1}{x^2}$	増加	凹
$\sqrt{x}$	$\dfrac{1}{2\sqrt{x}}$	$-\dfrac{1}{4x^{(3/2)}}$	増加	凹
x^2	$2x$	2	増加	凸
$\dfrac{1}{x}$	$-\dfrac{1}{x^2}$	$\dfrac{2}{x^3}$	減少	凸
$7-x^2$	$-2x$	-2	減少	凹
$7x-x^2$	$7-2x$	-2	増加/減少	凹

　導関数の符号は混乱する可能性がある. どちらのケースでも $f'' > 0$ であるにもかかわらず, 関数 $f(x) = x^2$ は増加率が増加しているが, 関数 $f(x) = 1/x$ は減少率が減少している.

行列式

$$\begin{vmatrix} a_{11} & a_{12} \\ a_{21} & a_{22} \end{vmatrix} = a_{11} a_{22} - a_{21} a_{12}.$$

$$\begin{vmatrix} a_{11} & a_{12} & a_{13} \\ a_{21} & a_{22} & a_{23} \\ a_{31} & a_{32} & a_{33} \end{vmatrix} = a_{11} a_{22} a_{33} - a_{11} a_{23} a_{32} + a_{12} a_{23} a_{31} - a_{12} a_{21} a_{33} + a_{13} a_{21} a_{32} - a_{13} a_{22} a_{31}.$$

*A.5 確率分布

もっとも信頼の置ける確率分布とそれらの特徴のリストはJohnson & Kotz (1970) の3巻のシリーズにある.いくつかの重要な分布はここにリストした.**確率分布**は連続分布については**累積密度関数**と同じである.分布が連続であるとき(そこに確率の最小単位が存在するのでない限り),任意の単一の値は無限小の確率しか持たないので,値の確率を議論するのではなくて,区間にある値の確率か,単一の値の**密度**を議論することになる.

指数分布

指数分布はサポートとして非負の実数の集合を持ち,平均 λ に対して,次の密度関数を持つ.

$$f(x) = \frac{e^{-x/\lambda}}{\lambda} \tag{A.6}$$

累積密度関数は

$$F(x) = 1 - e^{-x/\lambda} \tag{A.7}$$

一様分布

X の各点が同じ確率を持つとき,サポート X 上に変数が一様に分布している.もしサポートが $[\alpha, \beta]$ ならば,平均は $(\alpha+\beta)/2$ で,密度は

$$f(x) = \begin{cases} 0 & x < \alpha \\ \dfrac{1}{\beta - \alpha} & \alpha \leq x \leq \beta \\ 0 & x > \beta, \end{cases} \tag{A.8}$$

そして，累積密度関数は

$$F(x) = \begin{cases} 0 & x < \alpha \\ \dfrac{x - \alpha}{\beta - \alpha} & \alpha \leq x \leq \beta \\ 1 & x > \beta. \end{cases} \tag{A.9}$$

正規分布

正規分布は2つのパラメータの単峰の分布であり，実数直線全部をサポートとして持つ．平均 μ 分散 σ^2 の密度関数は

$$f(x) = \frac{1}{\sqrt{2\pi\sigma^2}} e^{-(x-\mu)^2/2\sigma^2} \tag{A.10}$$

累積密度関数はこれを積分したもので，よく $\Phi(x)$ で定義するが，これは解析的に簡単化できない．ウェブサイト http://www.math2.org/math/stat/distributions/z-dist.htm または表計算プログラムで値を見つけることができる．

対数正規分布

もし $log(x)$ が正規分布しているなら，x は対数正規分布している．これは非対称な分布であり，負の数の対数は定義されないために，正の実数の集合をサポートとして持つ．平均は $e^{\sigma^2/2}$ となる．

*A.6 スーパーモジュラリティ

あるゲームに N 人のプレイヤーがいるとする．プレイヤーは添え字 i と j で表す．プレイヤー i は $\tilde{s}^i$ 個の要素からなる戦略を持ち，添え字 s と t で表す．従って，彼の戦略はベクトル $y^i = (y_1^i, \ldots, y_{\tilde{s}^i}^i)$ である．彼の戦略の集合を S^i と

し，利得関数を $\pi^i(y^i, y^{-i}; z)$ としよう．ここで，z は固定されたパラメータを表す．全てのプレイヤー $i=1,\ldots,N$ について次の4つの条件が満たされるとき，このゲームを**スーパーモジュラーゲーム**と呼ぶ．

(A1)　S^i は完備束である．

(A2)　$\pi^i: S \to R \cup \{-\infty\}$ は y^i で固定された y^{-i} について順序半連続的であり，y^{-i} で固定された y^i について順序連続的であり，有限の上限を持つ．

(A3)　π^i は y^i で，固定された y^{-i} についてスーパーモジュラーである．S の全ての戦略プロファイル y と y' について，

$$\pi^i(y) + \pi^i(y') \leq \pi^i(supremum\{y, y'\}) + \pi^i(infimum\{y, y'\}). \tag{A.11}$$

(A4)　π^i は y^i と y^{-i} での増加する差分を持つ．全ての $y^i \geq y^{i\prime}$ について，差 $\pi^i(y^i, y^{-i}) - \pi^i(y^{i\prime}, y^{-i})$ は y^{-i} で非減少である．

加えて，5番目の仮定を用いることが有益な場合がある．

(A5)　π^i は固定された y^{-i} について y^i と z での増加する差分を持つ．全ての $y^i \geq y^{i\prime}$ について，差 $\pi^i(y^i, y^{-i}, z) - \pi^i(y^{i\prime}, y^{-i}, z)$ は z について非減少である．

滑らかなスーパーモジュラリティの条件は

A1′　戦略集合は R^{s^i} 上の区間である：

$$S^i = [\underline{y^i}, \overline{y^i}]. \tag{A.12}$$

A2′　π^i は S^i 上で2回連続微分可能である．

A3′　（スーパーモジュラリティ）プレイヤー i の戦略における1つの要素の増加によって，任意の他の要素の純限界便益は減少しない．全ての i と $1 \leq s < t \leq s^i$ となる全ての s と t について，

$$\frac{\partial^2 \pi^i}{\partial y_s^i \partial y_t^i} \geq 0. \tag{A.13}$$

A4′ (自身と他者の戦略の差の増加) i の戦略の1つの要素の増加によって，プレイヤー j の戦略における任意の要素が増加する純限界便益は減少しない．全ての $i \neq j$ と $1 \leq s \leq \bar{s}^i$ かつ $1 \leq t \leq \bar{s}^j$ となる全ての s と t について

$$\frac{\partial^2 \pi^i}{\partial y_s^i \partial y_t^j} \geq 0. \qquad (A.14)$$

5番目の仮定は以下のようになる．

A5′ (自身の戦略とパラメータの差の増加) パラメータ z の増加によってプレイヤー i 自身の戦略における任意の要素の純限界便益は減少しない．全ての i と $1 \leq s \leq \bar{s}^i$ となる全ての s について，

$$\frac{\partial^2 \pi^i}{\partial y_s^i \partial z} \geq 0. \qquad (A.15)$$

定理 A.1 もしゲームがスーパーモジュラーならば，純粋戦略での最大と最小のナッシュ均衡が存在する．

定理1は次の点を示しているので有用である．(1) 純粋戦略での均衡の存在，(2) もし，少なくとも2つの均衡（最大と最小の均衡は同じ戦略プロファイルかもしれないことに注意）が存在するならば，これらのうち2つは各プレイヤーの均衡戦略の要素の大きさで順番が付けられる．

定理 A.2 もしゲームがスーパーモジュラーで仮定 (A5′) が満たされているならば，最大と最小の均衡はパラメータ z の非減少関数である．

定理 A.3 もしゲームがスーパーモジュラーならば，各プレイヤーについて，最大と最小の連続的に支配されない戦略が存在する．ここでこれらの両方の戦略は純粋戦略である．

定理 A.4 スーパーモジュラーゲームにおいて，$\underline{y}^i$ がプレイヤー i の戦略集合 S^i の最小の要素であると定義しよう．y^* と $y^{*'}$ を $y^* \geq y^{*'}$ となる2つの均衡であると定義しよう．従って，y は"大きい"均衡である．そこで，

1 もし $\pi^i(\underline{y}^i, y^{-i})$ が y^{-i} で増加するならば，$\pi^i(y^*) \geq \pi^i(y^{*'})$.
2 もし $\pi^i(\underline{y}^i, y^{-i})$ が y^{-i} で減少するならば，$\pi^i(y^*) \leq \pi^i(y^{*'})$.
3 もし(1)の条件がプレイヤーの部分集合 N_1 について成り立ち，残りのプレイヤーについて，(2)の条件が成り立つならば，大きい均衡 y^* は N_1 のプレイヤーにとって最善の均衡であり，残りのプレイヤーにとって最悪である．そして，最小の均衡 $y^{*'}$ は N_1 のプレイヤーにとって最悪の均衡であり，残りのプレイヤーにとって最善である．

ここでのこれらの定理は Milgrom & Roberts (1990) から取られている．定理1は彼らの定理5である．定理2は彼らの定理6とその系である．定理3は彼らの定理5であり，定理4は彼らの定理7である．スーパーモジュラリティに関するこれ以上のことは Milgrom & Roberts (1990)，Fudenberg & Tirole (1991, pp. 489-97)，もしくは Vives の 2005 年のサーベイ記事を参照せよ．数学者の観点からは，Topkis の 1998 年，*Supermodularity and Complementarity* を参照せよ．

*A.7 不動点定理

不動点定理はある集合から他への写像で，少なくとも1点がそれ自身の上へ戻ってうつされるような写像の様々な種類について述べている．もっとも有名な不動点定理はブラウワーの定理で，図 A.3 に描かれている．ここでは，Mas-Colell, Whinston, & Green (1994) の 952 ページの定式化を用いる．

ブラウワーの不動点定理

R^N での集合 A が非空，コンパクト，そして凸であると仮定する．そして，$f: A \to A$ が A からそれ自身への連続関数であるとする（"コンパクト"はユークリッド空間では閉かつ有界であることを意味する）．このとき，f は不動点を持つ．すなわち，A の x が存在し，$x = f(x)$.

不動点定理の有用性は均衡が不動点であることである．均衡価格を考えよう．p を各財の1つの価格を構成している空間 N の1点としよう．P を全ての可能な価格の点の集合としよう．P を有限の価格に限定するならば，凸かつコ

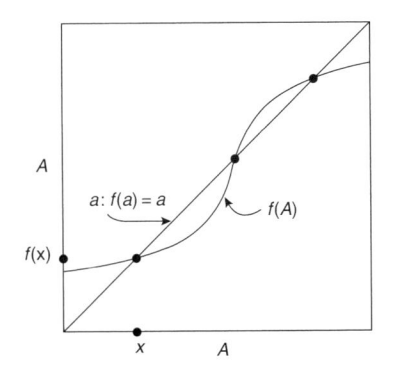

図 A.3　3つの不動点を持つ写像

ンパクトになる．経済のエージェントは p を見て，消費と生産の決定をする．これらの決定は p を $f(p)$ へ変化させる．均衡は $f(p^*) = p^*$ となる点 p^* である．もし f が連続であると証明できれば，p^* が存在すると証明することができる．

　これはナッシュ均衡についても当てはまる．s を各プレイヤーの1つの戦略を構成している空間 N の1点（戦略プロファイル）としよう．S を全ての可能な戦略プロファイルの集合としよう．これは混合戦略を認め（凸性のために），戦略集合が閉かつ有界ならば，コンパクトかつ凸になる．各戦略プロファイル s は各プレイヤーに最適反応 $f(s)$ を選ばせるという反応を引き起こす．ナッシュ均衡は $f(s^*) = s^*$ となる s^* である．もし，f が連続であると証明できれば（これは利得関数が連続であれば可能である），s^* が存在すると証明することができる．

　ブラウワーの定理はそれ自身有用であり，不動点定理の直感を伝えている．しかしながら，一般均衡での価格の存在やゲーム理論でのナッシュ均衡の存在を証明するには角谷の不動点定理が必要である．なぜならば，写像は1対1の関数ではなく，1対多の対応が含まれるからである．一般均衡では，1つの企業が様々な生産量をつくることの間で無差別であるかもしれない．ゲーム理論では，1人のプレイヤーが他のプレイヤーの戦略に対して2つの最適反応を持つかもしれない．

角谷の不動点定理（Kakutani [1941]）

集合 A が R^N 上の非空，コンパクト，凸集合で，$f: A \to A$ が，全ての x について $f(x)$ が非空かつ凸であるような A からそれ自身への上半連続対応であるとする．このとき，f は不動点を持つ．すなわち，A の x が存在し，x が $f(x)$ の1つの要素である．

他の種類の写像については他の不動点定理が存在する．例えば，関数の集合からそれ自身への写像についてなどである．どの定理を用いるか決めるには，戦略プロファイルの集合と最適反応関数の滑らかさの数学的性質を見極めることに注意しなければならない．

*A.8 ジェネリシティ

実数直線上の0から100までの区間 $[0, 100]$ からなる空間 X で，$f(15) = 5$ 以外で $f(x) = 3$ となる関数 f を考える．このとき，この関数 f は次のどの言い方によっても表される．

1. 測度0の集合を除いて $f(x) = 3$ が成り立つ．
2. 零集合を除いて $f(x) = 3$ が成り立つ．
3. ジェネリックに $f(x) = 3$ である．
4. $f(x) = 3$ がほとんど常に成り立つ．
5. $f(x) = 3$ が成り立つ x の集合は X で稠密である．
6. $f(x) = 3$ が成り立つ x の集合は測度1である．

これらの表現は全て，もしパラメータが連続的確率密度を使って選ばれると，$f(x)$ が確率1で3となり，その意味で $f(x)$ が他の値になることは極めて特殊であるということを意味している．もし点 x でスタートして，小さな確率的攪乱 ε を加えると，確率1で $f(x+\varepsilon) = 3$ となる．従って，例えば15という特定の値をとる格別の理由がない限り，$f(x) = 3$ が観察されると考えてよい．

これらの記述は常に空間 X の定義に依存している．代わりに，0と100の間の整数からなる空間 $Y = \{0, 1, 2, \ldots, 100\}$ を考えてみよう．このとき，

"$f(x)=3$ が測度 0 の集合上を除いて成り立つ" とは言えない．代わって，もし x がランダムに選ばれれば，$x=15$ かつ $f(x)=5$ ということが確率 1/101 で成り立つことになる．

"測度 0 の集合"という概念は，もし空間が有限区間でないならば実行することはかなり困難になる．これらのノートで私はその概念を定義しなかった．ただ言及するにとどめた．しかし，このことは諸君に十分役に立つと思われる．実解析の授業で諸君はその定義を学ぶことができる．"閉性"と"有界性"の概念については無限空間ということから経済的応用においても，また，関数空間やゲームツリーの分岐やその他の主題においてさえ取り扱いが複雑になる．

さて，そのアイデアをゲームに応用してみよう．ここではジェネリシティを使った定理を取り上げる．

定理 A.5 "完全情報での有限ゲームは全て一意なサブゲーム完全均衡をジェネリックに持つ．"

（証明）完全情報のゲームは同時手番を持たず，各プレイヤーが逐次的に手番を持つツリーからなる．ゲームは有限であるから，ツリーを通って各経路は 1 つの終節に行く．各終節についてその 1 つ前の意思決定節を考えてみよう．これは有限ゲームであるから，意思決定するプレイヤーは有限個の選択肢を持っている．これらの選択肢からの利得を $(P_1, P_2, \ldots, P_N)$ とする．ジェネリックには 2 つの利得が一意することはないので，この利得集合は一意な最大値を持つ（もし一致するものがある場合には，利得を少し攪乱すれば，確率 1 でそれらはもはや一致しないであろう．従って一致した利得を持つゲームは測度 0 である）．それで，プレイヤーは最大利得の行動を選択するであろう．全てのサブゲーム完全均衡は各プレイヤーがそれらの行動を選ぶことを含んでいなければならない．というのはそれらは各終節を持つサブゲームで唯一のナッシュ戦略であるからである．

次に，終節の 2 つ前の意思決定節を考えよう．その節で意思決定するプレイヤーは有限の選択肢を持っており，どの有限の手番からの最適選択によって得られる利得を使えば，各プレイヤーは，その手番が最大利得になることが分かる．サブゲーム完全均衡はこの手番を含んでいなければならない．この手続き

をゲームの最初の手番に行くまで続ける．そうすれば各プレイヤーは自分の有限の手番のうちどれが最大利得を達成するか分かる．その手番を選択すればよい．各プレイヤーは各節で唯一の最適な行動の選択をするので，均衡は一意となる．（証明了）

ジェネリシティは利得が一致するゲームを無視するという条件としてこの定理に入っている．これらのゲームが本当に特殊であるかどうかが文脈に依存して判断される．

*A.9 割　　引

行動が実際の時間に起こっていくモデルでは，支払いと受け取りが後でなされると，その価値が少なくなるかどうか，すなわち，その価値が**割り引かれる**かどうかをはっきりさせねばならない．割引は割引率あるいは割引因子によって示される．

　割引率 r は1期間1ドルの支払いが遅れることに対して補償されなければならない追加額である．

　割引因子 δ は1期後に受け取られる1ドルの現在価値である．

割引率は利子率で理解できる．モデルによっては利子率が割引率となっているものもある．割引因子は割引率と同様な考えを表しており，$\delta = 1/(1+r)$ である．使い方の便利さによって r か δ かが選ばれる．割引がないということは $r = 0$，$\delta = 1$ と同じであり，割引0も特殊ケースとして表される．あるモデルに割引を入れるかどうかが2つの問題に関わる．

第1には，追加された複雑さは結果に変化をもたらすのか，あるいは，驚くべきことに，結果には何も変化をもたらさないということになるのかということである．第2には，モデルの事象は実際の時間に起こるのかどうか，従って，割引が適切であるかどうかというより特殊な問題である．例えば，12.3節の交互提案の交渉ゲームは2通りに解釈されうる．1つはプレイヤー達が1日の夜明けから日暮れまでの間に全てのオファー，カウンターオファーをしてしまい，従って本質的に実際の時間が何も経過していないというものである．

もう1つは各オファーには1週間を要し，従って，交渉が終結するための遅れは彼らにとって重要である場合である．割引は，後者の解釈においてのみ適切である．

割引は2つの源泉から発生する．時間選好とゲームの終了確率である．時間選好率を ρ，ゲームの終了確率を θ とし，これらは通常通り定数としよう．もしこれらの値を0とすれば，プレイヤーは支払いがいまであろうと10年後であろうと気にしないであろう．それ以外のときには，いまの $x/(1+\rho)$ と1期後に確実に支払われる x とは無差別になる．確率 $1-\theta$ でゲームが継続し，後での支払いは実際になされるので，プレイヤーにとっていまの $(1-\theta)c/(1+\rho)$ と，ゲームが継続することを条件に1期後に支払われる x とは無差別である．それゆえ，割引因子は

$$\delta = \frac{1}{1+r} = \frac{1-\theta}{1+\rho} \tag{A.16}$$

となる．表 A.2 は様々な種類の支払いの流列の割引価値を表している．これらの値がどのようにして導出されるかには立ち入らないが，将来の1ドルがいまの δ ドルであるという基本的なことから導かれる．連続時間モデルでは通常，一括支払いより支払い率を使う．それで，割引因子は有益な概念ではないが，割引は，支払いは連続的に複利計算される点を除いて，離散時間の場合と同じである．完全な説明のためには，ファイナンスのテキスト（例えば，Copeland & Weston [1988] の付録A）を参照せよ．

ある期間にわたっての年金額の計算法を思い出す仕方は，将来のある時点での支払いに対する公式と無限期間での公式を使うことである．毎年の期末に x だけ支払われる流列は x/r の価値を持つ．T 期の期末に支払いは $-Y/(1+r)^T$ の現在価値を持つ．こうして，もし T 期の初めに毎年の期末において x の年金支払いを無限にしなければならないならば，その支払いの現在価値は $(x/r)(1/1+r)^T$ となる．また，現在から T 期まで毎期の支払いの流列は，年金を持っているが T 期に年金を遺失するものと見なすこともできる．これは $(x/r)(1-(1/1+r)^T)$ の現在価値となり，表 A.2 に表されている第2の公式である．図 A.4 はこの年金への解釈を例示しており，それが，S 期に始まり T 期で終わる所得の流列の価値を表すのにどのように使われるかを示してい

表 A.2　割引

利得流列	割引価値 r-記号（割引率）	割引価値 δ-記号（割引因子）
期末に x	$\dfrac{x}{1+r}$	δx
年金における各期末に x	$\dfrac{x}{r}$	$\dfrac{\delta x}{1-\delta}$
年金における各期首に x	$x+\dfrac{x}{r}$	$\dfrac{x}{1-\delta}$
T 期まで各期末に x（第1公式）	$\displaystyle\sum_{t=1}^{T}\dfrac{x}{(1+r)^t}$	$\displaystyle\sum_{t=1}^{T}\delta^{t}x$
T 期まで各期末に x（第2公式）	$\dfrac{x}{r}\left(1-\dfrac{1}{(1+r)^T}\right)$	$\dfrac{\delta x}{1-\delta}(1-\delta^{T})$
連続時間での t 時点で x	xe^{-rt}	—
連続時間での T 時点までの各時点で x のフロー	$\displaystyle\int_{0}^{T}xe^{-rt}dt$	—
連続時間で，年金における各期 x のフロー	$\dfrac{x}{r}$	—

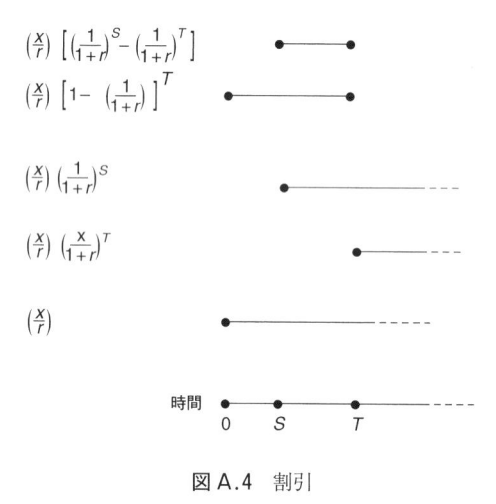

$\left(\dfrac{x}{r}\right)\left[\left(\dfrac{1}{1+r}\right)^{S}-\left(\dfrac{1}{1+r}\right)^{T}\right]$

$\left(\dfrac{x}{r}\right)\left[1-\left(\dfrac{1}{1+r}\right)\right]^{T}$

$\left(\dfrac{x}{r}\right)\left(\dfrac{1}{1+r}\right)^{S}$

$\left(\dfrac{x}{r}\right)\left(\dfrac{x}{1+r}\right)^{T}$

$\left(\dfrac{x}{r}\right)$

時間　0　S　T

図 A.4　割引

る．

割引は本書の多くの動学ゲームでは省かれているが，無限繰り返しゲームでは特に重要な観点であり，5.2節に詳細な議論がなされている．

*A.10 危　　険

あるプレイヤーの効用関数が貨幣に関して強凹であるならば，すなわち，貨幣の限界効用が逓減するならば，そのプレイヤーは**危険回避的**であると言う．また，もし効用関数が貨幣に関して線形であるなら**危険中立的**と言う．"貨幣に関して"と限定しているのは効用は他の変数，例えば，努力などの関数でもあるかもしれないからである．

確率分布 F は分布 G より**第1次確率優位**であるのは，任意の x に対して

$$F(x) \leq G(x) \tag{A.17}$$

であり，かつ，少なくとも x のある値に対して厳密に不等号が成り立つときである．また，確率分布 F は分布 G より**第2次確率優位**であるのは，任意の x に対して

$$\int_{-\infty}^{x} F(y)\,dy \leq \int_{-\infty}^{x} G(y)\,dy, \tag{A.18}$$

であり，かつ，少なくとも x のある値に対して厳密に不等号が成り立つときである．さらに，分布 F が分布 G より第1次確率優位であることは，増加関数に限定した全ての関数 U に対して次の条件（A.19）が成り立つことと同値である．また，分布 F が分布 G より第2次確率優位であるとは，増加かつ凹の全ての関数 U に対して同じ条件（A.19）が成り立つことである．

$$\int_{-\infty}^{+\infty} U(x)\,dF(x) > \int_{-\infty}^{+\infty} U(x)\,dG(x). \tag{A.19}$$

上のことから，F が第1次確率優位なギャンブルであれば，全てのプレイヤーにとってそのギャンブルが好まれる．また，F が第2次確率優位なギャンブルであれば，それは全ての危険回避的プレイヤーによって好まれる．なお，F が

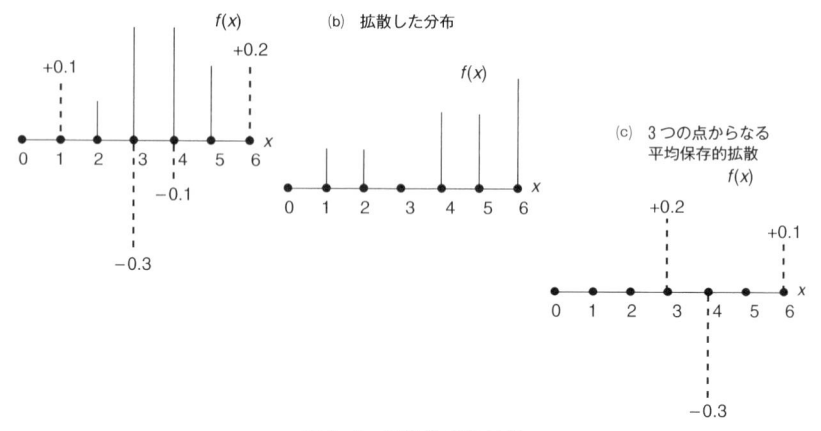

図 A.5 平均保存的拡散

　第1次確率優位であれば，第2次確率優位であるが，逆は成立しない．
　Milgrom (1981b) は**グッドニュース**と言われるものを厳密に定義するために確率優位の概念を使用した．あるパラメータ θ を持つニュースはメッセージ x, あるいは，y として実現するとし，プレイヤーの効用は θ の増加関数とする．このとき，全ての非縮退事前分布 $F(\theta)$ に対して，事後分布 $F(\theta \mid x)$ が $F(\theta \mid y)$ より第1次確率優位であるならメッセージ x はメッセージ y より好まれる．
　Rothschild & Stiglitz (1970) は2つのギャンブルが別のいくつかの仕方によって第2次確率優位と同値な別のいくつかの条件を示した．そのうちもっとも重要なものは**平均保存的拡散**である．わかりやすく言えば，平均保存的拡散とは確率密度を分布の中央部分からしっぽ部分に，平均値は一定のまま移した密度関数のことである．よりフォーマルに言えば，4つの点 a_1, a_2, a_3, a_4 の実現確率が与えられる離散分布に対して，

　平均保存的拡散とは確率 $\gamma_1 \geq 0$, $\gamma_2 \leq 0$, $\gamma_3 \leq 0$, $\gamma_4 \geq 0$ を持つ4つの点

$a_1 < a_2 < a_3 < a_4$ について次の条件を持つのである．

(条件)　　$-\gamma_1 = \gamma_2, \quad \gamma_3 = -\gamma_4, \quad \Sigma_i \gamma_i a_i = 0.$

図 A.5 はこの条件がどのようなものか示している．図 A.5a の実線でオリジナルの分布が書かれている．この平均は $0.1(2)+0.3(3)+0.3(4)+0.2(5)+0.1(6)$ である．拡散部分は平均 $0.1(1)-0.3(.3)-0.1(4)+0.2(6)$ であり，0 となる．従って，平均保存している．図 A.5b はこの結果得られる分布が拡散していることを示している．

定義は連続分布にまで拡張され，中央の 1 点の確率密度をとり，それを端に移すことによって定義される．図 A.5c は 1 例である．Rasumsen & Petrakis (1992) と，Leshno, Levy, & Spector (1997) はもとの Rothschild & Stiglitz の証明の誤りを修正している．

ハザードレート

ハザードレートは上の分析において重要な役割を持っている．あるものの買い手はあるサポート $[\underline{v}, \overline{v}]$ 上にそのものの価値について密度 $f(v)$，累積分布 $F(v)$ を持つとする．このときハザードレート $h(v)$ は次のように定義される．

$$h(v) = \frac{f(v)}{1-F(v)} \tag{A.20}$$

これは $h(v)$ が v 以下のものを消去する以外は $F(v)$ と似ている分布に対する v の確率密度を意味しており，従ってそのサポートは $[v, \overline{v}]$ に限定される．経済学的に表現すると，$h(v)$ はそのものの価値が少なくとも v であることを知ったうえで v に等しい価値のものになる確率密度を意味する．

利用するたいていの確率分布に対して，ハザードレートは増加関数である．一様分布，正規分布，対数分布，指数分布，そしてサポート上で増加する密度を持つ分布ならなんでもこの性質を持っている（Bagnoli & Bergstrom [1994] を見よ）．図 A.6 は 3 つの分布を示している．

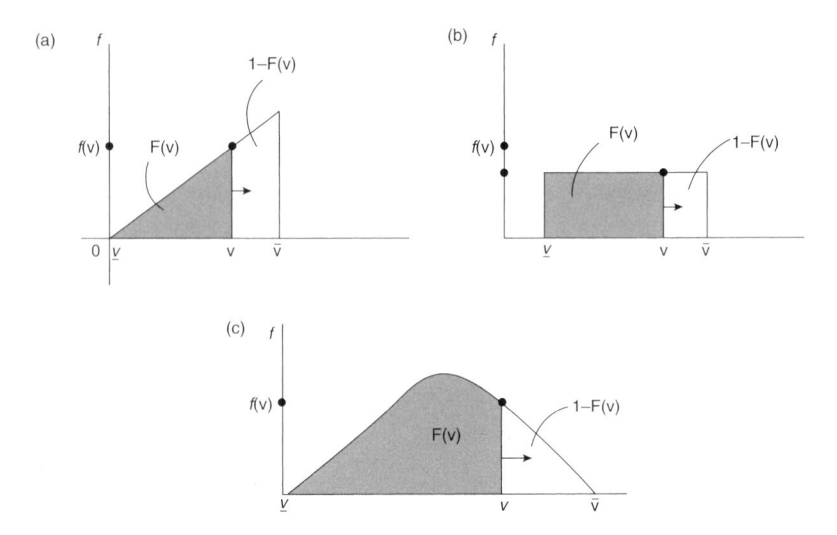

図 A.6 　増加するハザードレートを示す 3 つの密度関数 $f(v)/(1-F(v))$

参考文献および人名索引

各参考文献の後の数字はその参考文献が本書で取り上げられているページを示している.また,引用されている書物でその刊行年は異なっているかもしれないが,初版の刊行年は著者名の後に記されている.出版物によっては(例えば,『ウォールストリートジャーナル』)本文では引用されているが,この文献目録には取り上げられていない.新聞などの場合にはページ番号を付けている.ただし,地域や日付の関係でページ番号が異なっているかもしれない.

Abreu, Dilip, David Pearce, & Ennio Stacchetti (1986) "Optimal Cartel Equilibria with Imperfect Monitoring," *The Journal of Economic Theory*, 39 (1): 251-269 (June 1986). **181**

Abreu, Dilip, David Pearce, & Ennio Stacchetti (1990) "Toward a Theory of Discounted Repeated Games with Imperfect Monitoring," *Econometrica*, 58 (5): 1041-1064 (September 1990). **226**

Aliprantis, Charalambos & Subir Chakrabarti (1999) *Games and Decisionmaking*, Oxford: Oxford University Press (1999). **xv**

Anderson, Lisa R. See Holt & Anderson (1996).

Aumann, Robert (1964a) "Markets with a Continuum of Traders," *Econometrica*, 32: 39-50 (January/April 1964). **148**

Aumann, Robert (1964b) "Mixed and Behavior Strategies in Infinite Extensive Games," in *Annals of Mathematics Studies, No. 52*, M. Dresher, L. S. Shapley, and A. W. Tucker, eds., pp. 627-650, Princeton: Princeton University Press (1964). **148**

Aumann, Robert (1974) "Subjectivity and Correlation in Randomized Strategies," *The Journal of Mathematical Economics*, 1 (1): 67-96 (March 1974). **121**

Aumann, Robert (1976) "Agreeing to Disagree," *Annals of Statistics*, 4 (6): 1236-1239 (November 1976). **99**

Aumann, Robert (1981) "Survey of Repeated Games," in *Essays in Game Theory and Mathematical Economics in Honor of Oscar Morgenstern*, ed. Robert Aumann, Mannheim: Bibliographisches Institut (1981). **226**

Aumann, Robert (1987) "Correlated Equilibrium As an Expression of Bayesian Rationality," *Econometrica*, 55 (1): 1-18 (January 1987). **121**

Aumann, Robert (1997) "On the State of the Art in Game Theory," in *Understanding Strategic Interaction*, Wulf Albers, Werner Guth, Peter Hammerstein, Benny Moldovanu, & Eric van Damme, eds., Berlin: Springer-Verlag (1997). **30**

Aumann, Robert. See Hart (2005).

Aumann, Robert & Sergiu Hart (1992) *Handbook of Game Theory with Economic*

Applications, New York: North-Holland (1992). xiii, xiv, xvii

Axelrod, Robert (1984) *The Evolution of Cooperation*, New York: Basic Books (1984). 255, 264

Axelrod, Robert & William Hamilton (1981) "The Evolution of Cooperation," *Science*, 211 (4489): 96 (March 1981). Reprinted in Rasmusen (2001). 228

Ayres, Ian (1990) "Playing Games with the Law," *Stanford Law Review*, 42 (5): 1291-1317 (May 1990). 169

Bagchi, Arunabha (1984) *Stackelberg Differential Games in Economic Models*, Berlin: Springer-Verlag (1984). 149

Bagnoli, Mark & Theodore Bergstrom (1994) "Log-Concave Probability and its Applications," working paper, http://ideas.repec.org/p/wpa/wuwpmi/9410002.html (1994). 293

Baird, Douglas, Gertner, Robert, & Randal Picker (1994) *Strategic Behavior and the Law: The Role of Game Theory and Information Economics in Legal Analysis*, Cambridge, MA: Harvard University Press (1994). xiv

Bajari, Patrick, Han Hong, & Stephen Ryan (2004) "Identification and Estimation of Discrete Games of Complete Information," NBER Working Paper No. T0301, http://ssrn.com/abstract = 601103 (October 2004). 149

Baldwin, B. & G. Meese (1979) "Social Behavior in Pigs Studied by Means of Operant Conditioning," *Animal Behavior*, 27: 947-957 (August 1979). 36, 51

Bannerjee, A. V. (1992) "A Simple Model of Herd Behavior," *The Quarterly Journal of Economics*, 107 (3): 797-817 (August 1992). 91

Baron, David & David Besanko (1984) "Regulation, Asymmetric Information, and Auditing," *The RAND Journal of Economics*, 15 (4): 447-470 (Winter 1984). 150

Basar, Tamar & Geert Olsder (1999) *Dynamic Noncooperative Game Theory*, 2nd edition, revised, Philadelphia: Society for Industrial and Applied Mathematics (1st edition 1982, 2nd edition 1995). xv

Basu, Kaushik (1993) *Lectures in Industrial Organization Theory*, Oxford: Blackwell Publishers (1993). xiv

Baumol, William & Stephen Goldfeld (1968) *Precursors in Mathematical Economics: An Anthology*, London: London School of Economics and Political Science (1968). 10

Benoit, Jean-Pierre & Vijay Krishna (1985) "Finitely Repeated Games," *Econometrica*, 17 (4): 317-320 (July 1985). 223, 229

Benoit, Jean-Pierre & Vijay Krishna (2000) "The Folk Theorems for Repeated Games: A Synthesis," Pennsylvania State University working paper, http://econ.la.psu.edu/~vkrishna/papers/synth34.pdf (March 10, 2000).

Bernheim, B. Douglas (1984a) "Rationalizable Strategic Behavior," *Econometrica*, 52 (4): 1007-1028 (July 1984). 51

Bernheim, B. Douglas, Bezalel Peleg, & Michael Whinston (1987) "Coalition-Proof Nash Equilibria I: Concepts," *The Journal of Economic Theory*, 42 (1): 1-12 (June 1987). 180

Bernheim, B. Douglas & Michael Whinston (1987) "Coalition-Proof Nash Equilibria II: Applications," *The Journal of Economic Theory*, 42 (1): 13-29 (June 1987). 180

Bertrand, Joseph (1883) "Rechercher sur la theorie mathematique de la richesse," *The Journal des Savants*, 48 : 499-508 (September 1883). **136**
Besanko, David, David Dranove, & Mark Shanley (1996) *Economics of Strategy*, New York : John Wiley and Sons (1996). **xv**
Besanko, David. See Baron & Besanko (1984).
Bierman, H. Scott & Fernandez, Luis (1998) *Game Theory with Economic Applications*, 2nd edition, Reading, MA : Addison-Wesley (1st edition 1993). **xv**
Bikhchandani, Sushil, David Hirshleifer & Ivo Welch (1992) "A Theory of Fads, Fashion, Custom, and Cultural Change as Informational Cascades," *The Journal of Political Economy*, 100 (5) : 992-1026 (October 1992). **91**
Binmore, Ken (1990) *Essays on the Foundations of Game Theory*, Oxford : Basil Blackwell (1990). **262**
Binmore, Ken (1992) *Fun and Games : A Text on Game Theory*, Lexington : D. C. Heath (1992). **xiii**
Binmore, Ken & Partha Dasgupta, eds. (1986) *Economic Organizations as Games*, Oxford : Basil Blackwell (1986). **10**
Blanchard, Olivier (1979) "Speculative Bubbles, Crashes, and Rational Expectations," *Economics Letters*, 3 (4) : 387-389 (1979). **226**
Bolton, Patrick & Mathias Dewatripont (2005) *Contract Theory*, Cambridge, MA : MIT Press (2005). **xvii**
Bond, Eric (1982) "A Direct Test of the 'Lemons' Model : The Market for Used Pickup Trucks," *The American Economic Review*, 72 (4) : 836-840 (September 1982).
Border, Kim (1985) *Fixed Point Theorems with Applications to Economics and Game Theory*, Cambridge : Cambridge University Press (1985). **269**
Border, Kim & Joel Sobel (1987) "Samurai Accountant : A Theory of Auditing and Plunder," *The Review of Economic Studies*, 54 (4) : 525-540 (October 1987). **150**
Bowersock, G. (1985) "The Art of the Footnote," *The American Scholar*, 52 : 54-62 (Winter 1983/84). **10**
Boyd, Robert & Jeffrey Lorberbaum (1987) "No Pure Strategy Is Evolutionarily Stable in the Repeated Prisoner's Dilemma Game," *Nature*, 327 (6165) : 58-59 (May 1987). **226**
Boyd, Robert & Peter Richerson (1985) *Culture and the Evolutionary Process*, Chicago : University of Chicago Press (1985). **228**
Brams, Steven (1980) *Biblical Games : A Strategic Analysis of Stories in the Old Testament*, Cambridge, MA : MIT Press (1980). **51**
Brams, Steven (1983) *Superior Beings : If They Exist, How Would We Know?* New York : Springer-Verlag (1983). **51**
Brams, Steven & D. Marc Kilgour (1988) *Game Theory and National Security*, Oxford : Basil Blackwell (1988). **52**
Brandenburger, Adam (1992) "Knowledge and Equilibrium in Games," *The Journal of Economic Perspectives*, 6 (4) : 83-102 (Fall 1992). **73, 98**
Bresnahan, Timothy & Peter Reiss (1990) "Entry in Monopoly Markets," *The Review of Economic Studies*, 57 (4) : 531-553. **149**
Bresnahan, Timothy & Peter Reiss (1991a) "Empirical Models of Discrete Games," *The Journal of Econometrics*, 48 (1-2) : 57-81. **149**
Bulow, Jeremy, John Geanakoplos, & Paul Klemperer (1985) "Multimarket Oligopoly :

Strategic Substitutes and Complements," *The Journal of Political Economy*, 93 (3): 488-511 (June 1985). **141, 153**

Calomiris, Charles & Joseph Mason (1997) "Contagion and Bank Failures During the Great Depression: The June 1932 Chicago Banking Panic," *The American Economic Review*, 87 (5): 863-883 (December 1997).

Campbell, Richmond & Lanning Sowden (1985) *Paradoxes of Rationality and Co-operation: Prisoner's Dilemma and Newcomb's Problem*, Vancouver: University of British Columbia Press (1985). **51**

Canzoneri, Matthew & Dale Henderson (1991) *Monetary Policy in Interdependent Economies*, Cambridge, MA: MIT Press (1991). **52**

Cass, David & Karl Shell (1983) "Do Sunspots Matter?" *The Journal of Political Economy*, 91 (2): 193-227 (April 1983). **122**

Chakrabarti, Subir. See Aliprantis & Chakrabarti (1999).

Chammah, Albert. See Rapoport & Chammah (1965).

Chiang, Alpha (1984) *Fundamental Methods of Mathematical Economics*, 3rd edition, New York: McGraw-Hill (1984, 1st edition 1967). **269**

Chiappori, P. A., Steven Levitt & T. Groseclose (2002) "Testing Mixed Strategy Equilibria When Players Are Heterogeneous: The Case of Penalty Kicks in Soccer," *The American Economic Review*, 92 (4): 1138-1151 (September 2002). **147**

Cho, In-Koo & David Kreps (1987) "Signaling Games and Stable Equilibria," *The Quarterly Journal of Economics*, 102 (2): 179-221 (May 1987). **246**

Cooper, Russell (1999) *Coordination Games: Complementarities and Macroeconomics*, Cambridge: Cambridge University Press (1999). **52**

Cooter, Robert & Peter Rappoport (1984) "Were the Ordinalists Wrong about Welfare Economics?" *The Journal of Economic Literature*, 22 (2): 507-530 (June 1984). **49**

Cooter, Robert & Daniel Rubinfeld (1989) "Economic Analysis of Legal Disputes and Their Resolution," *The Journal of Economic Literature*, 27 (3): 1067-1097 (September 1989). **172**

Copeland, Thomas & J. Fred Weston (1988) *Financial Theory and Corporate Policy*, 3rd edition, Reading, Mass.: Addison-Wesley (1st edition 1983). **289**

Cosmides, Leda & John Tooby (1993) "Cognitive Adaptions for Social Change," in *The Adapted Mind: Evolutionary Psychology and the Generation of Culture*, pp. 162-228, J.H. Barkow, Leda Cosmides, & John Tooby, eds.,Oxford: Oxford University Press (1993). **103**

Cournot, Augustin (1838) *Recherches sur les Principes Mathematiques de la Theorie des Richesses*, Paris: M. Riviere & C. (1838). Translated in *Researches into the Mathematical Principles of Wealth*, New York: A. M. Kelly (1960). **132**

Crawford, Vincent & Hans Haller (1990) "Learning How to Cooperate: Optimal Play in Repeated Coordination Games," *Econometrica*, 58 (3): 571-597 (May 1990). **53**

Crawford, Vincent & Joel Sobel (1982) "Strategic Information Transmission," *Econometrica*, 50 (6): 1431-1452 (November 1982). **149**

Dalkey, Norman (1953) "Equivalence of Information Patterns and Essentially Determinate

Games," pp. 217-243 of Kuhn & Tucker (1953).
Dasgupta, Partha. See Binmore & Dasgupta (1986).
David, Paul (1985) "CLIO and the Economics of QWERTY," *AEA Papers and Proceedings*, 75 (2): 332-337 (May 1985). **43**
Davis, Philip, Reuben Hersh, & Elena Marchisotto (1981) *The Mathematical Experience*, Boston: Birkhauser (1981). **10**
Dawes, Robyn (1988) *Rational Choice in an Uncertain World*, Fort Worth, Texas: Harcourt Brace (1988). **98**
Dawkins, Richard (1989) *The Selfish Game*, 2nd edition, Oxford: Oxford University Press (1st edition 1976). **228**
Debreu, Gerard (1959) *Theory of Value : An Axiomatic Analysis of Economic Equilibrium*, New Haven: Yale University Press (1959). **269**
Debreu, Gerard & Herbert Scarf (1963) "A Limit Theorem on the Core of an Economy," *The International Economic Review*, 4(3): 235-246 (September 1963). **2**
Dewatripont, Mathias. See Bolton & Dewatripont (2005).
Diamond, Douglas W. (1984) "Financial Intermediation and Delegated Monitoring," *The Review of Economic Studies*, 51 (3): 393-414 (July 1984). **150**
Diamond, Douglas W. (1989) "Reputation Acquisition in Debt Markets," *The Journal of Political Economy*, 97 (4): 828-862 (August 1989). **235**
Diamond, Douglas W. & P. Dybvig (1983), "Bank Runs, Deposit Insurance, and Liquidity," *The Journal of Political Economy*, 91 (3): 401-419 (June 1983). **153**
Diamond, Peter (1982) "Aggregate Demand Management in Search Equilibrium," *The Journal of Political Economy*, 90 (5): 881-894 (October 1982). **153**
Diamond, Peter & Michael Rothschild, eds. (1978) *Uncertainty in Economics : Readings and Exercises*, New York: Academic Press (1978). **10**
Dimand, Mary Ann & Robert Dimand (1996) *A History of Game Theory*, London: Routledge (1996). **10, 51**
Dimand, Mary Ann & Robert Dimand (1997) *The Foundations of Game Theory*, 3 Vol., Cheltenham, England: Edward Elgar Publishing (1997). **10**
Dixit, Avinash & Barry Nalebuff (1991) *Thinking Strategically : The Competitive Edge in Business, Politics, and Everyday Life*, New York: Norton (1991). **xⅱ, 152**
Dixit, Avinash & Susan Skeath (1998) *Games of Strategy*, New York: Norton (1998). **xⅵ**
Dranove, David. See, Besanko, Dranove & Shanley (1996).
Dubey, Pradeep, Ori Haimanko & Andriy Zapechelnyuk (2006) "Strategic Substitutes and Potential Games," forthcoming, *Games and Economic Behavior*, http://ideas.repec.org/p/nys/sunysb/02-02.html. (2005). **153**
Dugatkin, Lee & Hudson Reeve, eds. (1998) *Game Theory & Animal Behavior*, Oxford: Oxford University Press (1998). **xv, 228**
Dunbar, Robin (1995) *The Trouble with Science*, Cambridge, MA: Harvard University Press (1995). **103**
Dutta, Prajit (1999) *Strategies and Games : Theory and Practice*, Cambridge, MA: MIT Press (1999). **xⅵ**
Dybvig, P. See Diamond and Dybvig (1983).

Eatwell, John, Murray Milgate & Peter Newman (1989) *The New Palgrave : Game Theory*, New York : W. W. Norton & Co. (1989). **xii**

Eichberger, Jurgen (1993) *Game Theory for Economists*, San Diego : Academic Press (1993). **xiv**

Farrell, Joseph (1987) "Cheap Talk, Coordination, and Entry," *The RAND Journal of Economics*, 18 (1) : 34-39 (Spring 1987). Reprinted in Rasmusen (2001). **122**

Farrell, Joseph & Garth Saloner (1985) "Standardization, Compatibility, and Innovation," *The RAND Journal of Economics*, 16 (1) : 70-83 (Spring 1985). **43**

Farrell, Joseph & Carl Shapiro (1988) "Dynamic Competition with Switching Costs," *The RAND Journal of Economics*, 19 (1) : 123-137 (Spring 1988). **213**

Feltovich, Nick, Richmond Harbaugh, & Ted To (2002) "Too Cool for School? Signalling and Countersignalling," *The RAND Journal of Economics*, 33 (4) : 630-649 (Winter 2002). **vii**

Fisher, D. C. & J. Ryan (1992) "Optimal Strategies for a Generalized 'Scissors, Paper, and Stone' Game," *The American Mathematical Monthly*, 99 (10) : 935-942 (1992). **147**

Fisher, Franklin (1989) "Games Economists Play : A Noncooperative View," *The RAND Journal of Economics*, 20 (1) : 113-124 (Spring 1989). **3**

Flanagan, Thomas (1998) *Game Theory and Canadian Politics*, Toronto : University of Toronto Press (1998). **52**

Fowler, Henry (1926) *A Dictionary of Modern English Usage*, Herefordshire : Wordsworth Editions reprint, (1997). **10**

Fowler, Henry & Frank Fowler (1931) *The King's English*, 3rd edition, Oxford : Clarendon Press (1949). **10**

Friedman, James (1990) *Game Theory with Applications to Economics*, New York : Oxford University Press (2nd edition 1986). **xii**

Friedman, Milton (1953) *Essays in Positive Economics*, Chicago : University of Chicago Press (1953). **10**

Fudenberg, Drew & David Levine (1986) "Limit Games and Limit Equilibria," *The Journal of Economic Theory*, 38 (2) : 261-279 (April 1986). **147, 224, 224**

Fudenberg, Drew & David K. Levine (1989) "Reputation and Equilibrium Selection in Games with a Patient Player," *Econometrica*, 57 (4) : 759-778 (July 1989).

Fudenberg, Drew & Eric Maskin (1986) "The Folk Theorem in Repeated Games with Discounting or with Incomplete Information," *Econometrica*, 54 (3) : 533-554 (May 1986). **225, 255**

Fudenberg, Drew & Jean Tirole (1986b) "A Theory of Exit in Duopoly," *Econometrica*, 54 (4) : 943-960 (July 1986). **225**

Fudenberg, Drew & Jean Tirole (1991a) *Game Theory*, Cambridge, MA : MIT Press (1991). **iv, xiii, 98, 116, 149, 181, 269, 284**

Fudenberg, Drew & Jean Tirole (1991b) "Perfect Bayesian Equilibrium and Sequential Equilibrium," *The Journal of Economic Theory*, 53 (2) : 236-260 (April 1991). **260**

Gal-Or, Esther (1985) "First Mover and Second Mover Advantages," *The International Economic Review*, 26 (3) : 649-653 (October 1985). **141**

Gardner, Roy, *Games for Business and Economics*, New York: John Wiley and Sons (2nd edition 2003). xiv
Gates, Scott & Brian Humes (1997) *Games, Information, and Politics: Applying Game Theoretic Models to Political Science*, Ann Arbor: University of Michigan Press (1997). xv
Geanakoplos, John (1992) "Common Knowledge," *The Journal of Economic Perspectives*, 6 (4): 53-82 (Fall 1992). 98
Geanakoplos, John. See Bulow et al. (1985).
Geanakoplos, John & Heraklis Polemarchakis (1982) "We Can't Disagree Forever," *The Journal of Economic Theory*, 28 (1): 192-200 (October 1982). 99
Gertner, Robert. See Baird, Gertner & Picker (1994).
Ghemawat, Pankaj (1997) *Games Businesses Play: Cases and Models*, Cambridge, MA: MIT Press (1997). xv
Ghemawat, Pankaj & Barry Nalebuff (1985) "Exit," *The RAND Journal of Economics*, 16 (2): 184-194 (Summer 1985). 116
Gibbons, Robert (1992) *Game Theory for Applied Economists*, Princeton: Princeton University Press (1992). xix
Gillies, Donald (1953) "Locations of Solutions," in *Report of an Informal Conference on the Theory of n-Person Games*, pp. 11-12, Princeton Mathematics mimeo (1953). 1
Gintis, Herbert (2000) *Game Theory Evolving*, Princeton: Princeton University Press (2000). xvi, 218
Goldfeld, Stephen. See Baumol & Goldfeld (1968).
Gordon, David. See Rapaport, Guyer & Gordon (1976).
Green, Jerry. See Mas-Colell, Whinston & Green (1995).
Groseclose, T. See Chiappori, Levitt & Groseclose (2002).
Guth, Werner, Rold Schmittberger & Bernd Schwarze (1982) "An Experimental Analysis of Ultimatum Bargaining," *The Journal of Economic Behavior and Organization*, 3 (4): 367-388 (December 1982). 177
Guyer, Melvin. See Rapoport, Guyer & Gordon (1976).

Haimanko, Ori. See Dubey, Haimanko & Zapechelnyuk (2006).
Haller, Hans. See Crawford & Haller (1990).
Halmos, Paul (1970) "How to Write Mathematics," *L'Enseignement Mathematique*, 16 (2): 123-152 (May/June 1970). 10
Hamilton, William. See Axelrod & Hamilton (1981).
Harbaugh, Richmond. See Feltovich, Harbaugh & To (2002).
Harrington, Joseph (1987) "Collusion in Multiproduct Oligopoly Games under a Finite Horizon," *The International Economic Review*, 28 (1): 1-14 (February 1987). 223
Harris, Milton & Bengt Holmstrom (1982) "A Theory of Wage Dynamics," *The Review of Economic Studies*, 49 (3): 315-334 (July 1982). 78
Harris, Milton & Arthur Raviv (1992) "Financial Contracting Theory," in *Advances in Economic Theory: Sixth World Congress*, ed. Jean-Jacques Laffont, Cambridge: Cambridge University Press (1992).
Harsanyi, John (1967) "Games with Incomplete Information Played by 'Bayesian' Players,

I : The Basic Model," *Management Science*, 14 (3) : 159-182 (November 1967). **2, 238**

Harsanyi, John (1968a) "Games with Incomplete Information Played by 'Bayesian' Players, II : Bayesian Equilibrium Points," *Management Science*, 14 (5) : 320-334 (January 1968).

Harsanyi, John (1968b) "Games with Incomplete Information Played by 'Bayesian' Players, III : The Basic Probability Distribution of the Game," *Management Science*, 14 (7) : 486-502 (March 1968) .

Harsanyi, John (1973) "Games with Randomly Disturbed Payoffs : A New Rationale for Mixed Strategy Equilibrium Points," *The International Journal of Game Theory*, 2 (1) : 1-23 (1973). **110**

Harsanyi, John & Reinhard Selten (1988) *A General Theory of Equilibrium Selection in Games*, Cambridge, MA : MIT Press (1988). **44**

Hart, Sergiu (2005) "An Interview with Robert Aumann," http://www.ma.huji.ac.il/~hart/abs/aumann.html (January 2005 ; updated April 2005). **51**

Hart, Sergiu. See Aumann & Hart (1992).

Haywood, O. (1954) "Military Decisions and Game Theory," *The Journal of the Operations Research Society of America*, 2 (4) : 365-385 (November 1954). **31**

Henderson, Dale. See Canzoneri & Henderson (1991).

Hendricks, Ken, Andrew Weiss, & Charles A. Wilson (1988) "The War of Attrition in Continuous Time with Complete Information," *The International Economic Review*, 29 (4) : 663-680 (November 1988).

Herodotus (c. 429 B.C.) *The Persian Wars*, George Rawlinson, translator, New York : Modern Library (1947). **50**

Hersh, Reuben. See Davis, Hersh & Harchisotto (1981).

Hines, W. (1987) "Evolutionary Stable Strategies : A Review of Basic Theory," *Theoretical Population Biology*, 31 (2) : 195-272 (April 1987). **227**

Hirshleifer, David (1995) "The Blind Leading the Blind : Social Influence, Fads, and Informational Cascades," in *The New Economics of Human Behavior*, Mariano Tommasi and Kathryn Ierulli, eds., pp. 188-215 (chapter 12), Cambridge : Cambridge University Press (1995). **91**

Hirshleifer, David & Eric Rasmusen (1989) "Cooperation in a Repeated Prisoner's Dilemma with Ostracism," *The Journal of Economic Behavior and Organization*, 12 (1) : 87-106 (August 1989). **224**

Hirshleifer, David. See Bikhchandani, Hirshleifer, & Welch (1992).

Hirshleifer, Jack (1982) "Evolutionary Models in Economics and Law : Cooperation versus Conflict Strategies," *Research in Law and Economics*, 4 : 1-60 (1982). **51, 228**

Hirshleifer, Jack (1987) "On the Emotions as Guarantors of Threats and Promises," in *The Latest on the Best : Essays on Evolution and Optimality*, ed. John Dupre, Cambridge, MA : MIT Press (1987). **227**

Hirshleifer, Jack & Juan Martinez-Coll (1988) "What Strategies Can Support the Evolutionary Emergence of Cooperation?" *The Journal of Conflict Resolution*, 32 (2) : 367-398 (June 1988). **226**

Hirshleifer, Jack & Eric Rasmusen (1992) "Are Equilibrium Strategies Unaffected by Incentives?" *The Journal of Theoretical Politics*, 4 : 343-57 (July 1992). **150**

Hirshleifer, Jack & John Riley (1979) "The Analytics of Uncertainty and Information : An

Expository Survey," *The Journal of Economic Literature*, 17 (4): 1375-1421 (December 1979).
Hirshleifer, Jack & John Riley (1992) *The Analytics of Uncertainty and Information*, Cambridge: Cambridge University Press (1992). xviii, 72
Hofstadter, Douglas (1983) "Computer Tournaments of the Prisoner's Dilemma Suggest How Cooperation Evolves," *Scientific American*, 248 (5): 16-26 (May 1983). 264
Holmstrom, Bengt & Paul Milgrom (1987) "Aggregation and Linearity in the Provision of Intertemporal Incentives," *Econometrica*, 55 (2): 303-328 (March 1987). vi
Holmstrom, Bengt & Paul Milgrom (1991) "Multitask Principal-Agent Analyses: Incentive Contracts, Asset Ownership, and Job Design," *The Journal of Law, Economics and Organization*, 7: 24-52 (Special Issue, 1991). vi, vii
Holmstrom, Bengt & Roger Myerson (1983) "Efficient and Durable Decision Rules with Incomplete Information," *Econometrica*, 51 (6): 1799-1819 (November 1983).
Holmstrom, Bengt. See Harris & Holmstrom (1982).
Holt Charles A. & Lisa R. Anderson (1996) "Classroom Games: Understanding Bayes Rule," *The Journal of Economic Perspectives*, 10 (2): 179-187 (Spring 1996). 103
Hong, Han. See Bajari, Hong & Ryan (2004).
Humes, Brian. See Gates & Humes (1997).

Intriligator, Michael (1971) *Mathematical Optimization and Economic Theory*, Englewood Cliffs, NJ: Prentice-Hall (1971). 269

Jarrell, Gregg & Sam Peltzman (1985) "The Impact of Product Recalls on the Wealth of Sellers," *The Journal of Political Economy*, 93 (3): 512-536 (June 1985). 227

Kahneman, Daniel, Paul Slovic, & Amos Tversky, eds. (1982) *Judgement Under Uncertainty: Heuristics and Biases*, Cambridge: Cambridge University Press (1982). 98
Kakutani, Shizuo (1941) "A Generalization of Brouwer's Fixed Point Theorem," *Duke Mathematical Journal*, 8(3): 457-459 (September 1941). 286
Kalai, Ehud, Dov Samet, & William Stanford (1988) "Note on Reactive Equilibria in the Discounted Prisoner's Dilemma and Associated Games," *The International Journal of Game Theory*, 17: 177-186 (1988). 196
Kamien, Morton & Nancy Schwartz (1982) *Market Structure and Innovation*, Cambridge: Cambridge University Press (1982).
Kamien, Morton & Nancy Schwartz (1991) *Dynamic Optimization: The Calculus of Variations and Optimal Control in Economics and Management*, 2nd edition, New York: North Holland (1991, 1st edition 1981). 269
Kandori, Michihiro (2002) "Introduction to Repeated Games with Private Monitoring," *The Journal of Economic Theory*, 102 (1): 1-15 (January 2002). 226
Kandori, Michihiro & H. Matsushima (1998) "Private Observation, Communication, and Collusion," *Econometrica*, 66 (3): 627-652. 131
Karlin, Samuel (1959) *Mathematical Methods and Theory in Games, Programming and*

Economics, Reading, MA : Addison-Wesley (1959). **118**
Katz, Michael & Carl Shapiro (1985) "Network Externalities, Competition, and Compatibility," *The American Economic Review*, 75 (3) : 424-440 (June 1985). **43**
Kennan, John & Robert Wilson (1993) "Bargaining with Private Information," *The Journal of Economic Literature*, 31 (1) : 45-104 (March 1993). **172**
Kennedy, Peter (1979) *A Guide to Econometrics*, 1st edition, Cambridge, MA : MIT Press (1979, 5th edition 2003).
Keynes, John Maynard (1933) *Essays in Biography*, New York : Harcourt, Brace and Company (1933). **9**
Keynes, John Maynard (1936) *The General Theory of Employment, Interest and Money*, London : Macmillan (1947). **52**
Kierkegaard, Soren (1938) *The Journals of Soren Kierkegaard*, translated by Alexander-Dru, Oxford : Oxford University Press (1938). **192**
Kilgour, D. Marc. See Brams & Kilgour (1988).
Kindleberger, Charles (1983) "Standards as Public, Collective and Private Goods," *Kyklos*, 36 : 377-396 (1983). **43**
Klein, Benjamin & Keith Leffler (1981) "The Role of Market Forces in Assuring Contractual Performance," *The Journal of Political Economy*, 89 (4) : 615-641 (August 1981). **208, 212, 227**
Klemperer, Paul (1987) "The Competitiveness of Markets with Switching Costs," *The RAND Journal of Economics*, 18 (1) : 138-150 (Spring 1987). **213**
Klemperer, Paul, ed. (2000) *The Economic Theory of Auctions*, Cheltenham, England : Edward Elgar (2000). http://www.paulklemperer.org. **10**
Klemperer, Paul. See Bulow, Geanakoplos & Klemperer (1985).
Kohlberg, Elon & Jean-Francois Mertens (1986) "On the Strategic Stability of Equilibria," *Econometrica*, 54 (5) : 1003-1007 (September 1986). **151**
Kreps, David (1990a) *A Course in Microeconomic Theory*, Princeton : Princeton University Press (1990). **xii, 98**
Kreps, David (1990b) *Game Theory and Economic Modeling*, Oxford : Oxford University Press (1990). **xii, 263**
Kreps, David, Paul Milgrom, John Roberts, & Robert Wilson (1982) "Rational Cooperation in the Finitely Repeated Prisoners' Dilemma," *The Journal of Economic Theory*, 27 : 245-252 (August 1982). Reprinted in Rasmusen (2001) . **2, 251**
Kreps, David & A. Michael Spence (1985) "Modelling the Role of History in Industrial Organization and Competition," in *Issues in Contemporary Microeconomics and Welfare*, ed. George Feiwel, London : Macmillan (1985). **10**
Kreps, David & Robert Wilson (1982a) "Reputation and Imperfect Information," *The Journal of Economic Theory*, 27 (2) : 253-279 (August 1982).
Kreps, David & Robert Wilson (1982b) "Sequential Equilibria," *Econometrica*, 50 (4) : 863-894 (July 1982). **2**
Krishna, Vijay (2002) *Auction Theory*, San Diego : Academic Press (2002). **xvii**
Krishna, Vijay. See Benoit & Krishna (1985, 2000).
Krouse, Clement (1990) *Theory of Industrial Economics*, Oxford : Blackwell (1990). **xii**
Kuhn, Harold (1953) "Extensive Games and the Problem of Information," in Kuhn & Tucker (1953). **148**

Kuhn, Harold ed. (1997) *Classics in Game Theory*, Princeton: Princeton University Press (1997). **10**

Kuhn, Harold & Albert Tucker, eds. (1953) *Contributions to the Theory of Games, Volume II, Annals of Mathematics Studies*, No. 28, Princeton: Princeton University Press (1953).

Kydland, Finn & Edward Prescott (1977) "Rules Rather than Discretion: The Inconsistency of Optimal Plans," *The Journal of Political Economy*, 85 (3): 473-491 (June 1977). **184**

Laffont, Jean-Jacques & David Martimort (2001) *The Theory of Incentives: The Principal-Agent Model*, Princeton: Princeton University Presss (2001). **xvi**

Laffont, Jean-Jacques & Jean Tirole (1986) "Using Cost Observation to Regulate Firms," *The Journal of Political Economy*, 94 (3): 614-641 (June 1986).

Laffont, Jean-Jacques & Jean Tirole (1993) *A Theory of Incentives in Procurement and Regulation*, Cambridge, MA: MIT Press (1993). **180**

Lakatos, Imre (1976) *Proofs and Refutations: The Logic of Mathematical Discovery*, Cambridge: Cambridge University Press (1976). **10**

Leffler, Keith. See Klein & Leffler (1981).

Leonard, Robert J. (1995) "From Parlor Games to Social Science: Von Neumann, Morgenstern, and the Creation of Game Theory 1928-1944," *The Journal of Economic Literature*, 33 (2): 730-761 (June 1995). **51**

Leshno, Moshe, Haim Levy & Yishay Spector (1997) "A Comment on Rothschild and Stiglitz's 'Increasing Risk I: A Definition'," *The Journal of Economic Theory*, 77(1): 223-228 (November 1997). **293**

Levine, David. See Fudenberg & Levine (1986, 1989).

Levitt, Steven. See Chiappori, Levitt & Groseclose (2002).

Levy, Haim. See Leshno, Levy & Spector (1997).

Lewis, David (1969) *Convention: A Philosophical Study*, Cambridge: Harvard University Press (1969). **97**

Liebowitz, S. & Stephen Margolis (1990) "The Fable of the Keys," *The Journal of Political Economy*, 33 (1): 1-25 (April 1990). Reprinted in *Famous Fables of Economics: Myths of Market Failures*, ed. Daniel F. Spulber, Oxford: Blackwell Publishers (2001). **44**

Lively, C. M. See Sinervo & Lively (1996).

Lorberbaum, Jeffrey. See Boyd & Lorberbaum (1987).

Lucas, Robert. See Stokey & Lucas (1989).

Luce, R. Duncan & Howard Raiffa (1957) *Games and Decisions: Introduction and Critical Survey*, New York: Wiley (1957). **x, xi, 51, 202, 224**

Macaulay, Stewart (1963) "Non-Contractual Relations in Business," *The American Sociological Review*, 28 (1): 55-70 (February 1963). **227**

Macho-Stadler, Ines & J. David Perez-Castillo (1997) *An Introduction to the Economics of Information: Incentives and Contracts*, Oxford: Oxford University Press (1997). **xv**

Macrae, Norman (1992) *John von Neumann*, New York: Random House (1992). **25, 51**

Margolis, Stephen. See Liebowitz & Margolis (1990).

Mason, Joseph. See Calomiris & Mason (1997).
Martin, Stephen (1993) *Advanced Industrial Economics*, Oxford: Blackwell Publishers (1993). **xiv**
Martinez-Coll. See J. Hirshleifer & Martinez-Coll (1988).
Mas-Colell, Andreu, Michael Whinston, & Jerry Green (1995) *Microeconomic Theory*, Oxford: Oxford University Press (1995). **xiv, 284**
Maskin, Eric. See Fudenberg & Maskin (1986).
Maskin, Eric & John Riley (1985) "Input vs. Output Incentive Schemes," *The Journal of Public Economics*, 28: 1–23 (October 1985).
Maskin, Eric & Jean Tirole (1987) "Correlated Equilibria and Sunspots," *The Journal of Economic Theory*, 43 (2): 364–373 (December 1987). **121**
Matsushima, H. See Kandori & Matsushima (1998).
Maynard Smith, John (1974) "The Theory of Games and the Evolution of Animal Conflicts," *The Journal of Theoretical Biology*, 47 (1): 209–221 (September 1974). **116**
Maynard Smith, John (1982) *Evolution and the Theory of Games*, Cambridge: Cambridge University Press (1982). **228**
Maynard Smith, John & G. A. Parker (1976) "The Logic of Asymmetric Contests," *Animal Behavior*, 24: 159–175.
McAfee, R. Preston (2002) *Competitive Solutions: The Strategist's Toolkit*, Princeton: Princeton University Press (2002). **xvii, 116**
McAfee, R. Preston & John McMillan (1986) "Bidding for Contracts: A Principal-Agent Analysis," *The RAND Journal of Economics*, 17 (3) 326–338 (Autumn 1986).
McCloskey, Donald (1985) "Economical Writing," *Economic Inquiry*, 24 (2): 187–222 (April 1985). **10**
McCloskey, Donald (1987) *The Writing of Economics*, New York: Macmillan (1987). **10**
McDonald, John & John Tukey (1949) "Colonel Blotto: A Problem of Military Strategy," *Fortune*, 40: 102 (June 1949). Reprinted in Rasmusen (2001). **151**
McGee, John (1958) "Predatory Price Cutting: The Standard Oil (N.J.) Case," *The Journal of Law and Economics*, 1: 137–169 (October 1958). **166**
McMillan, John (1992) *Games, Strategies, and Managers: How Managers can use Game Theory to Make Better Business Decisions*, Oxford: Oxford University Press (1992). **xiii, 100**
McMillan, John. See McAfee & McMillan (1986, 1987).
Meese, G. See Baldwin & Meese (1979).
Mertens, Jean-Francois. See Kohlberg & Mertens (1986).
Mertens, Jean-Francois & S. Zamir (1985) "Formulation of Bayesian Analysis for Games with Incomplete Information," *The International Journal of Game Theory* 14 (1): 1–29 (1985). **98**
Milgate, Murray. See Eatwell et al. (1989).
Milgrom, Paul (1981a) "An Axiomatic Characterization of Common Knowledge," *Econometrica*, 49 (1): 219–222 (January 1981). **98**
Milgrom, Paul (2004) *Putting Auction Theory to Work*, Cambridge: Cambridge University Press (2004). **xvii**
Milgrom, Paul & John Roberts (1982) "Limit Pricing and Entry under Incomplete Information: An Equilibrium Analysis," *Econometrica*, 50 (2): 443–459 (March 1982).

264
Milgrom, Paul & John Roberts (1990) "Rationalizability, Learning, and Equilibrium in Games with Strategic Complementarities," *Econometrica*, 58 (61): 1255-1279 (November 1990). **153, 284, 284**
Milgrom, Paul & John Roberts (1991) *Economics, Organizations, and Management*, Englewood Cliffs, NJ : Prentice-Hall (1991). **xiii**
Milgrom, Paul. See Kreps et al. (1982), and Holmstrom & Milgrom (1987, 1991).
Milinski, M. (1987) "TIT FOR TAT in Sticklebacks and the Evolution of Cooperation," *Nature*, 325 : 433-435 (January 29, 1987). **175**
Miller, Geoffrey (1986) "An Economic Analysis of Rule 68," *The Journal of Legal Studies*, 15 : 93-125 (January 1986). **169**
Mookherjee, Dilip & Ivan Png (1989) "Optimal Auditing, Insurance, and Redistribution," *The Quarterly Journal of Economics*, 104 (2) : 399-415 (May 1989). **150**
Moreaux, Michel (1985) "Perfect Nash Equilibria in Finite Repeated Game and Uniqueness of Nash Equilibrium in the Constituent Game," *Economics Letters*, 17 (4) : 317-320 (1985). **223**
Morgenstern, Oskar. See von Neumann & Morgenstern (1944).
Morris, Peter (1994) *Introduction to Game Theory*, Berlin : Springer-Verlag (1994). **xiv**
Morrow, James (1994) *Game Theory for Political Scientists*, Princeton : Princeton University Press (1994). **xiv**
Moulin, Herve (1986) *Eighty-Nine Exercises with Solutions from Game Theory for the Social Sciences*, 2nd and revised edition, New York : NYU Press (1986). **xi**
Muthoo, Abhinay (1999) *Bargaining Theory With Applications*, Cambridge : Cambridge University Press (1999). **xvi**
Muzzio, Douglas (1982) *Watergate Games*, New York : New York University Press (1982). **51**
Myerson, Roger (1991) *Game Theory: Analysis of Conflict*, Cambridge : Harvard University Press (1991). **xiii**
Myerson, Roger (1999) "Nash Equilibrium and the History of Economic Theory," *The Journal of Economic Literature*, 37 (3) : 1067-1082 (September 1999). **10, 51**
Myerson, Roger. See Holmstrom & Myerson (1983).

Nalebuff, Barry. See Ghemawat & Nalebuff (1985), and Dixit & Nalebuff (1991).
Nalebuff, Barry & John Riley (1985) "Asymmetric Equilibria in the War of Attrition," *The Journal of Theoretical Biology*, 113 (3) : 517-527 (April 1985). **100**
Nasar, Sylvia (1998) *A Beautiful Mind*, New York : Simon and Schuster (1998). **9, 51**
Nash, John (1950a) "The Bargaining Problem," *Econometrica*, 18 (2) : 155-162 (January 1950). Reprinted in Rasmusen (2000a). **1**
Nash, John (1950b) "Equilibrium Points in n-Person Games," *Proceedings of the National Academy of Sciences, USA*, 36 (1) : 48-49 (January 1950). Reprinted in Rasmusen (2001). **1**
Nash, John (1951) "Non-Cooperative Games," *Annals of Mathematics*, 54 (2) : 286-295 (September 1951). Reprinted in Rasmusen (2001). **1**
Newman, John. See Eatwell et al. (1989).

Olsder, Geert. See Basar & Olsder (1999).
Ordeshook, Peter (1986) *Game Theory and Political Theory: An Introduction*, Cambridge: Cambridge University Press (1986). **xi**
Osborne, Martin (2003) *An Introduction to Game Theory*, Oxford: Oxford University Press (2003). **xvii**
Osborne, Martin & Ariel Rubinstein (1994) *A Course in Game Theory*, Cambridge, MA: MIT Press (1994). **xiv**
Owen, Guillermo (1995) *Game Theory*, 3rd edition, New York: Academic Press (1st edition 1968) (1995). **xiv**

Parker, G. A. See Maynard Smith & Parker (1976).
Pearce, David (1984) "Rationalizable Strategic Behavior and the Problem of Perfection," *Econometrica*, 52 (4): 1029–1050 (July 1984). **51**
Pearce, David. See Abreu et al. (1986, 1990).
Peleg, Bezalel. See Bernheim et al. (1987).
Peltzman, Sam (1991) "The Handbook of Industrial Organization: A Review Article," *The Journal of Political Economy*, 99 (1): 201–217 (February 1991). **148**
Peltzman, Sam. See Jarrell & Peltzman (1985).
Perez-Castillo. See Macho-Stadler & Perez-Castillo (1997).
Perri, Timothy (2001). See Rasmusen & Perri (2001).
Picker, Randal. See Baird, Gertner & Picker (1994).
Png, Ivan (1983) "Strategic Behaviour in Suit, Settlement, and Trial," *The Bell Journal of Economics*, 14 (2): 539–550 (Autumn 1983). **92**
Png, Ivan. See Mookherjee & Png (1989).
Polemarchakis, Heraklis. See Geanakoplos & Polemarchakis (1982).
Porter, Robert (1983a) "Optimal Cartel Trigger Price Strategies," *The Journal of Economic Theory*, 29 (2): 313–338 (April 1983). **226**
Porter, Robert (1983b) "A Study of Cartel Stability: The Joint Executive Committee, 1880–1886," *The Bell Journal of Economics*, 14 (2): 301–314 (Autumn 1983). **226**
Posner, Richard (1975) "The Social Costs of Monopoly and Regulation," *The Journal of Political Economy*, 83 (4): 807–827 (August 1975). **116**
Prescott, Edward. See Kydland & Prescott (1977).
Poundstone, William (1992) *Prisoner's Dilemma: John von Neumann, Game Theory, and the Puzzle of the Bomb*, New York: Doubleday (1992). **50**

Quine, William. (1953) "On a So-Called Paradox," *Mind*, 62: 65–67 (January 1953). **184**

Radner, Roy (1980) "Collusive Behavior in Oligopolies with Long but Finite Lives," *The Journal of Economic Theory*, 22 (2): 136–156 (April 1980). **224**
Raiffa, Howard (1992) "Game Theory at the University of Michigan, 1948–52," in *Toward a History of Game Theory*, ed. E. Roy Weintraub, pp. 165–76, Durham: Duke University Press (1992). **51**
Raiffa, Howard. See Luce & Raiffa (1957).

参考文献および人名索引 | 309

Rapoport, Anatol (1960) *Fights, Games and Debates*, Ann Arbor: University of Michigan Press (1960). **xi**
Rapoport, Anatol (1970) *N-Person Game Theory : Concepts and Applications*, Ann Arbor: University of Michigan Press (1970). **xi**
Rapoport, Anatol & Albert Chammah (1965) *Prisoner's Dilemma : A Study in Conflict and Cooperation*, Ann Arbor: University of Michigan Press (1965). **256**
Rapoport, Anatol, Melvin Guyer, & David Gordon (1976) *The 2 × 2 Game*, Ann Arbor: University of Michigan Press (1976). **49, 50**
Rappoport, Peter. See Cooter & Rappoport (1984).
Rasmusen, Eric (1988a) "Entry for Buyout," *The Journal of Industrial Economics*, 36 (3): 281-300 (March 1988). **5**
Rasmusen, Eric (1989a) *Games and Information*, Oxford: Basil Blackwell, (1989)(second edition 1994, third edition 2001). Japanese translation by Moriki Hosoe, Shozo Murata and Yoshinobu Arisada, Kyushu University Press, vol. I (1990), vol. 2 (1991). Italian translation (*Teorie dei Giochi e Informazore*) by Alberto Bernardo, Milan: Ulrico Hoepli Editore (1993). Spanish translation (*Juegos e Informacion*) by Roberto Mazzoni, Mexico City: Fondo de Cultura Economica (1997). Chinese Complex Characters translation, Wu-Nan Book Company, Taipei (2003). Chinese Simplified Characters translation, Yang Yao, Liangjing Publishing. French translation, *Jeux et information*, Brussels: Editions de Boeck & Larcier (2004). **vi, xii, xvi**
Rasmusen, Eric (1989b) "A Simple Model of Product Quality with Elastic Demand," *Economics Letters*, 29 (4): 281-283 (1989). **208**
Rasmusen, Eric (1992a) "Folk Theorems for the Observable Implications of Repeated Games," *Theory and Decision*, 32: 147-164 (March 1992). **200, 225**
Rasmusen, Eric (1992b) "Managerial Conservatism and Rational Information Acquisition," *The Journal of Economics and Management Strategy*, 1 (1): 175-202 (Spring 1992). **90**
Rasmusen, Eric (2000) "Writing, Speaking, and Listening," in Rasmusen (2001). **10**
Rasmusen, Eric, ed. (2001) *Readings in Games and Information*, Oxford: Blackwell Publishing (2001). **212**
Rasmusen, Eric & Timothy Perri (2001) "Can High Prices Ensure Product Quality when Buyers Do Not Know the Sellers' Cost?" *Economic Inquiry*, 39 (4): 561-567 (October 2001). **10, 212**
Rasmusen, Eric & Emmanuel Petrakis (1992) "Defining the Mean-Preserving Spread: 3-pt versus 4-pt," *Decision Making Under Risk and Uncertainty : New Models and Empirical Findings*, ed. John Geweke, Amsterdam: Kluwer (1992). **293**
Rasmusen Eric. See D. Hirshleifer & Rasmusen (1989), and J. Hirshleifer & Rasmusen (1992).
Ratliff, Jim (1997a) "Nonequilibrium Solution Concepts: Iterated Dominance and Rationalizability," lecture notes, http://www.virtualperfection.com/gametheory/2.2.IteratedDominanceRationality.1.0.pdf (1997). **34, 49, 52**
Ratliff, Jim (1997b). "Strategic Dominance," lecture notes, http://www.virtualperfection.com/gametheory/2.1.StrategicDominance.1.0.pdf, (1997). **49**
Raviv, Arthur. See M. Harris & Raviv (1992).
Reeve, Hudson. See Dugatkin & Reeve (1998).
Reinganum, Jennifer & Nancy Stokey (1985) "Oligopoly Extraction of a Common Property

Natural Resource: The Importance of the Period of Commitment in Dynamic Games," *The International Economic Review*, 26 (1): 161-174 (February 1985). **123**

Reiss, Peter. See Bresnahan & Reiss (1990, 1991a).

Richerson, Peter. See Boyd & Richerson (1985).

Riker, William (1986) *The Art of Political Manipulation*, New Haven: Yale University Press (1986). **52, 186**

Riley, John G. (1980) "Strong Evolutionary Equilibrium and the War of Attrition," *The Journal of Theoretical Biology*, 82 (3): 383-400 (February 1980). **116**

Riley, John G. (1989) "Expected Revenues from Open and Sealed Bid Auctions," *The Journal of Economic Perspectives*, 3 (3): 41-50 (Summer 1989). **116**

Riley, John G. See Hirshleifer, & Riley (1979, 1992), Maskin & Riley (1985), and Nalebuff & Riley (1985).

Roberts, John. See Kreps et al. (1982), and Milgrom & Roberts (1982, 1990, 1992).

Rogerson, William (1982) "The Social Costs of Monopoly and Regulation: A Game-Theoretic Analysis," *The Bell Journal of Economics*, 13 (2): 391-401 (Autumn 1982). **120**

Romp, Graham (1997) *Game Theory: Introduction and Applications*, Oxford: Oxford University Press (1997). **xv**

Rosenberg, David & Steven Shavell (1985) "A Model in Which Suits Are Brought for Their Nuisance Value," *The International Review of Law and Economics*, 5: 3-13 (June 1985). **172**

Roth, Alvin (1984) "The Evolution of the Labor Market for Medical Interns and Residents: A Case Study in Game Theory," *The Journal of Political Economy*, 92 (6): 991-1016 (December 1984).

Rothkopf, Michael H. (1980) "TREES: A Decision-Maker's Lament," *Operations Research*, 28 (1): 3 (January/February 1980). Reprinted in Rasmusen (2001).

Rothschild, Michael (1974) "A Two-Armed Bandit Theory of Market Pricing," *The Journal of Economic Theory*, 9 (2): 185-202 (October 1974). **91**

Rothschild, Michael & Joseph Stiglitz (1970) "Increasing Risk I. A Definition," *The Journal of Economic Theory*, 2 (2): 225-243 (September 1970). Reprinted in Diamond & Rothschild (1978). **293**

Rothschild, Michael. See Diamond & Rothschild (1978).

Rubinfeld, Daniel. See Cooter & Rubinfeld (1989).

Rubinstein, Ariel. See Osborne & Rubinstein (1994).

Rudin, Walter (1964) *Principles of Mathematical Analysis*, New York: McGraw-Hill (1964). **269**

Ryan, Stephen. See Bajari, Hong & Ryan (2004).

Salanie, Bernard (1997) *The Economics of Contracts: A Primer*, Cambridge, MA: MIT Press (1997). **xv**

Saloner, Garth. See Farrell & Saloner (1985).

Samet, Dov. See Kalai, Samet & Stanford (1988).

Samuelson, Paul (1958) "An Exact Consumption-Loan Model of Interest with or without the Social Contrivance of Money," *The Journal of Political Economy*, 66 (6): 467-482

(December 1958). **213, 229**
Savage, Leonard (1954) *The Foundations of Statistics*, New York : Wiley (1954). **99**
Scarf, Herbert. See Debreu & Scarf (1963).
Schelling, Thomas (1960) *The Strategy of Conflict*, Cambridge : Harvard University Press (1960). **2, 46**
Schelling, Thomas (1978) *Micromotives and Macrobehavior*, New York : W. W. Norton (1978). **52**
Schick, Frederic (2003) *Ambiguity and Logic*, Cambridge : Cambridge University Press (2003). Chapter 5 : http://www.lucs.lu.se/spinning/categories/decision/Schick/Schick.pdf. **184**
Schmalensee, Richard (1982) "Product Differentiation Advantages of Pioneering Brands," *The American Economic Review*, 72 (3) : 349-365 (June 1982). **212**
Schmalensee, Richard & Robert Willig, eds. (1989) *The Handbook of Industrial Organization*, New York : North-Holland (1989). **xii**
Schmittberger, Rold. See Guth et al. (1982).
Schwartz, Nancy. See Kamien & Schwarz (1982, 1991)
Schwarze, Bernd. See Guth et al. (1982).
Selten, Reinhard (1965) "Spieltheoretische Behandlung eines Oligopolmodells mit Nachfragetragheit," *Zeitschrift für die gesamte Staatswissenschaft*, 121 : 301-324, 667-689 (October 1965). **2, 183**
Selten, Reinhard (1975) "Reexamination of the Perfectness Concept for Equilibrium Points in Extensive Games," *The International Journal of Game Theory*, 4 (1) : 25-55 (1975). **2, 183**
Selten, Reinhard (1978) "The Chain-Store Paradox," *Theory and Decision*, 9 (2) : 127-159 (April 1978). **193, 224**
Selten, Reinhard. See Harsanyi & Selten (1988).
Shanley, Mark. See Besanko, Dranove & Shanley (1996).
Shapiro, Carl (1982) "Consumer Information, Product Quality and Seller Reputation," *The Bell Journal of Economics*, 13 (1) : 20-35 (Spring 1982).
Shapiro, Carl (1983) "Premiums for High Quality Products as Returns to Reputation," *The Quarterly Journal of Economics*, 98 (4) : 659-679 (November 1983). **227**
Shapiro, Carl (1989) "The Theory of Business Strategy," *The RAND Journal of Economics*, 20 (1) : 125-137 (Spring 1989).
Shapiro, Carl. See Farrell & Shapiro (1988), and Katz & Shapiro (1985).
Shapiro, Carl & Joseph Stiglitz (1984) "Equilibrium Unemployment As a Worker Discipline Device," *The American Economic Review*, 74 (3) : 433-444 (June 1984). **227**
Shapley, Lloyd (1953a) "Open Questions," in *Report of an Informal Conference on the Theory of n-Person Games*, p. 15, Princeton Mathematics mimeo (1953). **1**
Shapley, Lloyd (1953b) "A Value for n-Person Games," pp. 307-317 of Kuhn & Tucker (1953). **1**
Shavell, Steven. See Rosenberg & Shavell (1985).
Shell, Karl. See Cass & Shell (1983).
Shubik, Martin (1954) "Does the Fittest Necessarily Survive?" in *Readings in Game Theory and Political Behavior*, ed. Martin Shubik, pp. 43-46, Garden City, New York : Doubleday (1954). Reprinted in Rasmusen (2001). **118, 185**

Shubik, Martin (1982) *Game Theory in the Social Sciences: Concepts and Solutions*, Cambridge, MA: MIT Press (1982). **xi, 97**

Shubik, Martin (1992) "Game Theory at Princeton, 1949-1955: A Personal Reminiscence," in *Toward a History of Game Theory*, ed. E. Roy Weintraub, pp. 151-164, Durham: Duke University Press (1992). **10**

Shy, Oz (1996) *Industrial Organization, Theory and Applications*, Cambridge, MA: MIT Press (1996). **xiv**

Sinervo, B. & C. M. Lively (1996) "The Rock-Paper-Scissors Game and the Evolution of Alternative Male Strategies," *Nature*, 380: 240-243 (March 21, 1996). **147**

Skeath, Susan. See Dixit & Skeath (1998).

Slade, Margaret (1987) "Interfirm Rivalry in a Repeated Game: An Empirical Test of Tacit Collusion," *The Journal of Industrial Economics*, 35 (4): 499-516 (June 1987). **226**

Slatkin, Montgomery (1980) "Altruism in Theory," review of Scott Boorman & Paul Levitt, *The Genetics of Altruism*. *Science*, 210: 633-647 (November 1980). **4**

Slovic, Paul. See Kahneman, Slovic & Tversky (1982).

Sobel, Joel. See Border & Sobel (1987), and Crawford & Sobel (1982).

Sowden, Lanning. See Campbell & Sowden (1985).

Spector, Yishay. See Leshno, Levy & Spector (1997).

Spence, A. Michael. See Kreps & Spence (1985).

Stacchetti, Ennio. See Abreu et al. (1986, 1990)

Stackelberg, Heinrich von (1934) *Marktform und Gleichgewicht*, Berlin: J. Springer. Translated by Alan Peacock as *The Theory of the Market Economy*, London: William Hodge (1952). **151, 151**

Stahl, Saul (1998) *A Gentle Introduction to Game Theory*, Providence, RI: American Mathematical Society (1998). **xxvii**

Stanford, William. See Kalai, Samet & Stanford (1988).

Starmer, Chris (2000) "Developments in Non-Expected Utility Theory," *The Journal of Economic Literature*, 38 (2): 332-382 (June 2000). **49, 98**

Stigler, George (1964) "A Theory of Oligopoly," *The Journal of Political Economy*, 72 (1): 44-61 (February 1964). **226**

Stiglitz, Joseph (1987) "The Causes and Consequences of the Dependence of Quality on Price," *The Journal of Economic Literature*, 25 (1): 1-48 (March 1987). **211, 227**

Stiglitz, Joseph. See Rothschild & Stiglitz (1970), and Shapiro & Stiglitz (1984).

Stokey, Nancy & Robert Lucas (1989) *Recursive Methods in Economic Dynamics*, Cambridge: Harvard University Press (1989). **269**

Stokey, Nancy. See Reinganum & Stokey (1985).

Straffin, Philip (1980) "The Prisoner's Dilemma," *UMAP Journal*, 1: 101-103 (1980). Reprinted in Rasmusen (2001). **50**

Strunk, William & E. B. White (1959) *The Elements of Style*, New York: Macmillan (1959). **10**

Sugden, Robert (1986) *The Economics of Rights, Co-operation and Welfare*, Oxford: Blackwell (1986). **192**

Szenberg, Michael, ed. (1992) *Eminent Economists: Their Life Philosophies*, Cambridge: Cambridge University Press (1992). **51**

Szenberg, Michael, ed. (1998) *Passion and Craft : Economists at Work*, Ann Arbor : University of Michigan Press (1998). **10**

Takayama, Akira (1985) *Mathematical Economics*, 2nd edition, Cambridge : Cambridge University Press (1985). **269**

Telser, Lester (1966) "Cutthroat Competition and the Long Purse," *The Journal of Law and Economics*, 9 : 259-277 (October 1966). **257**

Telser, Lester (1980) "A Theory of Self-Enforcing Agreements," *The Journal of Business*, 53 (1) : 27-44 (January 1980). **212**

Thaler, Richard (1992) *The Winner's Curse : Paradoxes and Anomalies of Economic Life*, New York : The Free Press (1992). **98**

Tirole, Jean (1988) *The Theory of Industrial Organization*, Cambridge, MA : MIT Press (1988). **xiv, xv, 98**

Tirole, Jean. See Fudenberg & Tirole (1986b, 1991a, 1991b), Laffont & Tirole (1986, 1993), and Maskin & Tirole (1987).

To, Ted. See Feltovich, Harbaugh & To (2002).

Tooby, John. See Cosmides & Tooby (1993).

Topkis, Donald (1998) *Supermodularity and Complementarity*, Princeton : Princeton University Press (1998). **284**

Tsebelis, George (1989) "The Abuse of Probability in Political Analysis : The Robinson Crusoe Fallacy," *The American Political Science Review*, 83 (1) : 77-91 (March 1989). **150**

Tucker, Albert (1950) "A Two-Person Dilemma," Stanford University mimeo. May 1950. Reprinted in Straffin (1980). Reprinted in Rasmusen (2001). **2, 49**

Tucker, Albert. See Kuhn & Tucker (1953).

Tukey, John (1949) "A Problem in Strategy," *Econometrica*, (supplement), 17 : 73 (abstract) (July 1949). **151**

Tukey, John. See McDonald & Tukey (1949).

Tullock, Gordon (1967) "The Welfare Costs of Tariffs, Monopolies, and Theft," *The Western Economic Journal*, 5 (3) : 224-232 (June 1967). **116**

Tversky, Amon. See Kahneman, Slovic & Tversky (1982).

Van Damme, Eric (1989) "Stable Equilibria and Forward Induction," *The Journal of Economic Theory*, 48 (2) : 476-496 (August 1989). **262**

Van Damme, Eric (2002) "Strategic Equilibrium," in the *Handbook of Game Theory with Economic Applications, vol. 3*, Chapter 41, pp.1521-1596, Elsevier (2002). Also : http : //greywww.kub.nl:2080/greyfiles/center/2000/doc/115.pdf.

Varian, Hal (1992) *Microeconomic Analysis*, 3rd edition, New York : W. W. Norton, 1992 (2nd edition 1984) (1992). **viii, 198, 269**

Vives, Xavier (1990) "Nash Equilibrium with Strategic Complementarities," *The Journal of Mathematical Economics*, 19 : 305-321. **153**

Vives, Xavier (2000) *Oligopoly Pricing*, Cambridge, MA : MIT Press (2000). **xvi**

Vives, Xavier (2005) "Complementarities and Games : New Developments," *The Journal of Economic Literature*, 63 (2) : 437-479 (June 2005). **143, 284**

Von Neumann, John (1928) "Zur Theorie der Gesellschaftspiele," *Mathematische Annalen*, 100 : 295-320 (1928). Translated by Sonya Bargmann as "On the Theory of Games of Strategy," pp. 13-42 of Luce & Tucker (1959). **203**

Von Neumann, John & Oskar Morgenstern (1944) *The Theory of Games in Economic Behavior*, New York : Wiley (1944). **1, 9, 75, 151**

Waldegrave, James (1713) "Excerpt from a Letter," (with a preface by Harold Kuhn), in Baumol & Goldfeld (1968). **147**

Watson, Joel (2002) *Strategy : An Introduction to Game Theory*, W. W. Norton & Co. (2002). **xvii**

Weiner, E. (1984) *The Oxford Guide to the English Language*, Oxford : Oxford University Press (1984). **10**

Weintraub, E. Roy, ed. (1992) *Toward a History of Game Theory*, Durham : Duke University Press (1992). **9, 51**

Welch, Ivo. See Bikhchandani, David Hirshleifer & Welch (1992).

Weston, J. Fred. See Copeland & Weston (1988)

Whinston, Michael. See Bernheim et al. (1987), Bernheim & Whinston (1987), and Mas-Colell, Whinston & Green (1995).

White, E. B. See Strunk & White (1959).

Wicksteed, Philip (1885) *The Common Sense of Political Economy*, New York : Kelley (1950). **6**

Willig, Robert. See Schmalensee & Willig (1989).

Wilson, Robert (unpublished) Stanford University 311b Course notes. **253**

Wilson, Robert. See Kennan & Wilson (1993), Kreps & Wilson (1982a, 1982b), and Kreps et al. (1982).

Wolfstetter, Elmar (1999) *Topics in Microeconomics : Industrial Organization, Auctions, and Incentives*, Cambridge : Cambridge University Press (1999). See also http://www.wiwi.hu-berlin.de/~wolf/chap-08-new.pdf. **xvi**

Wydick, Richard (1978) "Plain English for Lawyers," *California Law Review*, 66 : 727-764 (1978). **10**

Zamir, S. See Mertens & Zamir (1985).

Zapechelnyuk, Andriy. See Dubey, Haimanko, & Zapechelnyuk (2006).

Von Zermelo, E. (1913) "Uber eine Anwendung der Mengenlehre auf die Theorie des Schachspiels," *Proceedings, Fifth International Congress of Mathematicians*, 2 : 501-504 (1913). Reprinted in Rasmusen (2001) in the translation by Ulrich Schwalbe and Paul Walker, "On an Application of Set Theory to the Game of Chess."

事項索引

あ
アクセルロッドのトーナメント Axelrod tournament 255
アフィン変換 Affine transformation 63
アルゼンチン Argentina 1
安定性 Stability 133

い
ESS 217
意思決定論 Decision theory 14
一意性 Uniqueness 25, 154
一様分布 Uniform distribution 280
1対1 One-to-one 275
一括均衡 Pooling equilibrium 244
逸脱 Deviations 50
一方的な囚人のジレンマ One-sided prisoner's dilemma 50, 204
ε 均衡 epsilon equilibrium 224

う
ウィクステード Wicksteed 6
後ろ向き帰納法 Backward induction 193
裏切り Defect 50

え
枝 Branch 63

お
追い越し基準 Overtaking criterion 224

凹関数 Concave function 273
オークション Auction 189

か
解概念 Solution concept 25
開区間 Open interval 271
開集合問題 Open-set problem 34, 174
開ループ Open loop 183
会話 Communication 48
価格制限 Limit pricing 268
確実性 Certainty 74
角谷の不動点定理 Kakutani fixed point theorem 286
確率優位性 Stochastic dominance 291
下限 Infimum 271
過酷な戦略 Grim strategy 195
カスケード Cascade 89
仮定 Assumptions 2
監査 Auditing 128
感謝 Gratitude 227
完全頑健性 Complete robustness 246
完全記憶 Perfect recall 148
完全混合 Completely mixed 106
完全情報 Perfect information 73
完全性 Perfection 183
完全性 Perfectness
　完全ベイズ均衡 perfect Bayesian equilibrium 237, 238, 260
　サブゲーム完全性 subgame perfectness 25, 161
　摂動完全 trembling-hand perfectness 237

完全ベイズ均衡 Perfect Bayesian equilibrium 237, 238, 260
完全マルコフ均衡 Perfect Markov equilibrium 215
完備情報 Complete information 79, 98

き

危険 Risk 291
危険回避 Risk aversion 171, 291
危険中立 Risk neutral 291
基数的効用 Cardinal utility 49
帰納法 Induction
　後ろ向き帰納法 backward 193
　前向き帰納法 forward 262
擬プレイヤー Pseudo-players 16
強 Strict 277
境界 Boundary 47
強均衡 Strong equilibrium 175
狂人理論 Madman theory 184
競争的周辺部 Competitive fringe 152
協調ゲーム Coordination games 42, 125
強パレート支配 Strongly Pareto-dominates 30
共有知識 Common knowledge 72, 97, 247
協力 Cooperate 50
協力ゲーム Cooperative game 29, 132
行列ゲーム Matrix game 32
許容性 Forgiving 256
距離 Metric 275
均衡 Equilibrium 23
　一括均衡 pooling equilibrium 242
　ε均衡 epsilon equilibrium 224
　完全ベイズ均衡 perfect Bayesian equilibrium 237, 238, 260
　完全マルコフ均衡 perfect Markov equilibrium 215
　強均衡 strong equilibrium 175

クールノー＝ナッシュ均衡 Cournot-Nash equilibrium 133
サブゲーム完全均衡 subgame perfect equilibrium 163
弱均衡 weak equilibrium 175
弱支配均衡 weak-dominance equilibrium 32
シュタッケルベルグ均衡 Stackelberg equilibrium 134, 151
逐次均衡 sequential equilibrium 238
提携防止均衡 coalition-proof equilibrium 180
ナッシュ均衡 Nash equilibrium 36
反復支配均衡 iterated-dominance equilibrium 34
分離均衡 separating equilibrium 243, 244
ベイズ均衡 Bayesian equilibrium 84
ベルトラン均衡 Bertrand equilibrium 136
マクシミン均衡 maximin equilibrium 202
均衡概念 Equilibrium concept 24
均衡経路 Equilibrium path 161, 258
均衡成果 Equilibrium outcome 24
均衡戦略 Equilibrium strategies 24
均衡点 Equilibrium point 51
均衡の精緻化 Equilibrium refinement 37
均衡の外の行動 Out-of-equilibrium behavior 96, 243
均衡の外の信念 Out-of-equilibrium beliefs 239
完全頑健性 complete robustness 246
消極的推量 passive conjectures 242
直感的基準 intuitive criterion 246, 262
前向き帰納法 forward induction 262

事項索引　317

く
クールノー Cournot　131, 136, 152, 264
クールノー=ナッシュ均衡 Cournot-Nash equilibrium　133
区間 Interval
　開区間 open interval　270
　閉区間 closed interval　270
グッドニュース Good news　292
雲 Cloud　67
繰り返し囚人のジレンマ Repeated prisoner's dilemma　193, 267

け
警察ゲーム Police game　150
系列的に支配されない Serially undominated　34
経路 Path　63
　均衡経路 equilibrium　161, 258
ゲーム Games
　協調ゲーム coordination games　42, 125
　協力ゲーム cooperative games　29, 132
　行列ゲーム matrix games　32
　貢献ゲーム contribution games　125
　ゼロ和ゲーム zero-sum games　35
　双行列ゲーム bimatrix games　32
　タイミングゲーム timing games　112
　2×2ゲーム two-by-two games　124
　非協調ゲーム discoordination games　125
　非ゼロ和ゲーム nonzero-sum games　35
　微分ゲーム differential games　149
　ブロット大佐ゲーム Colonel Blotto games　151
　変動和ゲーム variable-sum games　35
　ワンショットゲーム one-shot games　192
ゲームツリー Game tree　20, 59
ゲーム理論 Game theory　13
　歴史 history　9, 51
ゲーム理論モデルを推定する計量経済学 Econometrics of estimating game theory models　148
決定ツリー Decision tree　19
決闘 Duels　117, 185
ゲノベス，キティ Genovese, Kitty　126
限界尤度 Marginal likelihood　84, 86

こ
貢献ゲーム Contribution games　125
後続節 Successor　63
行動 Action　16
行動集合 Action set　16
行動戦略 Behavior strategy　148
行動の組 Action combination　16
効用 Utility
　基数的効用 cardinal　49
　準線形効用 quasilinear utility　276
　序数的効用 ordinal　49
　2次形式効用 quadratic　152
　フォン・ノイマン=モルゲンシュテルン効用 von Neumann-Morgenstern utility　75, 98
合理化可能戦略 Rationalizable strategy　52
合理的期待 Rational expectations　52
後手有利 Second-mover advantage　141
混合拡大 Mixed extension　106
混合戦略 Mixed strategy　105
コンパクト Compact　272

さ
再協調 Recoordination　180
再交渉防止性 Renegotiation-proofness　180

最小上界 Least upper bound 271
最大下界 Greatest lower bound 271
最大値 Maximand 271
最適応答 Best reply 26
最適反応 Best response 26, 132
サッカー Soccer 147
サブゲーム Subgame 163, 236
サブゲーム完全性 Subgame perfectness 25, 161
サブゲーム完全ナッシュ均衡 Subgame perfect Nash equilibrium 163
サポート Support 277
3極 Triopoly 156
参入阻止 Entry deterrence 165

し

ジェネリックに Generically 274, 286
シェリング，トーマス Schelling, Thomas 46
時間的整合性 Time consistency 183
次元性 Dimensionality 199
事後信念 Posterior belief 84, 86, 239
指数分布 Exponential distribution 280
静かな決闘 Silent duel 117
自然 Nature 16
始節 Starting node 63
事前信念 Prior beliefs 83, 86
実現 Realizations 16
しっぺ返し Tit-for-Tat 195, 222, 251, 255
私的情報 Private information 59
支配される Dominated
　弱支配される weakly 32
支配される戦略 Dominated strategy 26
支配性 Dominance 27
支配戦略 Dominant strategy 27
支配戦略均衡 Dominant-strategy equilibrium 27
支配の意味で解決できる Dominance solvable 34
弱 Weak 277
弱均衡 Weak equilibrium 175
弱支配均衡 Weak-doiminance equilibrium 32
弱支配される Weakly dominated 32
弱支配戦略 Weakly dominant strategy 32
弱パレート支配 Weakly Pareto-dominates 30
ジャンケン Scissors-Paper-Stone 147
終身年金 Perpetuity 276
囚人のジレンマ Prisoner's dilemma 26
　一方的な囚人のジレンマ one-sided prisoner's dilemma 204
終節 End node 63
終点 End point 63
縮小 Contraction 273
シュタッケルベルグ均衡 Stackelberg equilibrium 134, 152, 184
シュタッケルベルグゲーム Stackelberg game 135
シュタッケルベルグ後手 Stackelberg follower 134
シュタッケルベルグ戦争 Stackelberg warfare 152
シュタッケルベルグ先手 Stackelberg leader 134
準凹 Quasi-concave 276
準完全情報 Almost perfect information 98
純粋戦略 Pure strategy 106
準線形効用関数 Quasilinear utility 276
上限 Supremum 271
消極的推量 Passive conjectures 242, 244
条件付き尤度 Conditional likelihood 85
焦点 Focal points 52
ショウ，バーナード Shaw, George Ber-

事項索引 319

nard 5
情報 Information
　確実情報 certainty 73
　完全情報 perfect information 73
　完備情報 complete information 77, 79
　私的情報 private information 76
　準完全情報 almost perfect information 98
　対称情報 symmetric information 76
　非対称情報 asymmetric information 76
　不確実情報 uncertainty 74
　不完全情報 imperfect information 73
　不完備情報 incomplete information 77, 79
情報集合 Information set 17, 64
情報分割 Information partition 69
証明 Proof 5
消耗戦 War of Attrition 115, 121, 159
進化ダイナミックス Evolutionary dynamics 223
進化的安定戦略 Evolutionarily stable strategy 217
信念 Belief (s)
　完全頑健性 complete robustness 246
　共有知識 common knowledge 72, 247
　均衡の外の信念 out-of-equilibrium beliefs 239
　事後 posterior 84, 86
　事前 prior 83, 86
　消極的推量 passive conjectures 242, 244
　相互知識 mutual knowledge 73
　調和した concordant 73
　直感的基準 intuitive criterion 246, 262
　前向き帰納法 forward induction 262
侵略 Invade 217

す
スイスチーズゲーム Swiss Cheese Game 125
スイッチング費用 Switching costs 213
スーパーゲーム Supergame 227
スーパーモジュラーゲーム Supermodular games 282
スーパーモジュラリティ Supermodularity 143, 282

せ
成果 Outcome 19
成果行列 Outcome matrix 59, 97
正規分布 Normal distribution 281
精緻化（均衡の）Refinements, equilibrium 37, 40
生物学 Biology 185, 216
世界の状態 State of the world 82
節 Node 63, 97
　後続節 successor 63
　始節 starting node 63
　終節 end node 63
　終点 end point 63
　先行節 predecessor 63
絶対値 Absolute value 269
摂動 Tremble 149, 164
摂動完全 Trembling-hand perfectness 237
ゼロ和ゲーム Zero-sum game 35
先行節 Predecessor 63
先手有利 First-mover advantage 42, 141
戦略 Strategy 22
　過酷な戦略 grim 195
　完全混合戦略 completely mixed 106
　行動戦略 behavior 148

合理化可能戦略 rationalizable　52
混合戦略 mixed　105
しっぺ返し戦略 tit-for-tat　195,
　222, 251, 255
弱支配戦略 weakly dominant　32
純粋戦略 pure　105
進化的安定戦略 evolutionarily stable
　strategy　217
相関戦略 correlated strategy　122
トリガー戦略 trigger　226
ブルジョア戦略 bourgeois　221
マクシミン戦略 maximin　201
マルコフ戦略 Markov strategy　148,
　213
ミニマックス戦略 minimax　199
戦略空間 Strategy space　22
　戦略の開空間 open　144
　戦略の非凸空間 nonconvex　145
　戦略の無限空間 unbounded　145
　戦略の離散空間 discrete　131, 144
戦略形 Strategic form　59
戦略集合 Strategy set　22, 166
戦略的代替 Strategic substitutes　107,
　141
戦略的補完 Strategic complements
　107, 141
戦略の組 Strategy combination　22
戦略の差の増加 Increasing differences
　in strategies　283
戦略プロファイル Strategy profile　22

そ
相関戦略 Correlated strategy　121
双行列ゲーム Bimatrix game　32
相互知識 Mutual knowledge　73
粗化 Coarsening　70
束 Lattice　274
測度 0 Measure zero　274
存在 Existence　143

た
第 1 次確率優位 First-order stochastic
　dominance　291
対応 Correspondence　274
対称情報 Symmetric information　76
対数正規分布 Lognormal distribution
　281
代替（戦略的）Substitutes, strategic
　107, 141
第 2 次確率優位 Second-order stochastic
　dominance　291
タイプ Type　74
タイミングゲーム Timing games　112
タイム・ライン Time line　63
太陽黒点モデル Sunspot models　121
タカ-ハトゲーム Hawk-Dove game
　216
タッカー，アルバート Tucker, Albert
　49
単一節 Singleton　70

ち
チープトーク Cheap talk　122
チェーンストア・パラドックス Chain-
　store paradox　193
逐次均衡 Sequential equilibrium　238
緻密化 Refinement　70
調停 Mediation　48
挑発性 Provocability　256
重複世代モデル Overlapping genera-
　tions model　193, 213
調和した信念 Concordant beliefs　73
直感的基準 Intuitive criterion　246,
　262

て
提携防止ナッシュ均衡 Coalition-proof
　Nash equilibrium　180
定常 Stationary　260
哲学者 Philosopher　184

手番 Move 16
展開形 Extensive form 59

と
動学的整合性 Dynamic consistency 183
動的計画法 Dynamic programming 269
投票 Voting 187
トーナメント Tournaments 151
凸関数 Convex function 273
凸集合 Convex set 274
トリガー戦略 Trigger strategies 226

な
ナッシュ均衡 Nash equilibrium 36
滑らかなスーパーモジュラリティ Smooth supermodularity 282

に
2×2ゲーム Two-by-two games 36, 45, 145
2次形式効用関数 Quadratic utility function 152
2次方程式 Quadratic formula 278
二重監査 Cross-checking 131
2本腕の追いはぎ Two-Armed Bandit 91
ニューヨーク New York 126

の
ノイジーな決闘 Noisy duel 117

は
ハーサニ原理 Harsanyi doctrine 82
ハザードレート Hazard rates 293
パラメータの差の増加 Increasing differences in parameters 283
パレート Pareto
　強パレート支配 strongly Pareto-dominates 30
　弱パレート支配 weakly Pareto-dominates 30
パレート完全性 Pareto perfection 180
パレート効率性 Pareto-efficient 30
反応関数 Reaction functions 133
　不連続的反応関数 discontinuous reaction functions 147
反復支配均衡 Iterated-dominance equilibrium 33

ひ
ビール-キッシュゲーム Beer-Quiche game 262
非凹利得関数 Nonconcave payoff function 145
非協調ゲーム Discoordination games 125
非協力ゲーム Noncooperative game 29
非合理性 Irrationality 184
非ゼロ和ゲーム Nonzero-sum game 35
非対称情報 Asymmetric information 76
微分ゲーム Differential games 149
非本質的不確実性 Extrinsic uncertainty 121
標準形 Normal form 60
評判 Reputation 204
品質 Quality 209
びんの小鬼 "The Bottle Imp" 176

ふ
フィードバック Feedback 183
フォーク定理 Folk theorem 196
フォン・ノイマン＝モルゲンシュテルン効用 von Neumann-Morgenstern utility 75, 98
不確実性 Uncertainty 71

不完全情報 Imperfect information 73
不完備情報 Incomplete information 77, 79
不完備情報フォーク定理 Incomplete information folk theorem 255
復讐 Vengeance 227
複数均衡 Multiple equilibria 25
不動点定理 Fixed point theorems 269, 284
　角谷の不動点定理 Kakutani fixed point theorem 286
　ブラウワーの不動点定理 Brouwer fixed point theorem 284
部分積分 Integration by parts 274
ブラウワーの不動点定理 Brouwer fixed point theorem 284
ブラックボックス化 Blackboxing 5, 175
ブリッジ Bridge 148
プリニー Pliny 186
ブルジョア戦略 Bourgeois strategy 221
プレイの順序 Order of play 18, 62
プレイヤー Players 16
　擬プレイヤー pseudo-players 16
　自然 Nature 16
不連続的反応関数 Discontinuous reaction function 147
ブロット大佐ゲーム Colonel Blotto games 151
プロファイル（戦略）Profile, strategy 22
分割 Partition
　情報分割 information 69
分離可能性 Separability 225
分離均衡 Separating equilibrium 243, 247

へ
平均への回帰 Regression to the mean 89
平均保存的拡散 Mean-preserving spread 275, 292
閉区間 Closed interval 271
ベイズ均衡 Bayesian equilibrium 84
閉ループ Closed loop 63, 183
ベルトラン Bertrand 134, 152
変動和ゲーム Variable-sum game 35

ほ
ポーカー Poker 78
補完（戦略的）Complements, strategic 141
保証ゲーム Assurance game 52
保証値 Security value 199

ま
マーシャル，アルフレッド Marshall, Alfred 9
前向き帰納法 Forward induction 262
マクシミン均衡 Maximin equilibrium 202
マクシミン戦略 Maximin strategy 201
マルコフ戦略 Markov strategy 148, 213

み
ミニマックス戦略 Minimax strategies 199
ミニマックス値 Minimax value 199
ミニマックス定理 Minimax theorem 203
ミニマックス利得 Minimax payoff 199

む
無限視野モデル Infinite horizon model 207
無駄のないモデル化 No-fat modelling 3

も
燃える紙幣 Burning money　262
モニタリング Monitoring　150
模範理論 Exemplary theory　3
モンティーホール Monty Hall　99

や
優しい罠 Tender Trap　52

ゆ
誘因両立条件 Incentive compatibility constraint　211
尤度 Likelihood　84
　限界尤度 marginal　84, 85
　条件付き尤度 conditional　85

よ
4人のギャングモデル Gang of Four models　235, 254
より粗な Coarser　71
より密な Finer　70
弱虫 Chicken　112
4P Four P's　140

り
利得 Payoff　14
　ミニマックス利得 minimax payoff　199
利得等値法 Payoff-equating method　112
理由なき反抗 Rebel Without a Cause　149
良好性 Niceness　256
両性の闘い Battle of the sexes　36, 40, 155

る
累積密度関数 Cumulative density function　280

れ
例証理論 Exemplifying theory　3
連続関数 Continuous function　273
連続体 Continuum　110, 130, 273
連続的戦略空間 Continuous strategy space　161
連続的ナッシュ均衡 Continuum of Nash equilibria　115

わ
和 Summation　269
和解範囲 Settlement range　171
割引 Discounting　197, 288
割引因子 Discount factor　288
割引率 Discount rate　288
ワンショットゲーム One-shot game　192

訳者紹介

細江守紀（ほそえ・もりき）
1945 年生まれ
1968 年九州大学経済学研究科博士後期課程修了
現在　九州大学名誉教授
　　　熊本学園大学経済学部教授

村田省三（むらた・しょうぞう）
1951 年生まれ
1977 年熊本商科大学経済学部卒業
1985 年九州大学経済学研究科博士後期課程修了
現在　長崎大学経済学部教授

有定愛展（ありさだ・よしのぶ）
1958 年生まれ
1981 年九州大学経済学部卒業
1986 年九州大学経済学研究科博士後期課程修了
現在　広島修道大学経済学部教授

佐藤茂春（さとう・しげはる）
2001 年九州大学経済学部卒業
2006 年九州大学大学院経済学府博士後期課程修了
現在　長崎ウエスレヤン大学現代社会学部准教授

ゲームと情報の経済分析［基礎編］

1990 年 5 月 20 日初版（原著初版）発行
2010 年 9 月 30 日改訂版（原著第 4 版）発行
2016 年 3 月 31 日改訂版（原著第 4 版）2 刷発行

著　者	エリック・ラスムセン
訳　者	細江守紀／村田省三 有定愛展／佐藤茂春
発行者	五十川直行
発行所	（財）九州大学出版会

〒814-0001 福岡市早良区百道浜 3-8-34
九州大学産学官連携イノベーションプラザ 305
電話　092-833-9150
URL　http://kup.or.jp/
印刷・製本／大同印刷㈱

ⓒ2010 Printed in Japan　　　　ISBN978-4-7985-0029-4

情報とインセンティブの経済学　経済工学シリーズ・第2期
細江守紀　　　　　　　　　　　　　　　　　　A5 判 244 頁 2,800 円

ミクロ経済分析
是枝正啓・福澤勝彦・村田省三　　　　　　　　A5 判 252 頁 3,300 円

ミクロ経済学
是枝正啓・村田省三　　　　　　　　　　　　　A5 判 200 頁 2,800 円

経済成長のミステリー
エルハナン・ヘルプマン／大住圭介・池下研一郎・野田英雄・伊ヶ崎大理 訳

A5 判 180 頁 2,800 円

内生的経済成長論 I・II ［第2版］
R. J. バロー・X. サラ-イ-マーティン／大住圭介 訳

A5 判 （I）468 頁・（II）456 頁 各 5,600 円

経済成長の決定要因——クロス・カントリー実証研究——
R. J. バロー／大住圭介・大坂　仁 訳　　　　A5 判 132 頁 2,400 円

表示価格は本体価格　　　　　　　　　　　　**九州大学出版会**